DaVinci Resolve 15 【中文版】

达芬奇
影视调色密码

孙春星◎著

中国铁道出版社有限公司
CHINA RAILWAY PUBLISHING HOUSE CO., LTD.

内容简介

　　DaVinci Resolve 15是集合了剪辑、合成、调色和混音于一体的超大型软件，其内容已经远远超出了影视调色本身。作为一本解密影视调色的图书，本书将以百分之八十的篇幅讲解达芬奇调色本身，百分之二十的篇幅讲解达芬奇的剪辑、合成和混音知识。

　　本书共16章，系统地讲解了达芬奇调色的软硬件搭配、基础操作、媒体管理、剪辑编辑、套底流程、色彩科学、一级调色、二级调色、节点调色、LUT详解、OFX特效、调色管理、输出交付、色彩美学、Fusion合成以及Fairlight混音等内容，并且以案例形式把调色的技巧、经验和风格进行演示与总结。书中案例涉及广告调色、人像调色、MV调色和宣传片调色等内容，特别适合初学者向专业调色师进化。

　　本书是一本中文版的达芬奇调色书，中文菜单和中文界面更适合中国用户的使用习惯。本书讲解的调色理论简洁实用，调色案例贴近实战，可以作为影视制作专业的调色教材和参考书。随书附赠光盘包含了所需的调色素材、调色台手册以及重点内容的教学录像，便于读者学习掌握达芬奇调色的技能和调色台的使用方法。本书不仅适合于调色师阅读，而且对剪辑师、合成师、摄影师、导演和独立电影制作人也具有一定的参考价值。

图书在版编目（CIP）数据

　　DaVinci Resolve 15中文版达芬奇影视调色密码 ／
孙春星著. —北京　：中国铁道出版社有限公司，
2019.10（2024.7重印）
　　ISBN 978-7-113-26204-4

　　Ⅰ．①D… Ⅱ．①孙… Ⅲ．①调色-图象处理软件
Ⅳ．①TP391.413

　　中国版本图书馆CIP数据核字(2019)第186740号

书　　　名：DaVinci Resolve 15 中文版达芬奇影视调色密码
作　　　者：孙春星

责任编辑：张亚慧　　　　编辑部电话：(010) 51873035　　　　电子邮箱：lampard@vip.163.com
封面设计：MXK DESIGN STUDIO
责任印制：赵星辰

出版发行：中国铁道出版社有限公司（100054，北京市西城区右安门西街8号）
印　　刷：中煤（北京）印务有限公司
版　　次：2019 年 10 月第 1 版　2024 年 7 月第 8 次印刷
开　　本：787 mm×1 092 mm　1/16　印张：28.25　字数：653 千
书　　号：ISBN 978-7-113-26204-4
定　　价：168.00 元（附赠光盘）

PREFACE
前言

喜欢读前言的你真的是一个懂得读书技巧的人！既然你看到这里了，那么我建议你花点时间仔细读下去。不管你是一位初学者还是一个调色老手，相信你都能从中获益或者能够帮我指出不足和错误。

必备的学习和工作设备

学习达芬奇调色不同于学习常见的后期软件，因为调色工作对软硬件环境有一定的要求。读者想要学习达芬奇调色，首先必须准备一台能够流畅运行达芬奇软件的电脑。达芬奇对电脑的性能有一定的要求，显卡是重中之重，达芬奇需要用到显卡的并行加速运算，也就是要支持CUDA（以NVIDIA显卡为主）或者OpenCL（以AMD显卡为主）加速。如果你安装了达芬奇但是在开启过程中闪退的话，很可能是显卡不支持造成的，例如你用的是板载显卡或者虽然是支持达芬奇的显卡但是驱动太旧，如果你在调色过程中出现"花屏"现象，则可能是显存不足的原因。其他硬件诸如CPU、内存和硬盘等，自然是越快越好。随着达芬奇版本的更新，达芬奇12版本开始支持集成显卡（核心显卡），这意味着一些性能较低的电脑（尤其是带有集显的笔记本）也可以运行达芬奇软件。

能够运行达芬奇的电脑如下：

- Apple公司的iMac、MacBook、MacBookAir、MacBookPro和MacPro。前提是这些电脑的显卡要满足需求，屏幕分辨率满足1920×1080及以上。

- DIY的或者品牌的Windows电脑或笔记本。前提是这些电脑的显卡要满足需求，屏幕分辨率满足1920×1080及以上。

- 安装有Linux版本达芬奇的Linux电脑。一般是官方出售的高端达芬奇调色系统。

达芬奇软件分为三个系统、两个版本：

- 达芬奇15的两个版本是DaVicni Resolve和DaVicni Resolve Studio。DaVicni Resolve是免费的，删减了部分功能，例如不能输出4K视频，不能进行立体电影调色，不能开启硬件降噪，只能支持一块显卡和不支持官方调色台等。删减的这些功能的确是非常重要的，有能力的个人和单位，可以考虑使用DaVicni Resolve Studio版。Studio版是使用加密狗或者序列号方式授权的，请联系官方授权的代理商购买。

PREFACE
前言

- 三个系统是Mac OS X、Windows和Linux。注意不同的系统对应不同的达芬奇软件，否则将会导致无法安装。

如果要下载达芬奇软件，可以登录官方网站的达芬奇软件专题页面（https://www.blackmagicdesign.com/cn/products/davinciresolve），点击页面中的"下载"按钮，然后在弹出的窗口中选择合适的系统和版本进行下载。

可选的学习和工作设备

达芬奇不是一个调色软件而是一整套系统。一套完整的达芬奇系统除了软件之外还应该包括一台主机、一个磁盘阵列、一台显示器、一台监视器（甚至一台电影放映机）、一台示波器、一个调色台以及专业的调色环境。

对于拥有专业成套设备的读者而言，学习本书自然是无须添置设备的。对只拥有主机和显示器的读者而言，你还可以考虑购买调色台和监视器。

本书都讲了些什么？

本书共16章，系统讲解了达芬奇调色的软硬件搭配、调色理论、套底流程、一级调色、二级调色、节点调色、LUT调色、调色管理以及Fusion合成和Fairlight混音等内容，并且以案例形式把调色的技巧、经验和风格进行演示与总结。书中案例涉及广告调色、人像调色和宣传片调色等内容，特别适合初学者向专业调色师进化。

- 第1章 达芬奇调色系统概述：欢迎进入达芬奇调色的光影世界！我们将从达芬奇调色系统的诞生讲起，一步步带领读者熟悉达芬奇调色系统的软硬件构成，进而学习如何安装达芬奇调色软件，为后续的课程做准备。

- 第2章 达芬奇软件操作基础：从本章开始，我们就要学习达芬奇软件的界面布局和操作方式了。希望读者耐心阅读，打好基础。好的开始是成功的一半！相较于之前的版本，达芬奇15版本的界面又有了较大变化，即使是达芬奇的老用户也有必要重新熟悉一下。

- 第3章 媒体管理：在"媒体页面"中，用户可以导入媒体并对其进行组织与管理。不管是使用套底流程还是使用达芬奇的All in one流程，

都应该掌握媒体管理的相关知识。就好像厨师做菜一样，一个好厨师应该对每一种食材的特性了如指掌。调色师也要对媒体管理和各种媒体的特性做到熟练掌握。

- 第4章 剪辑与套底：在以往的调色工作中，调色软件通常要和剪辑软件结合使用来完成整个流程。如今，随着达芬奇软件的升级，剪辑和调色工作都可以在达芬奇中完成，这对调色流程的影响是巨大的。本章将介绍达芬奇调色的剪辑功能和调色流程。由于每个人使用的平台和剪辑软件各不相同，所以本章中讲解的是套底的基本操作方法，不可能涵盖所有的套底流程。

- 第5章 色彩科学：调色工作是艺术和技术的结合，所以很有必要掌握一些色彩科学的相关知识。通过本章的学习，您将会学习到达芬奇的调色公式以及视频技术的基础知识。懂得RAW、Log和709素材的相互关系，并且掌握色彩管理的用法以及示波器的判读技巧。

- 第6章 一级调色：本章主要讲解达芬奇一级调色的知识以及进行一级调色必须掌握的常用工具。达芬奇的一级调色工具主要包括色轮调色和一级调色（Primaries调色）。另外我们还会在本章中学习怎样平衡画面。有些调色师能够在一级调色过程中就完成大部分的调色工作，有些调色师则把主要精力放在二级调色上。每个人的习惯不同，但是一级调色这个基础是必备的，不能舍弃。因此，在本章中，我们将对一级调色进行详细讲解。

- 第7章 二级调色：二级调色是很多调色学习者非常感兴趣的内容，它强大、灵活、神奇！要想掌握达芬奇二级调色的技术你需要了解很多合成方面的知识，例如遮罩、选区、Alpha通道、抠像、跟踪和稳定等。这些名词在达芬奇中可能会有不同的称呼，但是其原理是相通的。

- 第8章 节点详解：为了更加自由地进行调色操作，学习节点调色就是重中之重了。与很多节点式软件（例如Nuke、Maya等）比起来，达芬奇的节点类型不多，学习起来难度不大。但是随着达芬奇的升级发展，节点的功能也越来越多、越来越强。

- 第9章 LUT详解：随着数字摄影机的发展，LUT的使用变得越来越普遍。使用LUT可以来转换色彩空间，进行色彩管理，也可以使用LUT来进行风格化调色。LUT是达芬奇调色的关键知识，但是很多

人对LUT却知之甚少或者存在不少误解。因此，有必要专门为读者详细讲解一下。

- 第10章 OFX特效：达芬奇既含有内置特效插件又支持第三方特效插件。本章将详细介绍内置的几十款插件的用途和使用技巧。有了插件的帮助，达芬奇调色师可谓是如虎添翼，以往难以实现的效果如今都可以使用插件获得。

- 第11章 调色管理：达芬奇拥有完善的调色管理能力，这是它和其他非专业调色工具的最大区别。本章将带领大家学习数据库管理的知识以及怎样迁移调色项目。让大家能够随时随地开展调色工作。另外，本章还将介绍达芬奇的画廊、静帧、版本和记忆等相关知识。

- 第12章 输出交付：当影片制作完成后就需要输出成片并进行交付。本章将介绍达芬奇交付页面的布局以及常用的渲染预设，带领读者认识常用的文件格式与编码。输出交付是调色工作的最后环节，里面涉及大量的技术问题，并且容不得粗心大意，需要每一位从业者慎重对待。

- 第13章 色彩美学：对调色师而言，掌握达芬奇软件的使用犹如学习绘画的人掌握了画笔的使用，这是基本功，不可或缺。但是达芬奇调色肯定不是像会用软件那么简单。要想在调色能力上更进一步，就必须研究光影造型和视听语言，进而能够有目的地通过调色来控制影片情绪。

- 第14章 Fusion合成：Fusion是一款节点式的老牌后期合成软件，诞生于1987年。后期艺术家们使用Fusion制作了大量的影视特效、电视包装和动态图形项目。Fusion一直是以独立版软件的形式存在，到了2018年，Fusion有了新的存在形式——内置于DaVinci Resolve 15版本中。作为一名调色师，如果你想拓展自己的能力，为自己的调色作品增光添彩，那么可以考虑学习Fusion，它将带给你意想不到的惊喜！

- 第15章 Fairlight混音：声音会提升画面的情感冲击，动人的配乐，清晰的对话和精彩的特效让观众仿佛身临其境。而现在，专业音频后期制作软件Fairlight被完全整合在达芬奇软件当中，为音响剪辑师、调色师和视频剪辑师提供所需的几乎一切工具，帮助他们携手制作出经典佳作！

PREFACE
前言

- 第16章 常见问题答疑：达芬奇软件体大思精，其功能包含剪辑、合成、调色和混音这四大模块，如果要精通所有模块，可能需要数年的时间。仅就调色而言，由于调色涉及软件、硬件、技术和艺术等诸多方面，所以学习者会遇到方方面面的问题。本章选择了一些常见的问题为读者解答。

更多的达芬奇调色学习渠道

由于本书是一本供初级和中级读者使用的达芬奇调色教材，所以对于高级和深入的达芬奇调色内容未做过多涉及。如果你想学习更多、更深入的达芬奇调色知识，可以有以下渠道供你选择：

- 欢迎订阅"春星开讲| 达芬奇调色"微信订阅号。截止到2019年6月8日，已经发布了686篇文章。春星开讲会在这个订阅号上持续更新关于达芬奇调色的文章与教程，敬请关注！

- 春星开讲在"哔哩哔哩"网站开设了自频道，持续发布达芬奇调色教程。访问地址https://space.bilibili.com/71352022。

- 国内外同行发布了不少达芬奇调色教程与资源，读者可以自行进行网络搜索。初学调色的人可以尽可能多地观看不同人讲授的达芬奇课程，综合对比分析，形成自己的观点和思路。万不可先入为主，固执己见。

- 如果想要特别深入地学习达芬奇软件本身，可以阅读达芬奇软件的帮助文档，该文档多达一千页，可以回答关于达芬奇的几乎所有问题。对国内不少读者来说，略显遗憾的是该文档是英文版的。

- 读者也可以选择面授培训对达芬奇调色进行更加贴近实战的深入学习，面对面交流和手把手辅导是目前效率最高的教学形式。

关于达芬奇调色国际用户认证

DaVinci Resolve国际用户认证是通过在合法的BMD授权机构参加面授培训和考试，在考试合格后获得DaVinci Resolve用户认证证书的教育计划。

Blackmagic Design认证的培训课程专门为新用户和资深专业用户量身打造，教您如何在完成工作的同时变得更有创意、更有效率！Blackmagic Design培训网络包括250名经过认证的培训导师和100多家认证培训中心。

中影华龙调色学院于2018年6月份通过Blackmagic Design公司官方认证，成为达芬奇调色认证培训中心。可以在达芬奇软件的官方网站上查询到相关信息。https://www.blackmagicdesign.com/cn/products/davinciresolve/training。

目前已有上百名学员在中影华龙调色学院通过考试并获得了国际用户认证证书。

关于快捷键的问题

本书是在Mac（苹果电脑）平台上写作完成的，讲解的达芬奇软件也是Mac版的。对于Windows平台的用户来说，在学习中要注意的是快捷键的差异。Mac的【Command】键等同于Windows的【Control】键，Mac的【Option】键等同于Windows的【Alt】键。

关于随书素材的声明

本书中使用的调色素材承蒙"Blackmagic Design"、"锐点中视"和"幻彩天成"等公司或机构提供，在此深表谢忱。必须说明的是，本书附赠光盘中

PREFACE 前言

提供的所有素材仅供调色练习之用，未经版权方许可，任何机构或个人均不得以商业目的使用该素材。

本书作者联系方式

读者在学习过程中如果有关于达芬奇调色的相关问题，可以和笔者进行交流，我的联系方式如下：

- 微信：chunxingkaijiang
- 新浪微博：@孙春星

《达芬奇调色密码》读者交流微信群

凡购买本书的读者均可加入读者交流微信群（请先添加微信号：chunxingkaijiang，经核实后拉你进群）进行交流。调色朋友遍天下，不亦乐乎！

编　者

2019年9月

FOREWORD
自序

编写一本讲解DaVinci Resolve的图书变得越来越困难。在DaVinci Resolve 9（包含9）版本之前，达芬奇一直都是一款纯粹的调色软件。但是随着达芬奇10版本的发布，达芬奇不再局限于调色这一项工作，而是以调色为基础，不断向周边延伸。发展到DaVinci Resolve 15版本的时候，达芬奇已经成为一款集剪辑、合成、调色和混音于一体的解决方案。在2019年6月份，达芬奇第16个版本发布了，新增了大量功能，目前还是Beta版（公测版）。

达芬奇的每一个模块都值得写一本书或者多本书进行讲解。这意味着至少需要四本书才能比较完整地讲解达芬奇的全部功能。这对于任何一个作者来说都是极大的挑战。一个人几乎不可能对剪辑、合成、调色和混音都达到专家级别，也就难以写出与之对应的高品质图书。因此，在构思本书的时候，我着实感受到了压力，甚至产生了退缩的想法。

想起2013年左右写作《DaVinci Resolve 11达芬奇影视调色密码》的时候，凭着初生牛犊不怕虎的劲头，我没有感觉到写作和出版的压力。我知道什么就写什么好了，没有考虑到能卖多少本，读者会怎么评价，专业人士怎么看这些事情。但是当我从事了五年达芬奇调色培训工作之后，我再落笔写作这本书的时候，我的笔变得沉重了（当然我没用笔，我是用电脑写作的）。因为我认识到，必须从更宏大的视野去审视影视前、后期制作流程，去解读DaVinci Resolve这套软件。必须邀请剪辑、合成和混音领域的专家一起来讲授相关的课程内容，才能把达芬奇的全貌展现给读者。但是这样一来，一本三四百页的书是难以容纳所有知识点的，我必须有所取舍。

考虑到本书的受众群体主要关心的还是达芬奇的调色内容，因此，本书的主要篇幅还是用来讲解达芬奇调色，至于剪辑、合成和混音的内容，将主要通过视频教程的方式讲解。在这里要特别感谢为本书录制达芬奇剪辑课程的刘鹏老师和为本书录制Fairlight混音课程的姚晓阳老师。两位老师都是"中影华龙调色学院"的签约教师，负责讲授达芬奇剪辑课程和Fairlight混音课程。

从2009年到2019年这十年之间，达芬奇在中国影视行业成了调色的代名词。一说到调色，就绕不开达芬奇。从知之甚少到尽人皆知，达芬奇调色在中国市场一路高歌猛进，可以说稳稳占据了影视调色的高、中、低端市场。高端的电影调色、广告调色项目中，有达芬奇的身影。中、低端的电视剧调色、综艺节目调色、宣传片调色甚至是网络短视频调色中，都有达芬奇参与其中。

FOREWORD 自序

与之相伴随的是达芬奇调色视频教程和图书出版的迅速爆发，还有培训机构的迅猛发展。达芬奇调色培训的萌芽可以追溯到2010年左右，从2015年开始，达芬奇调色培训市场开始迅速发展，现在全国大大小小的达芬奇调色培训机构也有十几家。我从2012年开始兼职讲授达芬奇调色课程，2015年辞职后专注于达芬奇调色培训工作。七年的时间，培养了2000多名学员，积累了丰富的教学经验。我觉得很有必要把这些年积累的知识和经验以"图书+视频"的形式展现给大家。

本书的立意是在引领初学者学习达芬奇调色软件，指导已经入门的调色师提升自己的调色实战能力，为正在从业的调色师们提供查缺补漏的参考。当然，一本书的容量是有限的，我也希望在日后能够编写出更多、更好的达芬奇调色图书献给大家。

对于初学调色的朋友来说，我希望你们能够明确自己学习调色的目的，端正学习调色的态度，抛去幻想，勇于实践。因为调色是影视后期王冠上的一颗珍珠，想要摘取它需要天分和汗水。成为调色师是一个"过五关斩六将"的过程，也是一个自我修炼的过程。

- 眼力关。首先，最基本的要求是调色师不能是色盲。做调色师之前需要进行色盲检查，中国男性色盲概率为5%～8%，女性色盲概率为0.5%～1%。从遗传角度来讲，女性的色盲概率远低于男性。但这并不代表女性调色师一定比男性调色师更优秀。其次，调色师必须拥有一双很"毒"的眼睛。这双眼睛不仅能看出颜色的细微差别，还能"看出"某种调色风格的关窍所在。

- 手感关。调色师主要使用调色台工作，调色师必须精通调色台的使用。练习调色台就像练习弹琴一样，没有一定的时间是摸不出手感的。因此，调色也是一门"手艺"，这门手艺越老越值钱。

- 沟通关。调色是一门沟通的艺术。调色师需要具备良好的沟通能力，要不断深入研究色彩科学、视听语言和光影造型等学问，进而和导演、摄影师们根据具体项目进行快速有效沟通。

- 板凳关。首先，初学调色的人在短期内会感觉进步很快，但是紧接着就会遇到一个漫长的瓶颈期。能够挺过瓶颈期的人才能够成为成熟的调色师。另外，调色行业的入职门槛高，绝大多数求职的调色师只能从助理开始做起。经过1～2年的考验，会有90%以上的调色助理被淘汰掉了，真正坚持下来的并不多。行业内普遍的说法是，

FOREWORD
自序

成为一名成熟的电影调色师需要5~10年的苦工。

- 功利关。很多人学调色是奔着钱去的。从打工的角度来说，调色助理的收入并不风光，调色师的收入也不像传说中那样高。从调色业务角度来说，你应该明白调色业务是受市场规律支配的。如果准入门槛低了，竞争自然会更加激烈，如果恶性竞争加剧，就会造成劣币驱逐良币。所以，迈过了名利这一关才表示你是真的爱调色。

最后一个不可回避的问题是做调色师还需要一定的天分，而天分不是靠勤奋努力就能够获得的。一切与艺术相关的门类，都看中天分，这也是艺术家和匠人的重要区别之一。因此，虽然整体环境看似宽松了很多，但是成为一名调色师的路仍然是坎坷的。学完本书，虽然无法保证你成为一名职业的影视调色师，但是可以让你对达芬奇调色有一个系统地认识，让你掌握调色的原理、操作和流程，为日后的调色工作打下必要的基础。

"勤学如春起之苗，不见其增，日有所长；辍学如磨刀之石，不见其损，日有所亏"。愿以此文与诸位共勉。

写于中影华龙调色学院

2019年6月9日

CONTENTS 目录

第2章 达芬奇软件操作基础

第3章 媒体管理

第4章 剪辑与套底

第5章 色彩科学

第6章 一级调色

第7章　二级调色

第8章 节点详解

第9章 LUT详解

第10章　OFX特效

第11章　调色管理

第12章 输出交付

第13章 色彩美学

第14章　Fusion合成

第15章 Fairlight混音

第16章 常见问题答疑

第1章
达芬奇调色系统概述

本章导读

欢迎进入达芬奇调色的光影世界！我们将从达芬奇调色系统的诞生讲起，一步步带领读者熟悉达芬奇调色系统的软硬件构成，进而学习如何安装达芬奇调色软件，为后续的课程做准备。

本章学习要点

◇ 达芬奇调色系统
◇ 达芬奇硬件概述
◇ 安装达芬奇软件

1.1 达芬奇调色系统发展简史

DaVinci Resolve（本书一般称之为"达芬奇"或"达芬奇软件"）最初是专为好莱坞调色师所设计，它能帮助专业人士打造出精彩画面，因此数年来一直是电影、电视行业的重要制作工具。2018年，DaVinci Resolve 15发布，在同一个软件工具中，将剪辑、合成、调色、音频等后期制作融为一体。有了达芬奇15，艺术家们可以探索不同的工具，随心实现无限创意，还可以协同作业，融合不同类型的创意思维。只要轻轻一点，就能在剪辑、合成、调色和音频流程之间迅速切换。

此外，由于达芬奇15将所有功能集于一套软件，无须在不同的软件工具之间导出或转换文件，多名剪辑师、助理、调色师、视觉特效师和音响设计师可以同时处理同一个项目，极大地提高了工作效率。达芬奇15的启动界面如图1-1所示。

图1-1　达芬奇15启动界面

自从1984年发布以来，达芬奇已经走过了三十多个春秋，甚至比某些读者的年纪还要大。但是达芬奇并没有故步自封，被历史淘汰，而是在不断蜕变，与时俱进，终于成为人人可学、人人可用的调色软件。可以毫不夸张地说，在中国，达芬奇三个字就是调色的代名词。下面为读者梳理一下达芬奇调色系统的发展历程，见表1-1。

表1-1　达芬奇调色系统发展简史

年份	版本号	备注
1984	DaVinci Classic	DaVinci Resolve（本书简称为"达芬奇"或"达芬奇调色系统"）的前身诞生，名为DaVinci Classic。
1998	DaVinci 2K	运行于SGI O2工作站上。适用于对SD（标清）、HD（高清）及2K分辨率的影像文件进行处理。
2002	DaVinci 2K Plus	运行于Linux工作站上。极大提升了一级调色和二级调色的功能。修正了不少DaVinci 2K校色系统的瑕疵，极大提升了硬件的性能。

年份	版本号	备注
2009	被BMD收购	在达芬奇公司濒临倒闭的时候，被Blackmagic Design（简称"BMD"）公司收购。从此，达芬奇调色系统开始了它的新生。
2010	达芬奇7	基于Mac OSX系统的DaVinci Resolve 7发布，售价995美元。而之前达芬奇调色系统的售价高达20万美元甚至80万美元！达芬奇7支持RED Epic摄影机，不安装FCP也可以读写ProRes编码的视频。支持群集GPU，支持JL Cooper Eclipse CX调色台。
2011	达芬奇8	BMD公司发布了DaVinci Resolve 8。达芬奇8支持FCPX的多机位剪辑和复合片段，支持RED HDRx的Magic Motion模式，支持Tangent Element调色台，支持ACES色彩空间，当使用AAF和XML套底的时候支持忽略扩展名，层混合节点增加了合成模式。自定义曲线也可以吸管取色，支持多轨道时间线，对于CUDA显卡支持实时降噪。同时BMD还发布了DaVinci Resolve Lite版本。Lite版本就是精简版，虽然带有一定的功能限制但是完全免费。
2012	达芬奇9	BMD公司发布了DaVinci Resolve 9。达芬奇9拥有全新的界面设计，把之前的10个工作区精简为5个，分别是"Media"（媒体）、"Conform"（套底）、"Color"（调色）、"Gallery"（画廊）和"Delivery（导出）"。达芬奇9支持给片段添加旗标，支持XML和AAF的混合帧速率套底，新增了影院模式视图，画廊中增加了44个调色风格预设。RGBA格式的片段可以使用Alpha作为蒙版，通过DeckLink Quad SDI支持4K，通过QuickTime包裹支持DNxHD编解码，支持从当前调色生成LUT文件，支持Anaglyph3D渲染，Mac版的达芬奇9成为完全的64位程序。
2013	达芬奇10	BMD公司发布了DaVinci Resolve 10。达芬奇10仍然是5个工作区，支持现场实时调色，支持OpenFX插件，每个节点支持无限个窗口（达芬奇9每个节点只能有四个窗口）。支持复制与粘贴窗口的跟踪数据，增加了分离器/接合器节点，支持光流变速，新增标题字幕和生成器，支持三点与四点剪辑，支持复合片段。整合了easyDCP，可以进行电影打包。新增了运动特效面板（添加时域降噪和运动模糊）。支持AVI编码，支持JPEG2000编码，在Windows上支持多个AMD显卡，支持Log ACES，在Linux系统上支持菜单栏。
2014	达芬奇11	BMD公司发布了DaVinci Resolve 11。达芬奇11开始支持多语言界面（英文、日文和中文）！达芬奇11的工作区被精简为4个——"媒体"、"编辑"、"调色"和"导出"。支持多用户协作流程，支持双屏操作界面，软件示波器实时刷新（之前版本延迟0.2秒左右），Linux版的达芬奇支持苹果公司许可的ProRes编解码，增添克隆工具，支持完整的JKL导航。校正器节点可以在LAB色彩空间中工作，广播安全提示，窗口上增加不透明度参数，支持12bit的RGB DPX格式，使用6G-SDI支持UHD监看。
2015	达芬奇12	BMD公司发布了DaVinci Resolve 12。分为两个版本，DaVinci Resolve和DaVinci Resolve Studio。DaVinci Resolve就是之前的Lite版。达芬奇12要求Mac OS X 10.10.3 Yosemite系统。达芬奇12设计了全新的、现代的、灵活的、可缩放的用户界面，支持从1440×900到5120×2880的显示屏幕。支持Mac系统的视网膜显示和Windows系统的HiDPI显示。媒体管理能力得到很大提升，拥有完善的剪辑功能。自定义曲线可以用贝塞尔手柄控制。拥有全新的透视跟踪器，全新的3D抠像工具，节点复合功能可以创建嵌套的节点图。自动匹配片段颜色，示波器和系统信息停靠在调色工作区的右下角。导出功能也得到增强，可以将音频轨道导出到ProTools，也可以仅渲染音频，远程渲染以及可以在渲染队列中查看所有作业等功能。

年份	版本号	备注
2016	达芬奇12.5 （即达芬奇13）	增强了剪辑时间线和调色页面的性能，增加了Fusion Connect，可以把达芬奇中的片段直接发送给Fusion进行合成操作，渲染后的画面会在达芬奇中直接更新。一级校色面板中新增了色温和色调工具。新增了HDR调色功能，HDR示波器，支持HDMI2.0元数据。媒体池中新增了Power Bins，可以跨项目共享素材片段。把23.976和24fps渲染为29.97fps和30fps的时候，可以使用3:2下拉功能。对于带场的素材，可以激活去场功能。新增西班牙语界面。
2017	达芬奇14	新增协作能力，可以多用户同时操作同一个项目。整合了Fairlight混音软件，如今达芬奇14已经成为拥有剪辑、调色、混音等多项专业功能。新增面部优化、除霾、变形器、色域映射以及去除色带等多项专业插件。支持两种激活方式，一种是传统的加密狗激活，另一种是新增的序列号激活。
2018	达芬奇15	合成软件Fusion被整合进达芬奇，极大扩充了达芬奇的合成能力。剪辑功能继续增强，时间线可以堆叠，检视器上可以绘制标注。可以调用Fusion字幕。调色页面新增LUT画廊，极大提高了使用LUT的效率。节点编辑器和节点图标进行了重新设计，新增共享节点。HDR调色功能得到加强和扩展。调色页面的OpenFX中新增多款插件。Fairlight音频功能得到完善，新增多款音频插件。交付页面新增多种编码，支持免费DCP输出。

1.2 达芬奇是一个完整的调色系统

虽然达芬奇也有独立发行的软件版本了，但是在影视调色行业中说到"达芬奇"的时候，这三个字所代表的是一套完整的调色系统。达芬奇调色系统由操作系统、达芬奇软件、相关硬件和调色环境共同构成。也就是说，一套完整的达芬奇调色系统除了软件之外还应该包括一台主机、一套存储设备、一台显示器、一台监视器（甚至是一台电影放映机）、一台硬件示波器、一个调色台以及专业的调色场地共同构成。搭建这样一套系统动辄需要上百万元，这也就是达芬奇被称为"贵族"的原因。如图1-2所示。

图1-2　专业的达芬奇调色系统

不过自从达芬奇被BMD收购之后，达芬奇软件不再依附于特殊的操作系统和硬件，用户在搭建达芬奇调色系统的时候可以拥有很大的自由度。达芬奇软件可以免费下载，甚至在一台笔记本电脑上就可以流畅运行。如图1-3所示。

图1-3　在笔记本电脑上运行达芬奇

1.3 选择操作系统

　　达芬奇软件可以在Mac、Windows和Linux三个操作系统上运行。这意味着不管你使用的是哪个操作系统，不管你使用的是品牌电脑还是自己DIY的电脑，都可以运行达芬奇软件，如图1-4所示。

图1-4　三个操作系统

　　Mac的全称是"Macintosh"，也称"麦金塔电脑"或者"苹果电脑"，是苹果公司自1984年起研发销售的个人消费型计算机。目前Mac的型号非常之多：iMac、iMac Pro、Mac mini、Macbook Air、Macbook Pro、Macbook、Mac Pro等。不过不管型号如何变化，这些苹果电脑使用的都是Mac OS操作系统，最新的Mac系统叫作Mac OS X。Mac系统在影视后期领域扮演着重要角色，这得益于苹果公司对影视专业领域的重视。苹果公司开发的FinalCUT Studio系列产品包括剪辑、合成、调色、转码等工具，在影视行业中得到广泛应用。苹果公司研发的ProRes编码在剪辑、调色和归档领域的作用也是举足轻重。不过，随着近几年苹果公司的战略调整，Final CUT Studio系列已经被改组。2011年，剪辑软件Final CUT Pro 7进化为Final CUT X，用于调色的Apple Color停止开发，2018年苹果公司宣布全新的Mac系统停止对Final CUT Pro 7的支持。这种调整也改变了不少团队的工作流程。原先剪辑调色的搭配是Final CUT Pro 7 + Apple Color，如今则是Final CUT Pro X + DaVinci Resolve。达芬奇软件在剪辑功能的开发上对Final CUT Pro X有不少借鉴，达芬奇与Final CUT Pro X的套底流程也是非常顺畅的。

　　按照BMD公司的营销策略，达芬奇软件被移植到Windows平台上，这样可以覆盖更多的用户群体。在笔者从事达芬奇教学以来，收到过大量关于达芬奇调色的问题。其中使用Windows平台的达芬奇用户的问题是最多的。Mac版的达芬奇用户的问题通常是软件使用问题，而Windows版的达芬奇用户问的最多的却是安装问题、闪退问题、渲染失败问题等。造成这种现象的原因是复杂的。一方面，Mac系统、Linux系统和UNIX系统之间有着千丝万缕的关系，所以达芬奇软件从Linux系统向Mac系统上移植就比较容易，从Linux系统向Windows系统移植就困难一些，当然这不是绝对的。另一方面，也是最根本的原因在于，用户的Windows电脑绝大多数是DIY的，硬件配置天差地别，安装的Windows版本也各不相同。这就导致在一定数量的Windows电脑上不能完美运行达芬奇软件。

　　Linux是一套可以免费使用和自由传播的类UNIX操作系统，诞生于1991年。时至今日，仍然有不少高端后期软件都依赖于Linux操作系统，例如Filmlight Baselight、Autodesk Flame及SGO Mistika等。基于Linux系统的达芬奇一般是成套销售的，也就是BMD公司及其代理商按照用户需求提供一揽子软硬件产品，费用往往高达几十万元甚至上百万元。因此，对于个人和小型公司而言，往往难以承受如此之高的费用，所以更适合购买或者自己组装基于Mac或Windows系统的调色系统。有鉴于此，在接下来的章节中，笔者将花一定的篇幅来介绍达芬奇的硬件和软件知识。

　　你需要根据已有的可升级计算机的情况，或根据特定操作要求及技术要求来妥善选择，以便升级、购买或搭建系统。

　　你可以根据现有设备或个人偏好来选择操作系统，也可以根据系统的预算成本来选择。不论是以上哪种情况，都请务必考虑到每种操作系统的利弊，以及采用特定编解码器进行渲染时的具体要求，因为这些因素都会影响到你的选择。

　　你的硬件配置会根据具体的源文件和编解码器以及所选的时间线分辨率等情况来决定剪辑、播放和调色的速度，以及对精编后的时间线进行渲染所需要的时间。

1.4 达芬奇的硬件构成

　　专业的达芬奇调色系统主要包含以下几个组件：主机、界面显示设备、技术监看设备、I/O

卡，硬件示波器、存储设备、调色台、声卡、音箱、连接线和调色环境。如图1-5所示。

图1-5　达芬奇系统效果图

★提示

该效果图中的彩色灯光效果仅用来凸显照片的时尚感，实际工作中是不允许彩色的杂光出现在调色环境中的。

DaVinci Resolve是广受业界欢迎的先进制作工具，它集专业的剪辑、合成、调色和音频后期制作等于一身，并且横跨Mac、Windows和Linux三大平台。达芬奇具备分辨率独立性，原生支持大量图像、音频和视频格式，因此可以同时在时间线上混合多个源文件。达芬奇中的图像处理是基于图形处理器（GPU）的。有些功能需要更高端的GPU，因此GPU的品质越高，它的性能表现也就越好。

1.4.1 主机

达芬奇调色系统的主机硬件主要包括CPU、内存、显卡和硬盘等。对CPU而言，自然是核心数量越多、线程越多、主频越高，优势就越大。对于R3D素材而言，当没有安装Red Rocket加速卡的时候，系统将主要依赖于CPU对其解码，新版的达芬奇也可以使用GPU来加速R3D解码。许多专业的达芬奇平台都会选用英特尔至强处理器。

内存方面也是越多越好，对于达芬奇而言，推荐使用16G及以上内存。64位系统能够使用更多的内存，所以如果你安装的是32位的Windows系统，必须升级到64位，否则将不能安装达芬奇软件。

达芬奇对显卡的要求是重中之重，必须能够满足并行运算（CUDA或者OpenCL）功能。

新版的达芬奇软件支持NVIDIA显卡、AMD（ATI）显卡甚至是Intel板载显卡。虽然新版达芬奇对显卡的要求放宽了。但是仍然有一定数量的Windows组装机、iMac和笔记本电脑不能运行达芬奇，或者即使能打开也会闪退。造成这种问题的主要原因就是显卡性能不达标。

粗浅地说，显卡性能主要看两个方面：并行运算核心数量和显存大小。N卡的CUDA核心数量和A卡的流处理器数量可以在官网查询。例如GeForce GT 330M显卡的CUDA数量只有48个，而QUADRO P6000显卡的CUDA数量多达3840个。显存则能够保证处理更高分辨率的素材和更复杂的纹理，显存大的显卡在处理4K RAW素材调色的时候更有优势。

对于小项目，你可以使用单个GPU进行图像处理。如果要处理8K或4K立体调色，那么可能需要使用八个GPU进行图像处理。尽管性能差异巨大，目前大多数英特尔、AMD及NVIDIA等支持OpenCL1.2或CUDA3.0计算能力的GPU都可以用于达芬奇软件。

选配主机的时候，要特别注意整体的协调性和稳定性。也就是说，要综合考虑主板、CPU、内存、显卡和硬盘之间的性能，让整体性能得到高效发挥，并且还要能够长期稳定运行。所以推荐用户选择专业的工作站级别的主机来进行达芬奇调色。对于学习和小型项目来说，DIY电脑或者笔记本电脑也可以满足基本需求。

1.4.2 GUI（图形用户界面Graphical User Interface）

在达芬奇调色系统中，显示器主要用来显示图形界面，便于用户进行调色操作，信号由显卡获得。监视器主要用来监看所调整的画面颜色，信号由I/O卡获得。监视器是一种更加高级的显示设备，可以保证你看到精准的颜色信息。

1. 显示器

目前液晶显示器大行其道，所以达芬奇调色所使用的显示器几乎都是液晶的。达芬奇软件对显示器分辨率的要求较高，一般要满足1920×1080及以上。否则会造成界面显示不全或者检视器画面太小。新版的达芬奇软件虽然支持1440×900分辨率，一些面板可以自由调节位置，但是在这么低的分辨率屏幕上进行调色工作肯定是"捉襟见肘"的。

大多数的液晶显示器（也包括液晶电视机）的售价较为低廉，这是因为市场对其各项指标的要求没有那么严格，主要面向普通消费者。不同品牌的显示器的颜色参数往往由厂家自行控制，所以为了销售便利，厂商在校准的时候往往会加大对比度、饱和度以及锐度等，甚至会故意偏向某种颜色（例如品红，这会让肤色看起来更粉嫩）。这种现象在液晶电视机领域尤其多见。当然，显示器或电视机都会提供一些可选的颜色模式和调整参数。即使这样，这些显示器还是不能够用作颜色监看设备，因为在没有校准之前，就看不到标准颜色。

在绝大多数情况下，显示器只是用来显示达芬奇的软件界面，很少用它作为查看颜色的标准设备。调色师经常使用的颜色标准有两个，一个是高清电视的Rec.709标准，另一个是数字电影的DCI-P3标准。可惜，很多廉价显示器（也包括液晶电视机）无法满足这两个色域，因为显示器要么没有经过校准，要么自身颜色有先天缺陷，根本校不准。

当然，市场上还有一批为专业人士生产的专业显示器，这些显示器拥有更宽的色域，更多的Gamma选项，更准确的白平衡色温，甚至具有硬件校准功能。这些高端显示器或电视机在进行校准后也是可以当作监视器使用。这样的显示器价格昂贵，通常售价在1万元甚至数万元。另外，监视器拥有很多显示器所不具备的功能，例如内建示波器，内置LUT，辅助聚焦等。专业的监看当然还是建议使用监视器。

2. 投影仪

投影仪，又称投影机，是一种可以将图像或视频投射到幕布上的设备，可以通过不同的接口同计算机、VCD、DVD、BD、游戏机、DV等相连接播放相应的视频信号。投影仪目前广泛应用于家庭、办公室、学校和娱乐场所，根据工作方式不同，有CRT，LCD，DLP等不同类型。

投影仪可以分为消费级和专业级两种，消费级的投影仪可以作为GUI设备使用，专业级的投影仪可以作为技术监看设备使用。

消费级的投影仪是无法给达芬奇调色当作监看设备使用的。因为达芬奇调色对投影仪的色域和颜色精准度有着非常严格的要求，一般的投影仪是无法满足的。配合达芬奇调色要选择专业投影仪，最好的当然是电影放映机。

1.4.3 监视器

监视器是调色师评估图像颜色的最主要工具。选配监视器要注意以下几个要点：

（1）面板——CRT监视器已经成为历史，目前监视器的面板主要是液晶面板，当然也有少量的OLED面板。

（2）分辨率——在调色时，通过分辨率足够高的图像可以看到更多的细节。目前绝大多数监视器的分辨率都可以达到HD标准，也就是1920×1080像素。有些监视器则拥有高达4K的分辨率。分辨率是影响监视器价格的最主要因素。理想的是监视器足够大，使坐在你背后的客户，也能舒适地看清画面。一般而言，尺寸越大的监视器越昂贵。

（3）色域——面对电视节目制作，监视器应该满足NTSC、PAL或HD视频图像的全色域显示，使用SMPTE-C标准或者使用EBU（欧洲广播联盟）标准。高清监视器遵循ITU-R BT.709标准。对于电影调色，监视器则需要满足DCI-P3色域。面向最新的4K HDR节目制作，则需要监视器满足BT.2020色域。如图1-6所示为康维讯4K HDR监视器。

（4）可调性——要确保监视器具有足够的菜单设置和手动调节能力，可以实现针对显示环境的校准，例如Blue Only（仅蓝通道）、亮度、色度、相位、对比度调整等工具。还应该具备色域切换（BT.709、DCI-P3等），色温切换（D65、D93和自定义）和Gamma切换（2.2、2.4和2.6）等功能。另外，有些监视器还具备内置示波器、安全框、辅助聚焦、画中画等附加功能。

（5）接口——监视器有多种输入/输出接口，一般具有SDI输入/输出接口和HDMI输入接口。有些监视器还具有DVI和VGA输入接口以及Video输入/输出接口、S-Video输入/输出接口和YCbCr输入/输出接口。还有网线接口用于管理监视器驱动或者上载LUT文件。有的监视器还带有雷电接口，用户只需用雷电线连接监视器和Mac电脑即可把达芬奇调色画面输出给监视器。如图1-7所示。

图1-6 康维讯4K HDR监视器

图1-7 SanWarm盛火雷电监视器

（6）音频功能——和显示器不同的是，监视器都拥有内置音箱和音频接口。并且可以在画面上显示音频波形。

（7）售价——监视器的售价比较昂贵，往往是显示器价格的数倍。一般来说，进口监视器比国产监视器昂贵，P3色域监视器比709色域监视器昂贵，大尺寸监视器比小尺寸监视器昂贵。一分钱一分货这句话用在监视器领域也是确切的。

在工作中，一些调色师尝试使用两个显示装置，用一个较小的便宜的监视器作为色彩评估显示，而较大的显示器使客户能更为舒适地观看。此种做法的关键是要确保所有显示被校准以保持一致，并且此精确校准可以被持续保持。

另一个选择是故意额外设置一台低质量的显示器。这样可以查看你所调色的节目在普通电视上显示的效果。一些调色师也喜欢使用一台小尺寸的显示器，用来观看图像的黑白版本。这有助于评估图像的对比度。由于图像没有色彩，所以客户们不会更多地注意它。

还可以在你的调色间中装配一台高档投影仪，目前来说，这仍是一个更为昂贵的选择。投影仪的好处是具有超大的图像显示，而恰当设置的高端监视器具有非常高的对比度。不过要预先警告你，在家庭影院发烧级和数字影院放映级投影仪之间的价格和品质具有巨大的差别。

1.4.4 电影放映机

顾名思义，电影放映机就是放映电影的机器。可以把影片上记录的影像和声音，配合银幕和扩音机等机械设备还原出来。时至今日，电影放映机基本上都数字化了。数字电影放映机替代了传统胶片电影放映机胶片图像重现模式，实现了无胶片放映。与传统胶片电影相比，数字电影放映机具有无抖动、不易出现放映事故（断胶片）、放映成本低、色彩鲜明饱满、观影质量稳定、发行方式简便、保存简易等显著的技术发行和放映优势，并可有效提供增值服务。

数字电影放映机可以作为达芬奇调色的监看设备来使用，这也是最高级别的监看环境，真正做到"所见即所得"。也就是说，调色环境和放映环境无限接近，进而保证了色彩的一致性。不过也要注意，数字电影放映机不见得适合所有影视作品的调色监看，工作中再配合监视器就可以模拟多种观看环境了。

1.4.5 I/O卡

许多初学达芬奇的人会问自己有两个显示器，怎样实现一边显示软件界面，一边满屏显示所调的画面。这个想法看似不错，实际上并不可取。首先从硬件上无法实现，因为官方对达芬奇进行了输出限制，如果不使用I/O卡的话，单靠显卡是不能实现在第二个显示器上满屏显示所调画面的。其次，即使能够从显卡输出满屏画面，也难以保证颜色的准确性。因为显示器没有校准，并且绝大多数显卡只能输出8bit信号。所以，要想实现独立的画面监看，需要使用I/O卡。

达芬奇所使用的I/O卡分为内置和外置两种。内置的I/O卡插在主板的PCI-E接口上。BMD出品的Decklink系列I/O卡即属此类。如图1-8所示。

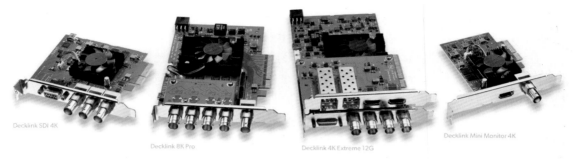

图1-8　Decklink系列I/O卡

　　BMD出品的外置I/O卡的系列名称叫作UltraStudio，通常是盒状的，通过雷电接口连接。由于目前绝大多数的雷电接口都存在于Mac电脑上，所以为Mac电脑选配I/O卡的话首选UltraStudio。如图1-9所示的就是BMD出品的UltraStudio外置I/O卡，该卡通过雷电线连接到苹果台式机或笔记本上。

图1-9　UltraStudio外置I/O卡

　　I/O卡上面通常都有SDI和HDMI（高清）接口，可以采集或者输出视频及音频信号。当录放机连接到I/O卡的时候，你可以通过达芬奇采集磁带上的影音文件或者把调色后的影音文件输出到磁带。当监视器连接到I/O卡的时候，调色师以监视器上的画面颜色为参考进行调色处理。当摄影机连接到I/O卡的时候，你可以使用达芬奇的现场调色功能对摄影机拍摄的画面进行实时调色处理。

　　选购I/O卡的时候还要注意其参数，例如UltraStudio Mini Monitor仅能进行监看不能用于采集，并且其支持的分辨率最高为1920×1080。要想监看UHD 60P需要购买UltraStudio 4K卡。

1.4.6　硬件示波器

　　在使用达芬奇调色的时候，不管是调电影、电视还是网络作品，还需要一台硬件示波器帮你来评估画面。尤其是为电视台提供的影像作品还需要符合广播标准。达芬奇软件带有软件示波器，这个示波器只是提供一个波形的大致显示，对于一般性的调整是有用的，但是其精确性和实时性都不如硬件示波器。外置硬件示波器仍然具有广泛的应用，因为外置硬件示波器拥有更多种类的波形以及更多的设置选项。总的来说，在你的调色工作间中拥有一台硬件示波器是个很好的主意。如图1-10所示的是BMD出品的SmartView设备，它既可以监看画面也可以监看视频和音频波形。

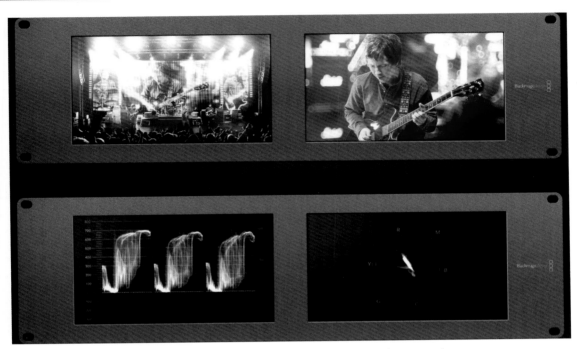

图1-10 BMD出品的SmartView设备

★提示

更为专业的示波器设备可以参考Tektronix公司以及HARRIS公司的相关产品，这些示波器可以从更深入的层面和角度检查节目的视频信号是否达标。

1.4.7 存储设备

达芬奇调色对存储设备的容量和性能的要求也比较高，因为影视调色主要处理的是品质很高的Raw文件或者dpx序列文件，这些文件的码流很高，给存储设备带来的压力很大，所以必须要求使用高速存储设备。近些年来，很多摄影机和单反相机都可以拍摄4K、6K甚至是8K视频了，分辨率的提升带来了码流的大幅提升，这也给存储设备带来了很大压力。

存储可以简单地分为DAS、NAS和SAN三种类型。DAS就是直连存储，内部或外部直接和PC/Mac连接，具有可预测的性能以及专用带宽。NAS的意思是网络连接存储，使用共享IP网络。性能合适、共享带宽，总体成本较低。SAN的意思是区域网络存储，使用专用的光纤通道网络、高性能、专用带宽，总体成本较高。如图1-11所示。

在计算机发展的初期，大容量硬盘的价格居高不下，数据的存储速度与安全性都得不到改善。因此磁盘阵列RAID技术被开发出来，磁盘阵列技术是由一个硬盘控制器来控制多个硬盘的相互连接，使多个硬盘的读/写同步，减少错误，增加效率和可靠度的技术。其后，磁盘阵列技术得到广泛应用，数据存取进入更快速、更安全、更廉价的新时代。

图1-11 存储的三种类型

作为影视工作者，和磁盘阵列打交道是免不了的。达芬奇调色的过程中也会经常使用磁盘阵列，因为在Raw+4K、6K或8K的时代，数据是海量的，一块1T的硬盘可能只存放了几十分钟的素材就满了。

你可以在主机内部组建RAID，也可以使用外置的磁盘阵列盒。外置的磁盘阵列接口主要是USB、eSATA和雷电等。USB2.0的速度很难满足4K调色的需求，所以推荐使用更快的USB3.0、USB3.1、雷电2或者雷电3接口。随着技术的发展，可能还有新的接口出现。

1.4.8 达芬奇调色台

调色基本可以被认为是影视后期流程中的最后一个环节，工作周期通常非常紧张，即使是一部150分钟的电影所给的调色时间也不过一两个月。对于一些广告片和真人秀来说，往往只给几小时的时间来工作。调色团队为了改进自己的工作流程，自然需要更方便、更快捷的控制设备——调色台[1]。因为调色台控制按钮安排在你双手自然放置的位置，所以双手操作可以左右开弓，你可以同时调整暗部、中间调和亮部，也可以快速完成窗口调整和抠像操作。

和一切需要肌肉记忆的工作（例如打球、弹琴和书画等）一样，调色也是一门"手艺"。使用调色台可以增进人机之间的亲密感，形成调色师独特的手感。经过长期的训练，专业的调色师可以在极短的时间内对一个镜头完成优良的调色，甚至可以达到"盲调"的境界。而这些是鼠标所难以给予的。

达芬奇调色台可以分为原厂调色台和第三方调色台两大类。下面将依次对这些调色台进行介绍。

1. 达芬奇原厂调色台

以前，达芬奇仅有一款售价在二十三万元的昂贵的原厂调色台。2016年，BMD公司发布了两款新的经济型原厂调色台：DaVinci Resolve Mini Panel（简称Mini调色台，售价在25 000元左右）和DaVinci Resolve Micro Panel（简称Micro调色台，售价在8 400元左右）。原厂调色台也有了新的名字DaVinci Resolve Advanced Panel，但用户仍然习惯称之为"原厂调色台"或"大台子"。

三款调色台，针对三种不同的工作流程，总有一款能成为你工作的最佳拍档。大型的DaVinci Resolve Advanced Panel适合在专业调色间和调色厅中全天候工作的职业调色师使

---

1 调色台的英文名称是"Control Panel"，直译过来就是"控制面板"。国内习惯称之为调色台。

用。DaVinci Resolve Mini Panel则非常适用于需要在调色和剪辑之间来回切换的工作方式，或者需要功能强大却小巧便携的自由调色师。而**DaVinci Resolve Micro Panel**则是一款极其小巧的专业调色台，你可以将它放在键盘旁，同时进行剪辑和调色，也可以与笔记本电脑共同使用来实现现场调色！三款调色台均采用了相似的控制位置布局，方便你在运行不同调色台的系统之间切换！

（1）DaVinci Resolve Advanced Panel

DaVinci Resolve Advanced Panel调色台（也称原厂调色台）可以和DaVinci Resolve Studio软件结合使用并相得益彰[1]。达芬奇原厂调色台，设计科学、做工精良、手感优秀、售价高昂。如图1-12所示。

图1-12　达芬奇原厂调色台

其按键的背光颜色可以自定义，38个旋钮的命令名称都会对应显示在液晶显示屏上，这保证你在进行常用调色的时候根本不用进行菜单翻页操作。达芬奇原厂调色台还带有完整的时间线/录放机导航工具。通过简单地按下按键就可以调取所有的调色记忆和画廊静帧。达芬奇原厂调色台的布局如图1-13所示。

图1-13　达芬奇原厂调色台布局

1　精简版的DaVinci Resolve软件不能完美地配合DaVinci Resolve Advanced Panel调色台使用。

① 参考键与T形推杆

调色师可以时常抓取或播放静帧来比较画廊中的各种调色方案。DaVinci Resolve调色台设有专门的记忆键，可以快速保存和加载静帧。你还能使用T形推杆比较素材加载静帧前后的区别。

② 轨迹球区域

轨迹球可以提供对Lift、Gamma、Gain和Offset的RGB色彩平衡的控制，控制环可以调整相应的主增益。最右侧的轨迹球还可以作为光标用来选色或者控制窗口的大小、位置和方向。另外，只需按下一个按钮就可以切换轨迹球控制，在Log色轮模式下工作，为暗部、中间调和亮部进行调色。

③ 滑动式键盘

需要录入片段元数据、文件名、节点信息或在标记添加备注时可将键盘拉出。不需要键盘时，可将其推入调色台收起。

④ 导航控制

慢速/快进旋钮和导航控制键让你完全控制项目时间线和外接录放机。

⑤ 背光按键

你可以根据自己的情绪和口味自定义按键背光的色彩与强度，这在暗室调色中尤其重要。

⑥ 多功能旋钮

旋钮可以精细地调整参数，并且通过轻轻地按下旋钮即可把参数设为默认。

⑦ 高分辨率LCD显示屏

5个超亮全彩色显示屏可显示多达32个多功能旋钮以及30个多功能键的菜单和提示。菜单可自动更新，显示每个功能最快捷和最常用的按钮，你无须费时在菜单中层层查找。

另外，使用调色台单独摄影机的RAW参数。你可从调色台直接获得GPU解拜耳控制，从而调整曝光值、对比度、Lift、增益、色温、色调、亮部和暗部恢复、饱和度、颜色增强以及中间调等细节。调节摄影机RAW文件从未如此简单快捷。

（2）DaVinci Resolve Mini Panel

DaVinci Resolve Mini Panel是一款身材小巧却蕴含强大功能控制的紧凑型调色台！Mini调色台也是BMD公司研发的达芬奇原厂调色台之一。你将获得三个专业轨迹球和一组用于切换工具、添加调色系统和浏览节点树的按钮。同时它还自带两个LCD彩色屏幕，显示选中工具的菜单、控制和参数设置以及直接控制按钮，可直接进入特定的DaVinci功能菜单。Mini调色台尤其适合需要经常在剪辑和调色之间切换的剪辑师和调色师，以及需要在工作场所之间随身携带调色台的自由调色师。Mini调色台则是参与现场镜头制作的调色师、企业和活动摄影师的理想选择。如图1-14所示。

（3）DaVinci Resolve Micro Panel

作为一款人民币售价8 000元左右的调色台，Micro调色台低调却不低端，是一款优质便携的调色台。Micro调色台也是BMD公司研发的达芬奇原厂调色台之一。用户可通过三个高灵敏轨迹球和12个精准控制旋钮来操控所有主要调色工具。中央轨迹球上方的一组按键可在对数曲线和偏移调色方式之间切换，或用于显示达芬奇的全屏检视器，十分适合与笔记

本电脑共同使用。位于右侧的18个专用键可用来操控最常用的调色功能和播放控制。Micro
调色台非常适合需要真正便携解决方案的独立剪辑师和调色师，它可在现场创建调色风格
并分析色彩和灯光，同时也是直播车内快速视频调色以及教育领域等多种应用场合的理想
之选。如图1-15所示。

图1-14　DaVinci Resolve Mini Panel

图1-15　DaVinci Resolve Micro Panel

2. 第三方调色台

达芬奇支持多种第三方调色台，调色台可以让你把主要精力放在监视器上而不是软件界
面上。下面来介绍几款达芬奇支持的第三方调色台。

Tangent系列调色台

英国Tangent公司建立于1991年，致力于调色台（控制面板）的研发。Tangent公司推出
的Tangent Devices Wave™和Tangent Devices Element™都适用于达芬奇软件。Wave调色台
采用的是一体化设计，Wave调色台通过USB连接线连接到电脑上，不需要安装驱动即可运

行。配合达芬奇使用的Wave调色台功能比较全面，但做工较为粗糙，手感一般。另外方形的设计占据了较大的桌面空间，会带来键盘鼠标放置的不便。如图1-16所示。

图1-16　Tangent Devices Wave调色台

为了弥补Wave调色台的缺点，2018年Tangent公司推出了Wave调色台的升级版Tangent Devices Wave 2，如图1-17所示。

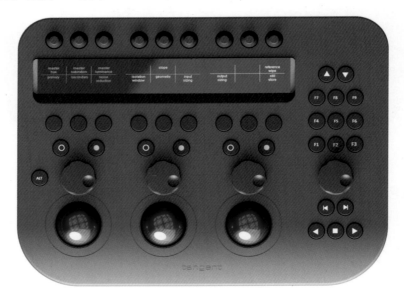

图1-17　Tangent Devices Wave 2 调色台

Wave2缩小了调色台的体积，增强了旋钮的阻尼。但是轨迹球和亮度旋钮采用了Ripple调色台的形式，轨迹球的手感没有任何提升。如图1-18所示。

图1-18　Wave2和Wave的对比

Element调色台采用的是分体式设计，分为Element-Bt（按钮）、Element-Kb（旋钮）、Element-Tk（轨迹球）和Element-Mf（多功能）四种控制面板，你可以按需购买。Element调色台通过USB连接线连接到电脑上，当多个调色台共同连接的时候可能需要USB HUB控制器。Element调色台做工精细，手感优良，功能全面，价格适中（售价25 000元左右），是目前被专业公司广泛采用的调色台之一。但遗憾的是，Element-Mf（多功能）控制面板上的轨迹球不能作为Offset功能使用。要想使用该调色台需要给操作系统安装驱动。如图1-19所示。

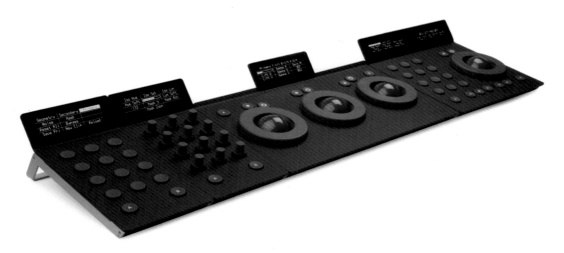

图1-19　Tangent Devices Element调色台

2015年9月份，Tangent公司在IBC2015展会上发布了Ripple调色台。这款调色台设计非

19

常紧凑，拥有三组轨迹球和拨盘，每组轨迹球区域都有独立的复位按键。另外还有两个可编程的A、B按键。Ripple是一款经济型调色台（售价2 500元左右），并且拥有较好的便携性。缺点是功能简单，轨迹球和台身是分体设计，容易滑落。要想使用该调色台需要给操作系统安装驱动。如图1-20所示。

图1-20   Ripple调色台

★提示

Ripple调色台可以取代Element-Tk（轨迹球）调色台。

Avid公司出品的Avid Artist Color™调色台除了支持Avid Media Composer软件之外也支持达芬奇软件。如图1-21所示。Avid Artist Color™调色台的做工和手感都不错，但这款调色台是通过以太网端口连接的，如果你要连接到没有网口的电脑上还需要USB转以太网的转换器。另外，该款调色台还需要安装驱动才能运行。

图1-21   Avid Artist Color™调色台

建立于1979年的JLCooper Electronics 公司出品的JL Cooper Eclipse CX™调色台也支持达芬奇软件，不过该调色台在国内极少被使用，如图1-22所示。

图1-22　JL Cooper Eclipse CX™调色台

以上介绍的几款调色台均由国外研发，国内强氧公司也研发了入门级第三方调色台ProPanel，不过2017年该调色台已停产。

1.4.9　设置调色环境[1]

调色比剪辑、合成、或CG制作需要更严格细致的工作环境。因为调色环境会极大地影响调色师和客户的观看感受。影院级别的调色间如图1-23所示。

图1-23　影院级别的达芬奇调色间

1　本小节内容参考了Alexis Van Hurkman所著的《Color Correction Handbook》一书。

1. 墙壁颜色

你所工作的房间整体来说应该没有明显的色彩倾向。特别是监视器后面可以看到的区域，应该是中性灰。根据你的喜好，灰色可以亮于或暗于50%的灰，但它一定绝对是中性的（不能像很多颜料一样，会偏一点蓝或红）。索尼公司建议中性灰的面积应大于屏幕面积的八倍，但有一个好的主意是，当直接观看监视器时，把你视线内所见的足够大的墙壁全部涂灰。

这里所谈到的两个关键问题，第一是确保墙壁颜色不具有任何色彩倾向，使你在评估图像色彩时不受到外部色彩的影响。因为人类的眼睛在分辨色彩时会比较其周围的颜色。如果在你评估色彩用的监视器后面是橙色的墙壁，它将会影响你的色彩认知，使你的视觉潜在地发生过度补偿，造成对图像不准确的评估结果。第二是参考监视器上图像的对比度也会受到周围墙壁亮度的影响。如果墙壁过白或过黑，都有可能会造成你对监视器上图像亮度判断的错误。

2. 照明

用于调色的房间中的光线要严格控制。不能混合照明（同一房间内有两个及两个以上色温的光源）。所以，如果有窗户的话，最好使用遮光材料完全遮挡室外的光线。使用绒布或其他阻光的织物都可以。不管选择哪种材料，要确保可以完全阻挡光线。否则的话，如果仍有少量的光线进入室内，掺入不同的颜色中，会使观看环境变得更糟。

在完全阻隔了室外光线后，室内照明的设置就极为重要了，下面是与此相关的一些建议：

（1）在北美、南美和欧洲的大多数国家，所有调色工作间的照明设施的色温被设定为6 500K。这与正午的光线色温相匹配，调色用的专业监视器和计算机显示器的设置也应如此。一种最为简单的确保照明条件的方法是使用色温均衡的荧光灯照明。你可以容易地获得D65色温标准的荧光灯管和新型电子镇流器，使灯管可以快速开启，并消除常发生在老型荧光灯上的闪烁问题。

（2）在一些亚洲国家，包括中国、日本和韩国，专业监视器和调色工作间的标准色温被定为9 300K，是一种"蓝白"（编者按：中国电影、电视所采用的应该是6 500K的白点色温）。

（3）所有调色间内的照明应该全部是间接照明。也就是说，在你的视野范围内不应看到灯光。通常监视器后面的照明光线是来自其他墙壁的反射。

（4）方案制定者建议监视器后的间接照明（视觉环境）不能超过12cd/m^2（坎德拉/每平方米是亮度单位）。换句话说，环境光应该是监视器在显示100 IRE的白信号时发光的10%。更粗略的规则是环境光应该在监视器显示纯白时亮度的10%～25%之间。

★提示

此原则是针对CRT监视器的。其他类型的监视器会有不同的照明比率。索尼指出，CRT显示器在低环境光下会有更高的视知觉对比度，而LCD显示器则在高环境光下会有更高的视知觉对比度。

（5）由于调色间的环境照明会极大地影响图像对比度的视觉感知。一些调色师建议调色间的环境照明应该匹配观众的观看环境。换句话说，如果你所调色的节目会在通常的居室中放映，那么亮一些的环境光是合适的。如果你所调色的节目会在很暗的剧院中放映，那么要考虑将调色间弄暗一些。

（6）同样应该保证在你的专业监视器前没有光线反射。因为任何反射到监视器上的光线都会使关于对比度感受的视觉感知降低，使图像对比度的评估遇到困难。这也是采用间接照明的另一个原因。

3. 放置参考白

许多调色师会在他们的调色间中放置一块参考白，参考白基本上是墙上某个被D65色温灯光所打亮的纯白色区域。可以把它当作是摄像师的白板，其目的是为你的眼睛提供一块用来恢复色彩平衡感觉的纯白。当你在调色时，眼睛会疲倦，失去对白色的准确感觉。观望参考白可以使你的眼睛恢复对中性白的感觉。

4. 设置家具获得舒适的视觉

需要将你的工作平台设置得尽可能的舒适，调整你的坐椅高度、鼠标和打字位置，使其符合人体工程学要求，以避免背部疼痛和腕部疲劳。因为你要坐在那里工作很长时间，所以最好能使身体放松，才能更好地集中精力到工作上。你的坐椅应该耐用、舒适和可调节（虽然你不会在一个好的坐椅上花费太多）。同时，也要确保你的客户也有一个舒适的坐椅。

根据对中性环境色的需要，你的家具也要为中性色。黑色的工作台是不错的选择，同时桌面不能反射，防止光线反射到屏幕上。

5. 监视器的放置

不同于剪辑工作间，专业监视器更多是为客户使用的。作为调色使用的监视器应该放置到客户和你都能容易查看的位置，因为在调色时，你们都需要随时观看它。

一个明智的选择是，在你和客户之间最好只有一台彩色监视器。尽管在某些情况下多个显示器是有好处的（例如，在提供一台相当高质量的投影仪或电影放映机的同时，为你自己提供一台小尺寸的供参考用的监视器）。但在客户描述其想要的效果时，仍需要只依据一台显示器。否则，就会发生客户指着另一台显示色彩完全不同的监视器并要求你"是否可以调成那台显示器所显示的颜色？"的尴尬局面。

★提示

相信我，这一定会发生的。客户经常会指着计算机显示屏说："你能把它调得更像这个颜色吗？"这种情况并不少见。显示器往往比监视器拥有更高的对比度和饱和度，客户会误以为显示器的颜色更好。实际上要引导客户认识到监视器的颜色才是准确的。如果在显示器上面调色，可能会越调越偏。

假如你的调色间很小，并只有一台很小的显示器，将其放置在计算机屏幕的一侧是一个相当合理的选择。如果你的房间大小（和资金）允许的话，在你的计算机屏幕后面放置一台大点的专业监视器有助于防止计算机显示器的光线在专业监视器上产生反光。

参考监视器的理想放置方式：放在上面，使你和客户都能看到；放到计算机显示器后面，避免不需要的反射强光；参考监视器到你的距离应该是图像高度的四到六倍。

另外，要确保你的参考监视器位置放置得恰当，不应当你观察参考监视器和计算机显示器时，每次都需要上下左右地转头。

方案制定者建议从观者到参考监视器理想的距离是显示器可视面积高度的四到六倍。

（1）14英寸显示器（画面高度8英寸）的观看距离应该是32英寸到48英寸。

（2）20英寸显示器（画面高度11英寸）的观看距离应该是44英寸到66英寸。

（3）32英寸显示器（你很幸运，画面高度是14英寸）的观看距离应该是56英寸到84英寸。

6. 不要忽略客户

在设置你的房间时，不要忽略你的客户。客户们也需要同样地观察参考监视器，所以最好放置一台尺寸足够大的监视器，使你背后的客户也可以容易地看到画面。如果你的资金不能提供足够大的监视器和豪华的客户区，那么你需要在你的身边为客户提供一个空间，使你们可以坐在那里，一起评估画面。当然，提供皮革沙发、工作台、杂志、糖果、乐高玩具和Wi-Fi，这可以分散客户对你过多的注意力。

综上所述，达芬奇调色确实是一个系统工程。如果你只是对调色本身感兴趣，那么可以从后面的章节开始学起，如果你不仅要考虑调色本身，还要考虑经营一家调色公司，那么本章所介绍的知识就显得非常必要了。

1.5 达芬奇软件

达芬奇调色能够在近些年成为热门，一大原因就是官方把达芬奇软件单独发售，并且快速将其拓展到Mac和Windows系统上，更重要的是精简版的达芬奇软件完全免费！这样没有了技术门槛，任何一个人都可以自由下载、安装达芬奇软件并使用它来工作。下面将介绍达芬奇软件的版本划分及安装方法。

1.5.1 达芬奇软件版本的划分

达芬奇软件有两个版本。一个是免费精简版DaVinci Resolve[1]，另一个是收费完整版DaVinci Resolve Studio。Studio版的达芬奇有两种激活方式，一种是序列号激活，另一种是加密狗激活。如图1-24所示。

DaVinci Resolve版本可以免费下载使用，运行中不需要加密狗，属于限制了部分功能的版本，主要限制有：不能输出DCI-4K分辨率的影像，不能开启时域降噪，不能进行立体调色以及只能使用一块GPU等。DaVinci Resolve Studio是完整版达芬奇软件的新名称。DaVinci Resolve Studio具备完整的功能，需要付费购买。

1　达芬奇9-11的免费精简版被命名为DaVinci Resolve Lite，随着达芬奇12的发布，Lite的叫法被取消了。

图1-24 达芬奇15的两种激活方式

1.5.2 安装达芬奇15的最低系统需求

软件安装本来是非常简单的事情，但是达芬奇软件对系统、硬件和软件都有一定的要求，下面是安装达芬奇软件的最低系统要求。

1. Mac系统安装达芬奇15的最低系统需求

（1）Mac OS 10.12.6 Sierra。

（2）推荐16GB系统内存并且最低需要8GB。

（3）Blackmagic Design Desktop Video 10.4.1版本或更新。

（4）CUDA Driver version 8.0.63。

（5）NVIDIA/AMD/Intel GPU驱动版本根据显卡需要更新到最新。

（6）RED Rocket-X驱动2.1.34.0以及固件1.4.22.18或更新。

（7）RED Rocket驱动2.1.23.0以及固件1.1.18.0或更新。

2. Windows系统安装达芬奇15的最低系统需求

（1）Windows 8.1 Pro 64位SP1。

（2）推荐16GB系统内存并且最低需要8GB。

（3）Blackmagic Design Desktop Video 10.4.1版本或更新。

（4）NVIDIA/AMD/Intel GPU驱动版本根据显卡需要更新到最新。

（5）RED Rocket-X驱动2.1.34.0以及固件1.4.22.18或更新。

（6）RED Rocket驱动2.1.23.0以及固件1.1.18.0或更新。

1.5.3 安装达芬奇软件

安装达芬奇软件是非常简单的事情，但是安装后所遇到的问题却不是每一个用户都能解决的。在Mac系统和Windows系统上安装DaVinci Resolve Studio 版本的方法及常见问题的解决方案请参阅本书第16章，这里不再赘述。

★实操演示

下载与安装达芬奇软件

1.6 本章小结

本章首先讲解了达芬奇调色系统的基础知识，让读者对达芬奇的硬件和软件有一个概括性地了解，便于将来搭建自己的达芬奇调色平台。接着讲解了达芬奇调色的艺术，提倡技术和艺术的并重，不可偏废。希望本章是一个很好的开始，后面我们将开启一段愉快的调色之旅。

第2章

达芬奇软件操作基础

本章导读

从本章开始，我们就要学习达芬奇软件的界面布局和操作方式了。希望读者耐心阅读，打好基础。好的开始是成功的一半。相较于之前的版本，达芬奇15版本的界面又有了较大变化，即使是达芬奇的老用户也有必要重新熟悉一下。

本章学习要点

◇ 达芬奇的界面
◇ 项目管理器
◇ 项目设置
◇ 偏好设置
◇ 操控达芬奇
◇ 调色台操作

2.1 项目管理器

项目管理器面板是组织与管理项目的地方。你可以在这里创建、组织和删除项目，也可以在这里导入与导出项目以便于在不同的电脑之间迁移项目文件。如图2-1所示。

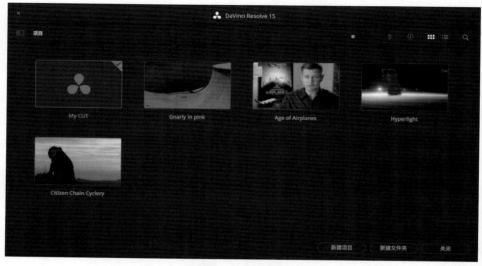

图2-1　项目管理器面板

★提示

点击达芬奇软件界面右下角的小房子按钮或者按快捷键【Shift+1】打开项目管理器面板。

想要新建项目，可以点击项目管理器面板右下角的"新建项目"按钮，或者右击项目管理器面板的空白区域，在弹出的右键菜单中执行"新建项目"命令。如果项目过多，还可以把项目放到不同的文件夹中进行分类存放。关于项目管理器的详细讲解请观看随书视频教学。

★实操演示

第02章-01-项目管理器面板

2.2 项目设置

新建一个项目之后，项目的参数设置都是默认的。要想修改这些默认的参数就需要进入达芬奇的"项目设置"面板。你可以点击达芬奇界面右下角的齿轮图标来进入项目设置面板或者按下快捷键【Shift+9】。项目设置面板中默认激活的是"主设置"标签页，但是本书中按照从上至下的顺序来进行讲解。

2.2.1 预设

新建项目的默认设置在"预设"标签页中就可以看到。如图2-2所示。当前项目的预设中，宽度的分辨率是1 280，高度的分辨率是720。用户可以根据自己的需求自由定制项目的预设。这些预设可以进行导出/导入操作。所以，即使你重新安装了软件或者迁移到其他的电脑上去工作也可以把自己的预设文件带过去。

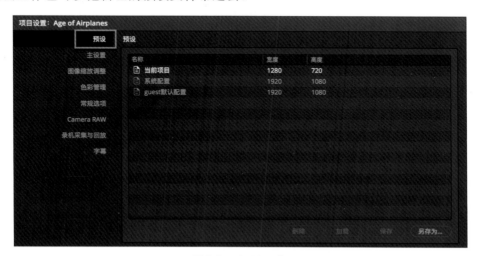

图2-2　预设面板

2.2.2 主设置

"主设置"标签页可以说是达芬奇软件中最重要的项目设置面板，在这里面可以设置项目时间线的分辨率和帧速率以及监看格式等。如图2-3所示。

图2-3　主设置面板

达芬奇的剪辑和调色支持"优化媒体"，所谓的优化媒体相当于片段的"代理文件"。默认的优化媒体的分辨率、格式和编码可以在"优化的媒体和渲染缓存"面板中进行设置。在进行剪辑、合成与调色的时候所产生的缓存文件的默认格式也在这个面板中进行设置。如图2-4所示。

图2-4 "优化的媒体和渲染缓存"面板

缓存文件的存储位置以及画廊静帧的存储位置都可以在"工作文件夹"面板进行设置。如图2-5所示。

图2-5 "工作文件夹"面板

在达芬奇中进行变速处理的时候，有三种方式，一种是"最近的"，会重复帧，不进行帧混合。第二种是"帧混合"，会对画面进行简单的帧混合处理。第三种是"光流"，这是一种高级的帧融合算法，可以得到优秀的变速效果。当然在背景复杂的场景中，光流变速可能会造成瑕疵。用户可以在"帧内插"面板中对变速处理进行设置。如图2-6所示。

图2-6 "帧内插"面板

2.2.3 图像缩放调整

"图像缩放调整"标签页中列出了图像缩放的时候所采用的过滤器算法、抗锯齿处理、输入缩放调整以及输出缩放调整的预设。如果遇到素材的分辨率和宽高比与当前时间线不匹配的情况，可以在此面板进行设置。如图2-7所示。

同时也要注意，当你使用监视器的时候，要明确监视器所能达到的分辨率尺寸，以便于将达芬奇中的视频信号正确输出给监视器。默认的设置是"匹配时间线设置"，用户完全可以根据具体情况进行自定义。如图2-8所示。

图2-7　图像缩放调整

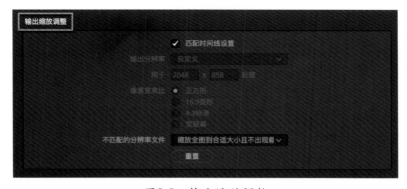

图2-8　输出缩放调整

2.2.4　色彩管理

在"色彩管理"标签页中，用户可以设置色彩空间、色彩转换以及HDR等参数。在色彩科学下拉菜单中可以找到四种选项：DaVinci YRGB、DaVinci YRGB Color Managed、ACES cc和ACEScct。如图2-9所示。

图2-9　色彩空间面板

★提示

关于色彩管理的知识请参考本书第5章的相关内容。

达芬奇15增强了HDR调色的功能，用户可以在色彩管理面板中对"Dolby Vision（杜比视界）"和"HDR10+"进行设置。如图2-10所示。

图2-10　HDR设置面板

在色彩管理中的"查找表"面板中可以打开LUT文件夹便于安装与管理LUT文件。也可以设置给项目、监视器、检视器和示波器加载什么样的LUT文件。还可以在其中设置3D LUT查找表的插值方式。如图2-11所示。

图2-11　查找表面板

另外，在色彩管理标签页中还可以发现"生成柔化裁切"面板和"从分析后的提取模式生成LUT"面板。如图2-12所示。

★提示

关于LUT的详细知识，请参考本书第9章的相关内容。

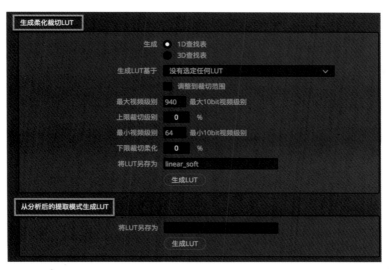

图2-12　LUT相关面板

当进行电视节目调色的时候，还要注意广播安全设置的问题。为了防止影片的亮度和色度超出法定的范围，可以勾选"确保广播安全"选项，然后在广播安全IRE电平中选择合适的电平范围。如图2-13所示。

图2-13　广播安全面板

2.2.5 常规选项

在"常规选项"标签页中，可以看到"套底选项"、"音频测量"、"色彩"、"动态属性"和"版本"面板。在套底选项面板中可以设置文件的卷名，如图2-14所示。

图2-14　套底选项面板

在"音频测量"面板中可以设置响度计的相关参数以及总线音频表的标准电平、高电平和低电平的数值。该设置主要是为Fairlight面板准备的。如图2-15所示。

图2-15　"音频测量"面板

在"色彩"面板中，"使用S-curve为对比"默认是勾选的，这样在增加画面的对比度的时候，灰渐变曲线会呈现S形变化。如果不勾选，灰渐变曲线会呈现直线变化。当然，在其中还有很多选项可供选择。不过在一般情况下，保持默认即可。如图2-16所示。

图2-16　"色彩"面板

在"版本"面板中可以设置新创建版本的备选名称。达芬奇已经给出了一些名称，当然用户完全可以自定义自己喜欢的名称。如图2-17所示。

图2-17　"版本"面板

关于版本的知识请参考本书第11章的相关内容。

2.2.6 Camera RAW

在"Camera RAW"标签页中可以为整个项目中的所有RAW素材进行参数设置。在"主控"面板中找到对应的RAW配置文件，然后可以在解码方式中选择"项目"，这样就可以进行自由设置。如图2-18所示。

图2-18 "Camera RAW"标签页

关于Camera RAW的知识请参考本书第3章和第6章的相关内容。

2.2.7 录机采集与回放

"录机采集与回放"标签页中提供了对录机的参数设置以及采集文件的格式和存储路径，并且还可以设置音视频信号的输出参数。如图2-19所示。

图2-19 "录机采集与回放"标签页

2.2.8 字幕

在"字幕"标签页中可以对达芬奇剪辑页面中的字幕轨道进行设置。例如设置每行字幕的最多字数，字幕的最短持续时间和每秒的最多字数。如图2-20所示。

项目设置：Age of Airplanes

预设	字幕设置
主设置	
图像缩放调整	Max Characters Per Line　60
色彩管理	Minimum Caption Duration　3　秒
常规选项	Maximum Characters Per Second　30
Camera RAW	
录机采集与回放	
字幕	

图2-20　"字幕"标签页

★实操演示

第02章-02-项目设置

2.3 偏好设置

"偏好设置"面板让你可以设置达芬奇系统的工作环境、指定界面语言、设置缓存目录、设置I/O卡、选择调色台以及一些高级选项。如果你在一个持久的达芬奇平台上工作的话，偏好设置可能很少用到，但是如果你在一个移动平台上工作，这意味着你要处理不同的素材，更换不同的硬盘，使用不同的调色台，那么你就会经常使用"偏好设置"面板了。当你对"偏好设置"面板进行修改后，你必须退出并重启达芬奇来让设置生效。

达芬奇15版本中对偏好设置和项目设置进行了重新布局，偏好设置被分为"系统"偏好设置和"用户"偏好设置两类。

2.3.1 系统偏好设置

1. 内存与GPU（Memory and GPU）

在"内存与GPU"标签页中可以看到内存配置和GPU配置。在内存配置面板中可以设置达芬奇调色的内存限额和Fusion合成的内存限额。在GPU配置面板中，对于Mac电脑有四种选项"Auto"、"CUDA"、"OpenCL"和"Metal"。如果使用的是Nvidia显卡，建议选择CUDA。如果使用的是AMD（Ati）显卡，建议选择OpenCL。当然也可以选择Auto或Metal。Auto就是自动的意思，由达芬奇自己进行配置。Metal是苹果公司开发的GPU处理模式。用户还可以手动配置电脑的显卡，这需要在GPU Selection Mode中选择"Manual（手动）"。如图2-21所示。

图2-21　内存与GPU标签页

2．媒体存储

"媒体存储"标签页是一个缓存磁盘列表。列表的第一个目录就是画廊静帧和缓存文件保存的地方。所以你要保证这个目录连接正常并且具备足够的空间。如图2-22所示。

图2-22　媒体存储标签页

3．解码选项（Decode Options）

解码选项标签页中有四个选项，分别是"使用GPU为Blackmagic RAW进行解码"，"使用硬件加速为H.264/HEVC进行解码"，"使用easyDCP解码器"和"使用GPU进行RED解拜耳运算"。如图2-23所示。

图2-23　解码选项标签页

4. 视频和音频I/O

在"视频和音频I/O"标签页中，可以对视频I/O设备和音频I/O设备进行设置。在"用于采集和回放"中选择I/O卡的名称即可将影音信号通过I/O卡传输给监视器或其他显示设备。在"扬声器设置"中可以自动设置或手动设置关于声卡和扬声器的信息。如图2-24所示。

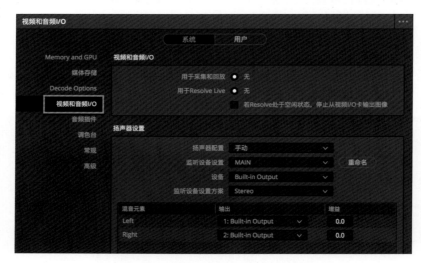

图2-24　"视频和音频I/O"标签页

5. 音频插件

达芬奇的Fairlight支持VST格式的音频插件。VST是Virtual Studio Technology的缩写，它是基于Steinberg的"软效果器"技术，以ASIO驱动为运行平台，因此能够以较低的延迟提供非常高品质的效果处理。在"音频插件"标签页中可以对音频插件进行管理。如图2-25所示。

6. 调色台

达芬奇调色支持多种调色台，用户可以在"调色台"面板中选择合适的调色台名称。另外，在"调音台"面板中可以选择合适的音频控制台。在设置好调色台与调音台之后需要重启达芬奇软件才能使用调色台或调音台进行控制。如图2-26所示。

图2-25 "音频插件"标签页

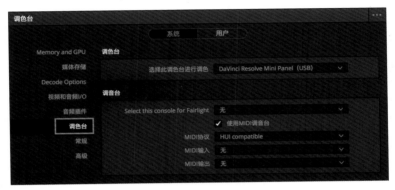

图2-26 "调色台"面板

★提示

关于达芬奇调色台的相关知识请参阅本书第1章的相关内容。

7. 常规

在"常规"标签页中，可以设置"External Scripting Using（外部脚本使用）"选项以及"Audio Processing Block Size（音频处理块大小）"。对于Mac电脑来说，如果勾选了"Use Mac Display Color Profiles for Viewers"，那么达芬奇会调用苹果电脑的色彩描述文件来影响达芬奇检视器画面中的颜色。另外，当达芬奇崩溃的时候，还可以将程序意外退出的消息报告给BMD官方。如图2-27所示。

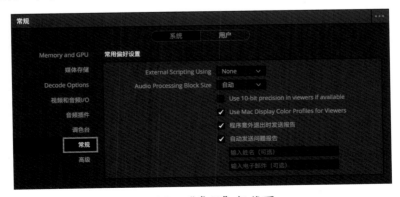

图2-27 "常规"标签页

★提示

在不使用监视器考察颜色而是使用Mac电脑的显示器直接调色的情况下，勾选"Use Mac Display Color Profiles for Viewers"可以保证达芬奇检视器的画面颜色和渲染后使用QuickTime播放器播放的画面颜色保持一致。

8. 高级

通过在"高级"标签页里面输入脚本可以对达芬奇进行更加深入地设置，不过这需要专业技术人员的辅助。如图2-28所示。

图2-28　"高级"标签页

2.3.2 用户偏好设置

1. UI设置

在UI设置标签页中可以设置达芬奇的界面语言。还可以设置是否"登录时重载上次的工作项目"，"在界面中使用灰色背景"以及"在检视器中使用灰色背景"等。当处理带"场"素材的时候，还可以激活"暂停时输出单场"。如图2-29所示。

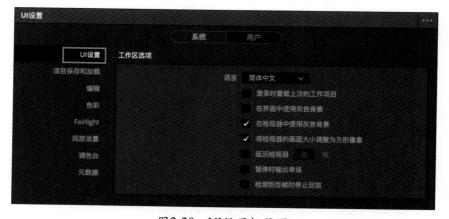

图2-29　UI设置标签页

2. 项目保存和加载

在"项目保存和加载"标签页中，如果勾选了"打开项目时加载所有时间线"，则每次打开项目都会把项目中的所有时间线都加载到内存中，这会降低项目的打开速度。为了保证达芬奇软件的运行安全，达芬奇15在保存设置上做了很大的改进。用户可以勾选"实时保存"和"项目备份"。如图2-30所示。

图2-30 项目保存和加载面板

3. 编辑

"编辑"标签页中的都是和剪辑操作相关的设置。用户可以设置新时间线的参数，标准静帧持续时间和标准转场持续时间等。如图2-31所示。

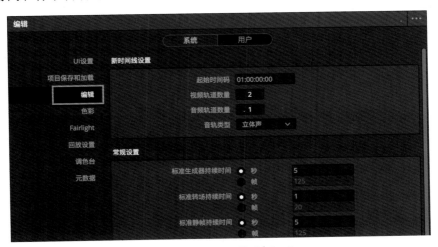

图2-31 "编辑"标签页

4. 色彩

在"色彩"标签页中，拥有"常规设置"面板、"波纹模式"面板和"印片机光号校准"面板。例如在"常规设置"面板中，勾选"高可见度Power Window"线条可以把窗口轮廓线以鲜艳的颜色显示。如图2-32所示。

图2-32　"色彩"标签页

5. Fairlight

在"Fairlight"标签页中可以对Fairlight的循环播放进行偏好设置，可以设置"循环播放位置"以及"循环播放长度"。如图2-33所示。

图2-33　"Fairlight"标签页

6. 回放设置

在"回放设置"标签页中提供的是关于回放设置的参数。为了降低显卡的压力，可以勾选"隐藏UI叠加"和"当回放时最小化界面更新"。用户也可以设置"性能模式"的选项。如图2-34所示。

图2-34　"回放设置"标签页

7. 调色台

在用户偏好设置中也有一个"调色台"标签页。在这里面可以设置调色台的敏感度。暗部

RGB平衡对应的是左手轨迹球的精度，暗部主控对应的是左手亮度环的精度。默认数值为50，数值越大越灵敏，越小越不灵敏，以此类推。如图2-35所示。

图2-35 "调色台"标签页

8. 元数据

在"元数据"标签页中可以对元数据进行相关设置。点击"新建"按钮即可创建自定义的元数据预设。该预设可以在元数据面板调取。如图2-36所示。

图2-36 "元数据"标签页

★实操演示

第02章-03-偏好设置

2.4 界面介绍

现在我们可以介绍一下达芬奇15的工作界面了。达芬奇15的界面按照功能被划分为六个页面（也叫"工作区"或"工作间"），分别是"媒体"、"剪辑"、"Fusion"、"调色"、"Fairlight"和"交付"。在界面的最底端有六个按钮让你可以在页面之间快速切换，这六个按钮永远在界面底部以便于随时访问。你也可以使用快捷键来切换，分别是【Shift+2】、【Shift+4】、【Shift+5】、【Shift+6】、【Shift+7】和【Shift+8】。如图2-37所示。

| 媒体 | 剪辑 | Fusion | 调色 | Fairlight | 交付 |

图2-37　达芬奇页面切换按钮

自从BMD公司收购达芬奇系统以来，数年间对达芬奇软件持续改进，几乎每年都会发布一个新版本，并且每个版本在功能和界面上都有一些变化。从达芬奇12开始，其界面设计经历了一次巨大的革新，几乎重绘了每一个图标，并且支持视网膜屏幕的显示。达芬奇15在界面设计上又有了新的变化。下面将以视频教学的形式对达芬奇的界面进行概要讲解。

★实操演示

第02章-04-达芬奇界面讲解

2.5 操控达芬奇

使用键盘和鼠标来操控达芬奇进行调色是最基础的方式，也是许多初学达芬奇软件的人的主要操作方式。有些软件例如Quantel、Flame和Mistika比较适合用手绘板进行操控，因为这些软件专门为手绘板操控做了优化。虽然达芬奇软件也可以使用手绘板进行控制，但是由于没有相应的操控优化，所以手绘板并不是最佳的达芬奇操控方式。要想自如地控制达芬奇软件，当然是选择官方的调色台。当然，鼠标键盘也是必不可少的辅助工具。

2.5.1 鼠标操作技巧

达芬奇软件支持多种类型的鼠标，为了更好地发挥鼠标的作用，建议用户选择三键鼠标，尤其是带滚轮的鼠标。某些带有轨迹球或多个功能键的鼠标也可以提高调色的工作效率，这一类的鼠标设备通常需要安装专门的驱动程序。

1. 左键

在达芬奇中，通常情况下，左键在单击的时候可以打开或关闭某个按钮，或者执行选择命令。单击并拖动可以执行修改参数或者绘制选区等命令。双击某个素材片段可以在检视器中查看片段内容，在节点编辑器中双击节点可以选中该节点。

2. 中键

中键按钮（滚轮鼠标的滚轮身兼两职，可以滚动也可以按下，按下的时候就是中键功能，也可以执行单击操作。中键在达芬奇软件中有着不少妙用。例如你可以使用滚轮缩放检视器的画面，并且在检视器面板中使用中键单击并拖动画面可以使其自由平移。你也可以使用中键单击来复制调色信息。中键单击还可以删除PowerCurves曲线上的控制点。

3. 右键

右键在媒体池中的素材片段上单击可以显示"上下文菜单"（在本书中称之为"右键菜单"）。当然，在达芬奇软件中，右键在某些情况下还有特殊用途，例如在"调色"页面的"曲线"面板中，右击曲线上的控制点可以将其删除。

2.5.2 键盘与快捷键

由于达芬奇可以运行在Mac、Windows和Linux三个操作系统上，而这些操作系统所使用的键盘的布局又有着细微的差别，因此有必要讲解一下键盘按键的对应关系。本书是以Mac版的达芬奇14为基础进行编写的，因此书中所给出的快捷键也是Mac版的。如果读者使用的是Windows版或者Linux版的达芬奇软件，请参考表2-1。

表2-1　不同操作系统中按键的对应关系

Mac系统按键图标	Mac系统按键名称	Windows系统按键名称
⌘	Command	Ctrl
⌥	Option	Alt
⇧	Shift	Shift
⌃	Control	无对应键
↖	Home	Home
↘	End	End
⌫	Delete（退格键）	Backspace

★提示

如果用户在Mac系统上使用Windows布局的键盘的话，一定要注意按键的映射关系，大多数情况下Win键被映射到Command键，不过也有可能被映射到Alt键。

在市场上还能找到专门为达芬奇设计的专业键盘。常用的剪辑和调色的快捷键在键盘上都被标示出来。并且这款键盘的按键是有背光的，便于在黑暗的环境中快速地识别按键的位置，因为调色一般是在暗环境当中进行工作的。如图2-38所示。

图2-38　达芬奇专用键盘

2.6 调色台操作

下面以Micro调色台为例，讲解一下调色台的用法。Micro调色台可以分为旋钮区、轨迹球区和按键区。如图2-39所示。

一级调色旋钮区　　　　　　　　轨迹球区　　　　　　　　控制键区

图2-39　Micro调色台布局

2.6.1 轨迹球区

调色台的左边轨迹球、中间轨迹球和右边轨迹球和达芬奇软件界面上的Lift、Gamma、Gain面板的色轮布局是对应的，和Log色轮的阴影、中间调、高光的布局也是对应的。如图2-40所示。

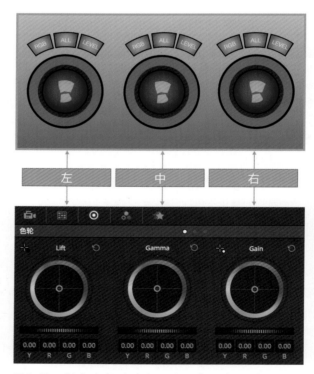

图2-40　调色台轨迹球与调色面板色轮的对应关系

在Micro调色台轨迹球的附近有三个复位按钮——RGB、ALL和LEVEL。RGB复位，把RGB的参数调整复位，但是不影响Y（亮度）参数的调整。ALL是全部重置，也就是把YRGB四个参数的调整全部复位。LEVEL复位，是在保持RGB差异的情况下把亮度复位。如图2-41所示。

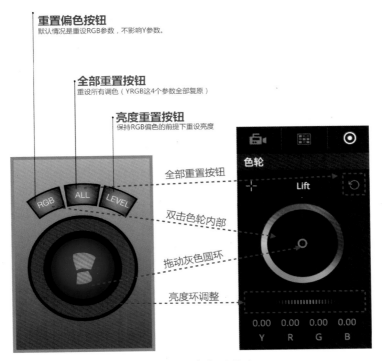

图2-41　三个复位按钮

2.6.2　旋钮区

Micro调色台顶部的12个旋钮分别对应着达芬奇调色界面上的12个参数。例如前三个旋钮分别对应着Y LIFT、Y GAMMA和Y GAIN。顺时针拧旋钮会增加数值，逆时针拧旋钮是减少数值，按下旋钮可以复位参数。如图2-42所示。

Y LIFT：在不影响RGB平衡的情况下调整Y（亮度）通道。Y LIFT主要影响画面的暗调区域，对中间调和亮调区域的影响力依次递减。

Y GAMMA：在不影响RGB平衡的情况下调整Y（亮度）通道。Y GAMMA主要影响画面的中间调区域，对暗调和亮调区域的影响力是递减的。

Y GAIN：在不影响RGB平衡的情况下调整Y（亮度）通道。Y GAIN主要影响画面的亮调区域，对中间调和暗调区域的影响力依次递减。

剩余的旋钮功能如下：

CONTRAST：用于增加或者降低画面的对比度。在达芬奇中调整对比度有多种办法，使用这个旋钮增加对比度执行的是S曲线变化，降低对比度是直线变化。

PIVOT：轴心决定了对比度S曲线变化的中心位置在哪里。在增加对比度的时候，高于轴心亮度的像素会变得更亮，低于轴心亮度的像素会变得更暗。

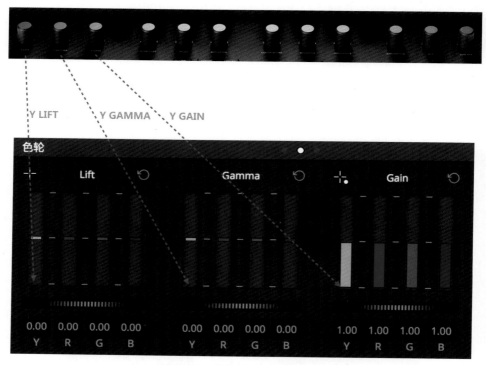

图2-42 旋钮和参数的对应

MID DETAIL：中间调细节决定了画面主要部分的细节情况。增加这个值会让画面的细节增多，降低这个值会减少细节。大量用户在使用这个工具进行磨皮处理。

COLOR BOOST：色彩增强和饱和度不一样，虽然看上去都是控制饱和度的。色彩增强更加智能，在调节饱和度的时候会分区域调整，而饱和度参数则是一视同仁地调整。

SHADOWS：阴影工具主要调整画面的暗部，但是这并不意味着中间调和高光不受影响。事实上，阴影工具是改造过的GAMMA调整，只不过是限定了活动范围，并且作用区域向下移动了。

HIGHLIGHTS：高光工具当然是用来调整高光区域的。高光不够了可以增加，高光过度了可以减少。高光的作用力曲线是比较独特的。

SATURATION：饱和度也叫作纯度，通过增加饱和度可以让颜色更纯、更鲜艳。降低饱和度则会让颜色更浊，直至完全变成黑白。

HUE：调整色相可以让一个颜色变成色相环任意位置上的颜色。例如可以让红色变成黄色、绿色甚至变成蓝色。

LUMA MIX：亮度混合是一个不太容易理解的参数。在达芬奇中调整RGB通道的时候，画面亮度Y是保持不变的。这是因为亮度混合数值是100，如果降低这个数值，调整RGB的时候就会影响到画面的亮度Y了。

2.6.3 按键区

在Micro调色台的按键区可以执行常用的调色快捷键。例如撤销、重做、抓取静帧、播放静帧以及重置调色等。当然，按键区还可以控制影片播放，以及切换前后节点。如图2-43所示。

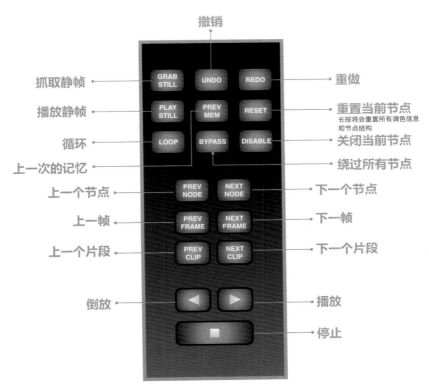

图2-43 右侧按键区

轨迹球上方还有三个按键，LOG按键可以在一级校色轮和Log校色轮模式之间进行切换。激活OFFSET按键则会把右边的轨迹球和亮度环切换为偏移模式。此时左边的控制环可以调节色温，中间的控制环可以调整色调。左边和中间的轨迹球失效。按下VIEWER按键可以激活影院模式检视器，相当于按下快捷键【Command+F】。如图2-44所示。

图2-44 轨迹球上方的三个按键

2.7 本章小结

  本章介绍了达芬奇的界面、调色台和操控达芬奇的知识。达芬奇的界面设计使用了当前流行的扁平化设计风格，更加现代与时尚。这种设计并没有削弱实用性，因为可以让用户更多地关注所工作的画面。

第3章

媒体管理

📊 本章导读

在"媒体页面"中，用户可以导入媒体并对其进行组织与管理。不管是使用套底流程还是使用达芬奇的 All In One 流程，都应该掌握媒体管理的相关知识。就好像厨师做菜一样，一个好厨师应该对每一种食材的特性了如指掌。调色师也要对媒体管理和各种媒体的特性做到熟练掌握。

⚙ 本章学习要点

◇ 媒体页面简介
◇ 媒体的来源及类型
◇ 读懂元数据
◇ 媒体导入与管理
◇ 克隆工具

3.1 媒体页面简介

媒体页面使用起来非常灵活并且功能全面，它能帮助您快速导入来自硬盘的媒体文件。您也可以在这一页面从事其他任务，比如管理媒体文件和片段，同步音频和视频片段，以及处理意外离线的片段等。媒体页面的布局如图3-1所示。

图3-1　媒体页面布局

3.2 媒体的来源及类型

达芬奇能够处理视频、图像、音频、字幕以及三维模型等多种媒体类型。视频文件又可以大致分为RAW、Log和709三种类型。不同摄影机拍摄的时候还拥有多种参数可以设置。种种原因造成了达芬奇必须能够处理多种多样的媒体文件。

3.2.1 数字摄影摄像机

面对纷繁复杂的媒体素材，有必要了解一下这些素材是哪些摄影机拍摄的。下面将简单介绍目前市场上主流的摄影机和照相机。

1. ARRI阿莱

Arnoldand Richter Cine Technik（A&R）于1917年成立于德国慕尼黑，它是世界上最大

的专业影片器材制造商。纵观其102年历史（截至2019年），ARRI的核心业务都深深烙印着持续创新和革命技术。ARRI涉及了电影业的方方面面。如：场景工程及设计、电影制造和生产、视觉效果、后期制作、设备租赁、电影胶片配光洗印服务和工作室的照明处理。

ARRI生产的数字电影摄影机是ALEXA，称得上是当今世界上最好的电影摄影机之一。绝佳的色彩征服了全世界的电影摄影师和摄影指导。如图3-2所示。

图3-2　ALEXA SXT摄影机

2. RED

数字摄影机厂商RED公司由Jim Jannard于2005年创建，该公司主要产品是RED数字摄影机。2006年RED公司第一次在美国NAB展会上推出RED One设计构思，2007年在美国NAB展会上发布第一台样机，经历多年发展不断推出新产品，从而改变了世界数字电影摄影机的行业布局。

RED数字摄影机的型号比较复杂，有的按照机身命名，有的按照传感器命名。已经停产的有RED ONE、RED ONE MX、EPIC-M、EPIC-X、SCARLET-X和EPIC DRAGON。

目前[1]在售的有RAVEN（乌鸦）、Scarlet-W（斯嘉丽W）、Epic（艾匹克）、Epic-W（艾匹克W）、Helium（氦）、Weapon（武器）、Monstro、Dragon（红龙）、Gemini（双子星）。如图3-3所示。

3. SONY索尼

索尼是世界视听、电子游戏、通信产品和信息技术等领域的先导者，是世界最早便携式数码产品的开创者，是世界最大的电子产品制造商之一、世界电子游戏业三大巨头之一、美国好莱坞六大电影公司之一。其旗下品牌有Xperia，Walkman，Sony Music，哥伦比亚电影公司，PlayStation等。

索尼35毫米数字电影摄像机可用于制作电影、电视剧、商业广告和独立电影。凭借35毫

1　本书写作于2018年，在售信息以RED官网为准。

米影片级质感图像，这些摄像机能进行8K、4K、HDR和HD制作，在预算范围内满足你的需求。如图3-4所示。

MONSTRO 8K VV
35.4 Megapixel CMOS Sensor
40.96 mm x 21.60 mm (Diag: 46.31 mm)
60 fps at 8K Full Format (8192 x 4320)
75 fps at 8K 2.4:1 (8192 x 3456)

HELIUM 8K S35
35.4 Megapixel CMOS Sensor
29.90 mm x 15.77 mm (Diag: 33.80 mm)
60 fps at 8K Full Format (8192 x 4320)
75 fps at 8K 2.4:1 (8192 x 3456)

GEMINI 5K S35
15.4 Megapixel Dual Sensitivity CMOS Sensor
30.72 mm x 18 mm (Diagonal: 35.61 mm)
96 fps at 5K Full Format (5120 x 2700)
75 fps at 5K Full Height 1.7:1 (5120 x 3000)

DRAGON-X 5K S35
13.8 Megapixel CMOS Sensor
25.6 mm x 13.5 mm (Diagonal: 28.9 mm)
96 fps at 5K Full Format (5120 x 2700)
120 fps at 5K 2.4:1 (5120 x 2160)

图3-3　按传感器分类

F65
Super 35mm 8K CMOS 成像器
SRMASTER 摄影机

CineAltaV
新一代电影摄影机系统采用具有前瞻性的全画幅成像器、出众的色彩和友好的操作。

PMW-F55
35mm 4K CMOS成像器紧凑型CineAlta摄影机 可在SxS存储卡上录制HD/2K/4K影像并进行16位RAW 2K/4K输出

PMW-F5
35mm 4K CMOS成像器紧凑型CineAlta摄影机 可在SxS存储卡上录制HD/2K/4K影像并进行16位RAW 2K/4K输出

图3-4　SONY摄影机

4. Canon佳能

佳能公司是以光学为核心的相机与办公设备制造商，始终以创造世界一流产品为目标，积极推动事业向多元化和全球化发展。佳能主推的摄影摄像机是其CINEMA EOS系列。目前有EOS C100 Mark II、EOS C200/EOS C200B、EOS C300 Mark II、EOS C500和EOS C700等。

EOS C700 FF是佳能Cinema EOS系统专业数字电影摄影机产品线2018年的新旗舰机型，延续了EOS C700系列的定制化模块设计理念，为用户的现场拍摄提供了更大自由度，以符合电影、电视剧以及纪录片等多样化的专业拍摄需求。如图3-5所示。

5. Panasonic松下

松下集团是全球性电子厂商，从事各种电器产品的生产、销售等事业活动。松下推出的数字电影机品牌为Cinema VariCam系列摄影机，可用于拍摄各种各样的电影、广告和电视节目，并因其高色彩还原度的Varicam Look而著名，它还为制片行业带来了全新的工作流程。三种VariCam型号，满足用户的不同需求。如图3-6所示。

图3-5　EOS C700摄影机

图3-6　松下Varicam 35摄影机

6. BMD Camera

作为DaVinci Resolve调色软件的出品公司，Blackmagic Design公司还研发了数字电影摄影机和广播级摄像机，以满足不同的行业需求。面向电影的有Blackmagic URSA Mini Pro 4.6K G2，面向电视的有Blackmagic URSA Broadcast和Blackmagic Studio Camera。另外还有Blackmagic Pocket Cinema Camera 4K和Blackmagic Micro Cinema Camera等。如图3-7所示。

7. Phantom

Phantom Flex4K摄影机可以拍摄超高速的视频素材，并且可以产生更少的噪点，更精准的黑点以及非常高的动态范围。拍摄4K RAW的时候可以升格到每秒1000帧。如图3-8所示。

图3-7　Blackmagic URSA Mini Pro 4.6K G2

图3-8　Phantom Flex4K摄影机

8. GoPro

　　GoPro是美国运动相机厂商。GoPro的相机现已被冲浪、滑雪、极限自行车及跳伞等极限运动团体广泛运用，因而"GoPro"也几乎成为"极限运动专用相机"的代名词。目前其最新相机为HERO 7，如图3-9所示。

图3-9　GoPro HERO 7

9. DJI大疆

大疆致力于用技术与创新力为世界带来全新视角，公司以"未来无所不能"为主旨理念，在无人机系统、手持影像系统与机器人教育领域成为业内领先的品牌，以一流的技术产品重新定义了"中国制造"的创新内涵。十二年间，通过不断革新技术和产品，公司开启了全球"天地一体"影像新时代；在影视、农业、地产、新闻、消防、救援、能源、遥感测绘、野生动物保护等多个领域，重塑了人们的生产和生活方式。

大疆推出的悟Inspire 2无人机搭载ZENMUSE X5或X7镜头可以拍摄14挡动态范围的Prores编码视频甚至是CinemaDNG格式的RAW素材。如图3-10所示。

图3-10　悟Inspire 2无人机

3.2.2　达芬奇15支持的格式及编码

达芬奇15软件支持多种格式及编码，例如ArriRaw、RED、VRV、CINE、CinemaDNG、Cinema RAW Light、Cinema RAW、DNG、Cineon、DPX、MXF、Nikon RAW、Quicktime、MP4、OpenEXR、TIFF、JPEG、JPEG 2000、MPEG 2、AAC和WAVE等。

★提示

随书光盘中提供了达芬奇15支持的格式及编码列表的PDF文档。

3.3 读懂元数据

媒体拥有多种元数据可供查看与修改。在"媒体存储"面板或者"媒体池"面板选中一个片段即可在"元数据"面板查看其元数据信息。如图3-11所示。

在元数据面板的左上角显示的是片段的名称和存储路径。右侧显示的是片段的时长，现在看到的是5秒零1

图3-11　元数据面板

帧。接下来看到的是Apple ProRes 422 LT编码，24帧/秒的帧速率，分辨率是2 048×858。音频编码为Linear PCM，音频采样率为48 000Hz，音频声道为1个。

★提示

如果要看到或修改更多的元数据，可以点击元数据面板右上角的按钮并选择"所有群组"。

3.4 媒体导入与管理

下面将以视频教程的形式讲解如何在达芬奇中导入与管理媒体。您将学习到在达芬奇中导入媒体的多种方式，媒体分类管理的技巧以及智能媒体夹的使用。

★实操演示

媒体导入与管理

3.5 克隆工具

下面将以视频教程的形式讲解如何使用达芬奇进行数据克隆。当备份素材的时候，边复制边校验是比较稳妥的做法。为了保证数据安全并且能够有据可查，可以使用克隆工具。

★实操演示

克隆工具

3.6 本章小结

本章讲解了达芬奇媒体页面的使用方法以及媒体的来源及类型。作为调色师不仅要懂得调色艺术，还要懂得数字影像的流程，读懂素材的元数据，对素材做科学规范的管理。另外还讲解了安全备份数据的方法。电影工业之所以称为工业，就是因为其制作流程是可以建立起一整套工业规范的。

第4章
剪辑与套底

本章导读

在以往的调色工作中，调色软件通常要和剪辑软件结合使用来完成整个流程。如今，随着达芬奇软件的升级，剪辑和调色工作都可以在达芬奇中完成，这对调色流程的影响是巨大的。本章将介绍达芬奇调色的剪辑功能和调色流程。由于每个人使用的平台和剪辑软件各不相同，所以本章中讲解的是套底的基本操作方法，不可能涵盖所有的套底流程。

本章学习要点

◇ 剪辑操作
◇ All In One调色流程
◇ 场景剪切探测
◇ 套底回批流程

4.1 达芬奇剪辑的优点

剪辑就是一个讲故事的过程，精湛的剪辑能够恰到好处地抓住每个场景的核心情感，从而连贯地呈现出故事的起承转合。需要在数千个素材片段中抽丝剥茧，理清头绪，找出其中最满意的镜头并剪接成流畅的画面，从而推动故事的发展。DaVinci Resolve是迄今业界最为先进的专业剪辑软件。它采用熟悉的设计，并有着独一无二的创新理念，以精准的工具和强劲的性能助你创作出引人入胜的精彩故事。如图4-1所示。

图4-1　剪辑工作效果图

4.1.1 极速响应

DaVinci Resolve 15的剪辑性能获得了优化。它拥有超快JKL回放和界面响应速度，获得空前流畅的时间线搓擦浏览体验，显著提升的剪辑速度，以及更快响应和更加精准的修剪操作。如图4-2所示。

图4-2 达芬奇剪辑页面

4.1.2 创意剪辑

能想到的工具它都有。DaVinci Resolve秉承直观、熟悉的设计，让你自由创意。它有着丰富的剪辑类型，包括覆盖、插入、波纹覆盖、替换、适配填充、附加到尾部等。它支持的剪辑风格也是多种多样的，从简单的时间线拖放操作到三点和四点剪辑，预览幻象标记、子片段标记和自定义键盘快捷键。达芬奇剪辑工作效果如图4-3所示。

图4-3 达芬奇剪辑工作效果图

4.1.3 高级修剪

强大的高性能精准修剪工具。DaVinci Resolve拥有比其他系统更加先进的修剪工具。它能根据鼠标位置自动提供波纹、卷动、滑移、滑动等修剪操作。你也可以使用动态JKL修剪，从事不对称修剪，同时修剪多个片段，甚至在循环回放的时候进行精确的实时修剪。如图4-4所示。

图4-4　达芬奇剪辑操作

4.1.4 堆放时间线

在时间线之间剪辑片段和场景的最快方法是堆放时间线。全新堆放时间线功能可以同时打开和处理多条时间线。可以在时间线之间迅速复制粘贴或剪辑场景。DaVinci Resolve 15可以同时打开多条时间线，大幅提升大型项目的工作效率。如图4-5所示。

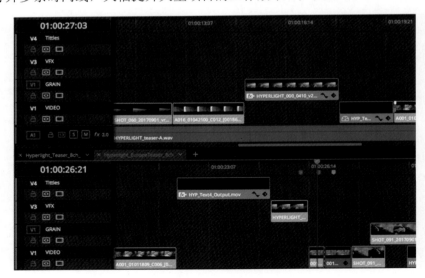

图4-5　堆放时间线

4.1.5 音频叠加

用波形图搜索片段，颠覆过去。DaVinci Resolve的源片段检视器配备革命性音频波形叠加信息，这一功能使得用户可以同时看到音频波形和视频片段。这样就能第一时间根据音频波形中的峰谷区域或其他可视化提示在片段的不同部分进行移动，自信满满地标记片段并创建分割编辑。如图4-6所示。

图4-6　音频叠加

4.1.6 多机位剪辑

实时剪辑多机位拍摄素材。DaVinci Resolve在以2、4、9或16格多机位视图回放多个视频源的同时剪接节目画面，还能根据时间码、出点或入点以及音频来同步摄影机角度。它甚至还可以识别摄影机开始和停止记录，并使用每个拍摄角度的元数据和名称等信息。而且还可以一次性对所有摄影机角度进行调色。如图4-7所示。

图4-7　多机位剪辑

4.1.7 使用媒体夹

手动或自动管理素材。可以任意创建媒体夹来管理素材，也可以使用智能媒体夹，根据元数据来自动管理素材。新版软件中的媒体夹能在单独窗口中打开，以方便在多个屏幕中对它们进行整理。有了全新的媒体夹锁定功能，助理可以管理某个媒体夹中的素材，而剪辑师还能在时间线上对另一个媒体夹中的素材进行制作。如图4-8所示。

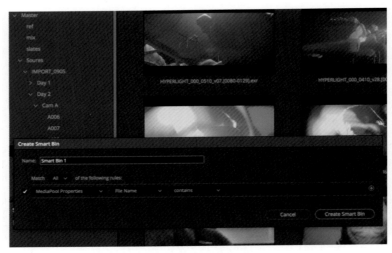

图4-8 智能媒体夹

4.1.8 插件特效

为片段添加生成器、转场、滤镜特效。有了插件功能，一切皆有可能。可以添加第三方OpenFX转场和生成器插件，也可以使用DaVinci Resolve Studio中内置的ResolveFX插件。这意味着可以添加如马赛克、模糊、镜头光晕、胶片颗粒等滤镜效果，打造出艳惊四座的独特画风。如图4-9所示。

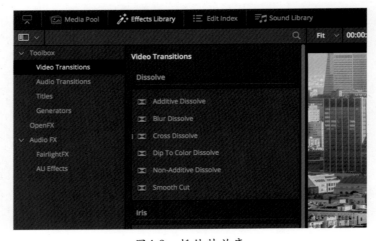

图4-9 插件特效库

4.1.9 速度特效

使用重调片段时间功能，获得匀速或变速酷炫特效。可以使用匀速或非匀速变速功能来快速重新调整片段时间，以坡度曲线制作出极富感染力的动态效果。帧位置和回放速度分别设有曲线，任何帧都可以按设定时间移动到任意点。可以选择光流、帧混合或对就近帧进行渲染，获得最高质量的画面效果。如图4-10所示。

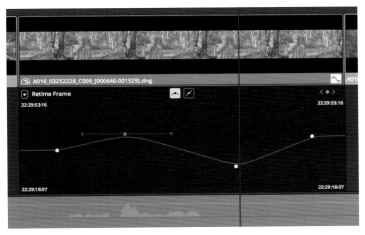

图4-10　变速操作

4.1.10 时间线曲线编辑器

基于时间线的关键帧动画和曲线编辑器。DaVinci Resolve是唯一一款将关键帧和曲线编辑器整合到时间线上的非编软件。这样一来，就能从整个节目的宏观角度直接在每个片段查看到关键帧的位置和曲线。可以根据需要对关键帧进行批量复制，也可以粘贴、移动，并加以编辑。如此直观的可视化控制能快速选择相应关键帧进行编辑。如图4-11所示。

图4-11　曲线编辑器

4.2 达芬奇剪辑界面简介

随着新版本的不断发布，达芬奇的剪辑功能也日趋完善，可以说达芬奇在功能上已经完全可以取代其他剪辑软件。你所需要的是敞开怀抱接纳达芬奇作为你的主要剪辑软件，虽然一开始会不习惯，但是一旦习惯了之后，你的工作效率将会得到极大提升，因为达芬奇是一款集剪辑、合成、调色和混音于一体的完整解决方案，省掉了烦琐的套底流程。

达芬奇剪辑页面的布局和其他剪辑软件的布局非常相似，因此你可以经过简单学习就可以在达芬奇中进行剪辑工作。界面左侧是媒体池、特效库、索引和音响素材库面板。界面上方是源片段检视器和时间线检视器，下方是时间线和调音台。右侧还可以显示检查器和元数据面板。如图4-12所示。

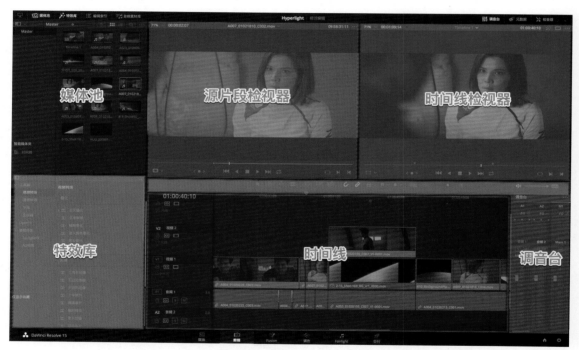

图4-12　达芬奇剪辑界面

截图中由于受到分辨率限制仅显示了部分面板。另外，达芬奇也支持双屏幕布局。开启双屏幕布局后，面板的排列顺序和图中所示会有所不同。

4.3 All In One流程

"All In One"流程就是"剪辑、合成、调色、混音和交付"工作全部在达芬奇一个软件中完成。这在较早版本的达芬奇软件中是很难做到的，但是使用达芬奇15版本就可以完成。本节将通过一个案例讲解达芬奇的All In One工作流程。

本节内容请看配套视频教学录像。

4.4 套底回批流程

套底回批是达芬奇剪辑调色的经典流程。在实际工作中，由于剪辑软件非常多，例如Apple Final Cut Pro 7、Apple Final Cut Pro X、Avid Media Composer、Adobe Premiere Pro、Autodesk Smoke以及Edius等。针对不同的剪辑软件，套底流程也有所不同。对于这种情况，掌握套底的原理就很有必要了，剩下的则是具体的套底方法。

4.4.1 什么是"套底"

想要明白什么是"套底"，必须先要明白什么是"底"。图4-13所示的是一个简化的胶片套底流程。在胶片拍摄电影的时代，这个"底"就是胶片底片，也称为"原底片"或"原底"。原底上呈现的是负像，用原底剪辑看不到正确的色彩并且极不安全。所以，最好的办法是把原底片洗印成正片之后再剪辑。

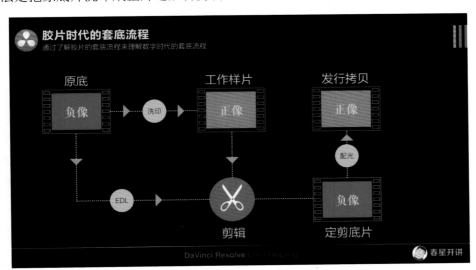

图4-13　简化的胶片套底流程

在电影拍摄期的每一天，所拍摄的底片都会被送到电影洗印厂，工作人员会把导演需要的镜头洗印出来，洗印出来的胶片被称为"工作样片"，英文是"Dailies"，意为"日报"。工作样片是经过简单调色的正片，所以用来做剪辑就很合适了。当剪辑完成后，剪辑部门就会编撰一个"剪辑点决策列表（EDL）"。由于工作样片不能用来发行复制，所以要根据EDL的信息，让底片剪辑师对底片进行剪辑。底片只有一份，剪辑的时候要格外小心，所以底片剪辑师一般都是由经验丰富的剪辑师来担任。

总结以上的工作流程，可以发现剪辑师首先使用工作样片进行剪辑，然后再"套"取底片完成底片剪辑，这个过程就叫作"套底"。当底片剪辑完成后，配光师就会对影片进行细致的调色处理。配光完成后，经过一系列过程就可以发行复制了。

到了数字时代，这个"底"就是"数字负片"——RAW文件。胶片时代的"工作样片"对应到数字时代的"代理（Proxy）"文件。所以，电影后期的工作流程应该是先剪辑代理文件，然后再套取RAW文件。实际工作中，并不是每个项目都会拍摄RAW文件，有的辅助镜头可能还需要使用单反相机来拍摄，这也会给套底带来一些挑战。因此，掌握混合格式的套底流程是重中之重。

随着数字摄影机的发展，越来越多的机器不再只是拍摄经过压缩的视频而是越来越多地倾向于拍摄RAW格式的文件，这给调色的软硬件都带来很大压力。如果使用All In One流程的话，不存在套底的问题。但是由于硬件性能的限制，很少有设备能够做到对RAW素材的实时剪辑，所以很多时候还是先剪辑代理文件然后再套底到达芬奇中，读取RAW文件进行调色。因此，套底在目前依然是影视后期流程的主流方式，除非硬件得到革命性的进步并且剪辑调色师们都认同All In One流程。

达芬奇的套底交换文件主要使用的是EDL、XML和AAF三种文件格式。EDL支持的范围比较广，甚至比较老的剪辑系统都可以支持EDL文件。XML的应用范围较广，适用于Final CUT Pro 7、Premiere Pro以及Smoke等剪辑软件。由于Final CUT Pro X的出现，XML家族又增添了FcpXML。AAF文件适用于Avid Media Composer和Premiere Pro等剪辑软件。另外，XML和AAF套底支持多轨道并且支持片段的非均匀变速，而EDL只能支持单轨道和均匀变速。AAF主要针对的是Avid平台。EDL虽然支持较多平台，但是性能不够强大。所以，使用XML套底是大多数情况下首选的方式。如图4-14所示。

图4-14　EDL、XML和AAF

4.4.2 套底前的准备工作

对于剪辑师而言，当剪辑完成之后，输出套底交换文件（EDL、XML或AAF）之前需要做一些准备工作。当这些工作做完之后再选择时间线输出套底交换文件（EDL、XML或AAF）。如图4-15所示。

对于调色部门的套底人员来说，在进行套底前也应该做足准备工作，保证拿到完整无误的"原底"文件、离线小样视频、套底交换文件（EDL、XML或AAF）甚至是剪辑软件的项目文件等。

1　检查所有剪辑点无误
2　复制要套底的时间线
3　删除不能套底的元素（转场、字幕、特效等）
4　特殊镜头处理（合成镜头、画中画等）
5　输出离线比对小样视频

图4-15　套底前的准备工作

★实操演示

本节内容请看配套视频教学录像。

4.4.3 套底后的核对工作

在套底后还需要进行剪辑点和画面构图的核对工作，这一点至关重要但是经常被一些公司或个人忽略掉。套底交换文件（EDL、XML或AAF）所携带的信息不可能面面俱到，难免会造成套底后出现这样那样的问题。因此必须对套底得到的时间线进行检查与核对。

★实操演示

本节内容请看配套视频教学录像。

4.5 套底流程视频演示

本节内容通过实例的方式讲解Final Cut Pro 7、Final Cut Pro X、Adobe Premiere Pro和达芬奇软件进行套底的流程。并且还讲解了剪辑代理文件并套取原底的工作流程。

★实操演示

达芬奇与Final Cut Pro 7套底流程。
达芬奇与Final Cut Pro X套底流程。
达芬奇与Adobe Premiere Pro套底流程。
剪代理套原底的套底流程。

4.6 场景剪切调色流程

在实际工作中，并不是所有的项目都会使用套底流程。有些时候，调色师拿到的就是一条完整的片子。而调色是需要针对单个镜头进行独立调整的。面对这种情况，就需要把镜头剪开之后再进行调色。达芬奇的"场景剪切探测"是解决此类问题的强力工具。如图4-16所示。

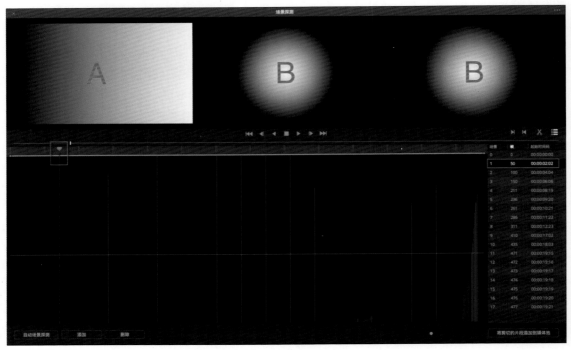

图4-16　场景探测面板

★实操演示

本节内容请看视频教学录像。

4.7 本章小结

　　本章讲解了达芬奇的剪辑功能、All In One流程和套底回批流程的工作方法。在All In One流程中要注意达芬奇在剪辑功能上的极大提升，为了能够让用户在达芬奇内部剪辑影片，软件工程师们吸取了其他剪辑软件的不少有益经验，你会发现达芬奇的剪辑操作与FCPX非常相似，这从一个侧面说明FCPX与达芬奇的套底回批是非常顺畅的。在套底回批流程中，要注意的是RAW格式文件的套底回批流程。

第5章

色彩科学

5.1 色彩科学基础

想学习调色，色彩理论是一个绕不开的知识点，还往往被认为是学了也不懂，懂了也难以指导调色，还不如直接上手凭借感觉去调。这种观点有它的道理，但是不学色彩理论肯定是有害的，每个人的感受都不一样，很难讲给别人。不是每个人都是调色大师，即使是大师，他也肯定在色彩理论上用功颇深。并且，不懂得色温、色深等专业知识的调色师很可能会破坏整个影片的品质。当然，笔者也反对长篇累牍地讲解调色理论。因此，本节中将对色彩理论进行概要性的讲解，并且主要介绍那些与调色密切相关的色彩知识。如果读者对色彩理论的学习意犹未尽，请参阅相关文章或书籍。

5.1.1 光与色

在这个世界上，没有光就没有色。一般而言，光是人眼可以看见的一系列电磁波，也称可见光谱。严格来说，科学所定义的光是指所有的电磁波谱。这意味着人眼看得见的光和看不见的光都是存在的。达芬奇调色所关注的都是可见光。

可见光的范围没有一个明确的界限，一般人的眼睛所能接受的光的波长在380～760nm之间。除此之外的电磁波都属于不可见光。小于380nm的电磁波还包括紫外线、X射线和伽马射线等，大于760nm的电磁波包括红外线、微波和广播电波等。光的颜色跟波长和频率有关，可见光中紫光频率最大，波长最短，红光则刚好相反。完整的光谱如图5-1所示。

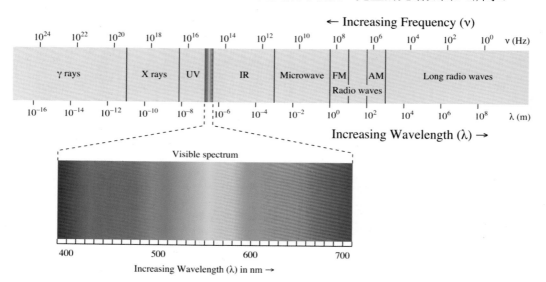

图5-1 光谱图

光具有波粒二象性：也就是说从微观来看，由光子组成，具有粒子性；从宏观来看又表现出波动性。由于光线具有波粒二象性，所以光在传播过程中会发生反射、折射以及衍射等现象。光遇到水面、玻璃以及其他许多物体的表面都会发生反射（Reflection）。光线从一种介质斜射入另一种介质时，传播方向会发生偏折，这种现象叫作光的折射（Refraction）。

　　白光是由红、橙、黄、绿、蓝、靛、紫等各种色光组成的，叫作复色光。红、橙、黄、绿等色光叫作单色光。复色光分解为单色光的现象叫光的色散。牛顿在1666年最先利用三棱镜观察到光的色散，把白光分解为彩色光带（光谱）。色散现象说明光在介质中的速度（或折射率n=c/v）随光的频率而变。光的色散可以用三棱镜、衍射光栅、干涉仪等来实现。

　　人类能够看到影像必须满足以下条件：

　　1. 光源。光源有两种，自然光源和人造光源。太阳是最常见的自然光源。人造光源有很多种，通常就是灯光；

　　2. 接收器。人类的接收器是眼睛；

　　3. 处理器。也就是我们的大脑。缺少任何一个条件，我们都不能看到影像。

色温

　　色温（Color Temperature）是表示光源光色的尺度，单位为K（开尔文）。色温在摄影、摄像、出版等领域具有重要应用。色温是按绝对黑体来定义的，光源的辐射在可见区和绝对黑体的辐射完全相同时，此时黑体的温度就称为此光源的色温。低色温光源的特征是能量分布中，红辐射相对多一些，通常称为"暖光"；色温提高后，能量分布中，蓝辐射的比例增加，通常称为"冷光"。一些常用光源的色温为：标准烛光为1 930K，钨丝灯为2 760～2 900K，荧光灯为3 000K，闪光灯为3 800K，正午阳光为6 500K（北方平均值），晴朗的蓝天为10 000～20 000K。国内印刷行业常用的色温为5 500K，视频监视器的色温通常设置为6 500K（CIE D65）。

5.1.2 色彩模式与色彩空间

1. 加色模式——色光三基色（RGB）

　　RGB色彩模式是工业界的一种颜色标准，这个标准几乎包括了人类视力所能感知的所有颜色，是目前运用最广的颜色系统之一。人的眼睛是根据所看见的光的波长来识别颜色的。可见光谱中的大部分颜色可以由三种基本色光按不同的比例混合而成，这三种基本色光的颜色就是红（Red）、绿（Green）、蓝（Blue）三原色光。这三种光以相同的比例混合且达到一定的强度，就呈现白色（白光）；若三种光的强度均为零，就是黑色（无光）。这就是RGB加色模式，这种模式被广泛应用于电视机、显示器等主动发光的产品中。

2. 减色模式——色料三原色（CMY）

　　在打印、印刷、油漆、绘画等靠介质表面的反射被动发光的场合，物体所呈现的颜色是光源中被颜料吸收后所剩余的部分，所以其成色的原理叫作减色法原理。减色法原理被广泛应用于各种被动发光的场合。在减色法原理中的三原色颜料分别是青（Cyan）、品红（Magenta）和黄（Yellow）。这三原色可以混合出多种颜色，不过由于颜料纯度不可能是百分之百，所以难以调配出纯黑色，只能混合出深灰色。因此在彩色印刷中，除了使用CMY三原色外还要增加一版黑色（K），才能得出更纯正的颜色。因此，在印刷中常常会听到CMYK的称呼。色彩的减色模式在影视调色中极少用到，在此就不展开讲解了，感兴趣的读者可以参考相关资料。

3. 色彩空间的类型

色彩空间可以分成两大类：以三基色（RGB）为基础的色彩空间和以色度及亮度分离为基础的色彩空间。在不同的应用领域有着不同的色彩空间。如表5-1所示。

表5-1　色彩空间的类型

类型	符号的意义	与设备的关系	应用场合
RGB色彩空间	R（红）、G（绿）、B（蓝）	相关	彩色显示
YUV色彩空间	Y（亮度）、UV（色度）	相关	彩色显示
YIQ色彩空间	Y（亮度）、1（橙至青）、Q（紫至黄绿）	相关	彩色显示
CMYK色彩空间	C（青）、M（品红）、Y（黄）、K（黑）	相关	彩色印刷
Lab色彩空间	L（亮度）、ab（色度）	无关	广泛
HSI色彩空间	H（色相）、S（饱和度）、I（亮度）	无关	广泛
HSV色彩空间	H（色相）、S（饱和度）、V（亮度）	无关	广泛
HSL色彩空间	H（色相）、S（饱和度）、L（亮度）	无关	广泛

5.1.3　调色公式

光线进入眼睛的方式有两种，一种是光线从光源出来后直接照射进眼睛，另一种是光线先照射到物体上，然后反射到眼睛里。这两种不同的方式对应着不同的色彩模式。前一种对应的是颜色的加色模式，后一种对应的是减色模式。

达芬奇调色及其他后期软件都是基于RGB色彩模式的。所以，我们将把主要的精力放在学习RGB色彩模式上。调色软件中的色轮示意如图5-2所示。R（红）在上，G（绿）在左，B（蓝）在右。要注意，如果把色轮看作钟表的表盘，则R（红）在11点钟和12点钟之间，并非在12点整的位置。

通过色轮可以很容易掌握RGB的加色模式，其公式如下：

R（红）+G（绿）=Y（黄）

R（红）+B（蓝）=M（品红）

B（蓝）+G（绿）=C（青）

★注意

在色轮上看，Y在R和G中间。M和C也有同样特点

R（红）的反色[1]是C（青）

G（绿）的反色是M（品红）

B（蓝）的反色是Y（黄）

1　反色也称互补色，增加R（红）就意味着减少C（青）。如果画面偏C（青），你就可以通过增加R（红）来减少偏色。余者类推。——编者注

★ 注意

在色轮上看，C在R的180°对角线上，M和Y也有同样特点。

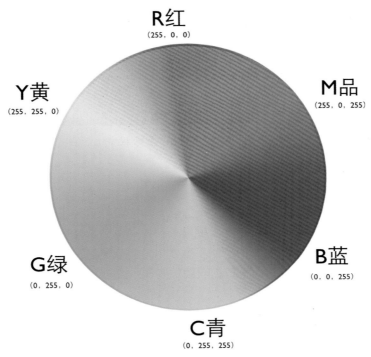

图5-2 常见的调色色轮意示意

根据以上公式我们就可以推导出调色的基本规则了。例如，我们要为图像增加红色，则至少有两种方法可以实现。

一种是只增加R（红）通道的数值，由于每一个像素的R（红）通道的数值都增加了，整个图像就会偏红，当然，这会同时增加整个图像的亮度。

另一种方法是降低R（红）的反色C（青），但是达芬奇软件不让我们直接操作C（青）[1]颜色通道，不过没关系，不要忘了C（青）=B（蓝）+G（绿），我们可以同时降低B（蓝）和G（绿）的数值，这就等于降低了C（青），同时也就等于增加了R（红），画面同样会偏红，不过由于B（蓝）和G（绿）的数值降低了，画面的亮度也会降低。

通过上面的介绍，你完全可以推导出增加或减少某种颜色的方法，进而根据自己的需要来调整软件所提供的滑块或者旋钮。当然，这是一种理性的调色方法，尤其适合于在"一级校色条"面板中进行操作。如图5-3所示。

---

1 提示：你会注意到达芬奇中提供的可调整的颜色通道为RGB，没有可以直接调整的CMY滑块或旋钮。也就是说你没办法直接操作CMY。不过，有些调色软件允许用户直接调整CMY参数，例如After Effects软件的调色插件Color Finesse就可以。当然，大多数调色师最习惯调整的还是RGB通道。——编者注

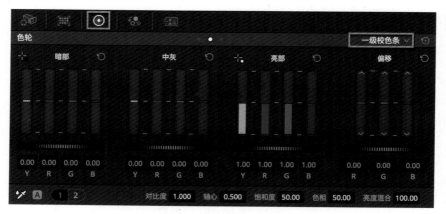

图5-3 一级校色条面板

5.2 视频技术基础

对于数字时代的电影制作人员以及电影技术工作者来说，只有掌握了一定的视频技术基础知识，才能了解相关设备的工作原理，才能正确使用各类数字电影设备，才能合理设计、规划电影制作流程，才能开发出具有实用价值的软硬件制作系统，才能拍摄出高质量的影片。

5.2.1 像素

像素是组成数字位图的最基本的单元要素，位图是由一个个像素成行成列所组成的。像素在位图中是独立的，改变其中一个像素的参数，不影响其他像素点。像素的位置是固定的，像素尺寸不能随意放大。通常像素为正方形像素，像素的长宽比为1:1，长度与宽度相同。但也有长宽比不是1:1的非方形像素。

每个像素都具有位置属性和颜色属性。每个像素的颜色信息由RGB组合或者灰度值表示。根据颜色信息所需的数据位分为1、4、8、16、24及32位等，位数越高颜色越丰富或灰阶越多，相应的数据量越大。

5.2.2 分辨率

分辨率，又称解析度、解像度，可以从图像分辨率与显示分辨率两个方向来分类。图像分辨率是单位英寸中所包含的像素点数，其定义更趋近于分辨率本身的定义。显示分辨率（屏幕分辨率）是屏幕图像的精密度，是指显示器所能显示的像素有多少。由于屏幕上的点、线和面都是由像素组成的，显示器可显示的像素越多，画面就越精细，同样的屏幕区域内能显示的信息也就越多，所以分辨率是个非常重要的性能指标之一。

5.2.3 画面宽高比

宽高比是指视频图像的宽度和高度之间的比率。在达芬奇的主设置中可以选择画面的分辨率及宽高比。如图5-4所示。

图5-4　分辨率及宽高比设置

5.2.4 帧速率

帧速率是指每秒所显示的静止帧的数量。电影的帧速率为24帧/秒（FPS），PAL制电视的帧速率为24帧/秒（FPS），NTSC制电视的帧速率为29.97帧/秒（FPS）。在达芬奇项目设置面板中可以设置"时间线帧率"、"回放帧率"和"视频监看帧率"，如图5-5所示。

图5-5　帧速率设置

5.2.5 场

视频的帧是由一系列水平扫描线组成的，而不像电影胶片，一格就是一格，视频的帧是由两个场（field）组成的。每个场包含了帧画面一半的扫描线。上场包含奇数扫描线，下场包含偶数扫描线。电视播出系统拥有处理场的能力，所以观众不会看到场纹（交错线），而显示器不具备处理场的能力，就会显示出场纹。如图5-6所示。

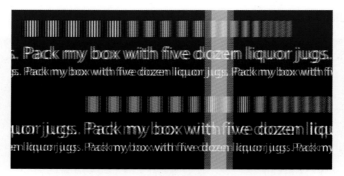

图5-6　带有场纹的画面

要对带场的视频进行调色处理，可以在项目设置中勾选"启用视频场处理"，告诉达芬奇要处理的是带场的视频文件。如图5-7所示。

图5-7　启用视频场处理

然后打开"偏好设置"面板，在"用户"标签页中打开UI设置子面板，勾选"暂停时输出单场"，如图5-8所示。这会让达芬奇在暂停播放的时候显示不带有场纹的图像。注意在播放的时候在显示器上仍然是有场纹的。这样做的目的是让调色师免除场纹的干扰，可以更方便地进行调色处理。

图5-8　暂停时输出单场

调色完成后，在交付页面中渲染影片的时候要记得勾选"场"渲染。这样输出的影片就是带有场的视频文件了。如图5-9所示。

图5-9 场渲染

如果你不想带场处理视频，或者想要输出不带场的视频文件，那么可以进行"合并场"操作。将以上选项全部取消勾选，然后在媒体池中含有场的视频文件片段上右击，在弹出的菜单中选择"片段属性"命令。在弹出的面板中勾选"启用去隔行"，如图5-10所示。

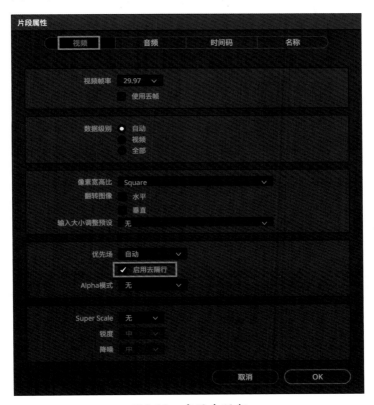

图5-10 启用去隔行

这个操作将会把场纹去掉，得到不包含场的视频文件。如图5-11所示。可以看到场纹已经被消除掉，但是仔细观察会看到画面的品质有所下降，因为去除隔行后的画面是对画面的单场画面进行插值运算所得到的。

图5-11　去除隔行后的画面

5.2.6　感光元件

视频图像的获取和重现过程本质上是光电之间相互转换的过程。在视频图像获取过程中，感光元件将光转换为电信号，在视频图像重现的过程中，显示设备将电信号转换为光。目前广泛使用的感光元件是CCD（Charge-Coupled Device，电荷耦合元件）和CMOS（Complementary Metal Oxide Semiconductor，互补金属氧化物半导体），绝大多数数字电影摄影机或数字摄像机均使用这两种感光元件，这两种感光元件各有优缺点，这里不再赘述。

5.2.7　信噪比

信噪比是信号处理技术中一个非常重要的概念。信噪比中的"信"指信号本身，是有用部分；"噪"指由外界干扰或设备自身因素而产生的噪声，信号传输过程中的各种干扰，或者设备发热都可产生噪声，而且这些噪声与信号本身无关，即噪声的功率不以有效信号的强弱而变化，对于固定的系统，噪声的功率一般是恒定的。信噪比指的是信号与噪声功率的比值，信噪比越高，信号中的有用成分越多，噪声越少，说明信号的质量越好；相反，信噪比越低，信号中的噪声越多，说明信号质量越差。

5.2.8　采样与量化

计算机采用了一种称作"位（bit）"的记数单位来记录所表示颜色的数据。当这些数据按照一定的编排方式被记录在计算机中时，就构成了一个数字图像的计算机文件。"位（bit）"是计算机存储器里的最小单元，它用来记录每一个像素颜色的值。图像的色彩越丰富，"位（bit）"就越多。每一个像素在计算机中所使用的这种位数就是"位深度（bit depth）"。有的资料中"bit"也被音译为"比特"。

达芬奇中的位深度指的是每个颜色通道的位深度。每个像素都有三个颜色通道，这三个通道用RGB表示。例如，我们说这个素材是8位或8比特（bit）的，意思是每一个通道都有2^8=256种变化，三个通道就有2^（8×3）=16 777 216种变化，这意味着每一个像素点的变化都可以达到一千六百多万种。那么一个10 bit的素材，单个通道的变化已经达到

2^10=1 024种，单个像素点的变化可以达到10亿种以上。这已经是非常惊人的数量了，这样的素材会给调色提供非常大的自由度。所以一般而言，10比特的素材肯定比8比特的素材好，宽容度也更高。

达芬奇还提供了对RAW格式的支持，RAW格式的颜色深度已经达到最高32位，其宽容度已经达到现有技术能力的顶峰。

人类的眼睛之所以能够感知光线和颜色，一个主要的原因是眼球的精密构造。人类的眼睛犹如一架照相机，分为眼睑（镜头盖）、虹膜（透镜）、瞳孔（光圈）、角膜（暗箱）、视网膜（底片）、视觉神经细胞（锥状细胞和杆状细胞）等。光线一旦进入眼睛，不管是直射光还是反射光，经过虹膜的焦距调整以及瞳孔调整进光量之后，影像都会经过角膜的晶状体和玻璃液到达视网膜上。

视网膜是一层包含上亿个神经细胞的神经组织。视网膜的锥状细胞分为三种，分别对R、G、B三原色敏感，所以主要用来感知彩度。当锥状细胞产生病变或先天功能不全时，会导致感色能力不足，称为色盲。锥状细胞对光线的亮度感觉较迟钝，在较弱的光线下不太起作用；杆状细胞对明暗有着敏锐的感知，主要用来感知亮度，因此在弱光条件下依然可以辨别物体，这也是光线越弱，颜色越不饱和的原因。锥状细胞与杆状细胞吸收光线后，会将感觉刺激转化为信号，沿着神经传达到大脑的视觉中枢，把彩度和亮度结合起来，因而产生完整的色彩感受。在人的视网膜中，锥状细胞有600万～800万个，杆状细胞总数达1亿以上，杆状细胞的总量占有极大优势。

由于我们的眼睛对亮度敏感、对色度不敏感，所以在压缩影像数据的时候，经常会在采样的时候舍弃一些色度。例如，把影像从RGB色彩空间转换到YUV色彩空间的过程中，对Y（亮度）分量多采样，对UV（色度）分量少采样。这样就利用人的视觉特性来节省信号的带宽和功率，可以使UV两个色差信号所占的带宽明显低于Y的带宽，而又不明显影响重显彩色图像的观看。

目前常见的YUV采样格式有如下几种：

4:4:4——品质最高的压缩模式，接近于无损。在调色和抠像操作中具有很大优势。并且如果是4:4:4:4模式还可以带Alpha通道。4:4:4压缩的视频可以满足电影的品质要求。

4:2:2——品质较高的压缩模式，在调色和抠像上表现中等。不过仍然是满足高清广播要求的压缩品质。

4:2:0——品质一般的压缩模式，肉眼很难分辨画面瑕疵。采用4:2:0压缩的视频在工作中十分常见，一般的摄像机、照相机或手机拍摄的视频采用的就是这种压缩模式。4:2:0能够满足大多数广播需求，不过在调色上宽容度较窄，抠像操作中很容易出现锯齿边。

5.2.9 视频标准与格式

世界上有各种不同的组织从事视频标准的制定工作。绝大多数的视频标准制定者都隶属于国际标准组织（International Organization of Standardization，简称ISO）。ISO的成员来自140多个国家和地区，该组织成立于1947年，致力于制定科学、技术以及经济等领域的全球统一化标准。

隶属于ISO的视频领域的组织有电影与电视工程师协会（Society of Motion Picture and

Television Engineers，简称SMPTE）、（美国）国家电视标准委员会（National Television Standards Committee，简称NTSC）、欧洲广播联盟（European Broadcasting Union，简称EBU）、国际电信联盟（International Telecommunication Union，简称ITU）、美国高级电视业务顾问委员会（Advanced Television Systems Committee，简称ATSC）、动态图像专家组（Moving Pictures Experts Group/Motion Pictures Experts Group，简称MPEG）等。

另有一些和电影行业紧密相关的协会或组织也制定了一些重要的行业标准，如数字电影倡导组织（Digital Cinema Initiatives，简称DCI）和美国电影摄影师协会（American Society of Cinematographers，简称ASC）等。这些组织的相同工作就是根据技术的发展，持续不断地制定电视、电影及视频领域的各项标准。

数字视频格式的分类是一个比较容易混淆的问题，根据划分的标准不同，可得到不同的分类方法。比如，从使用阶段来划分，可将众多格式划分为记录、制作、发行以及放映格式等；从是否压缩来划分，可分为压缩格式与非压缩格式；从用途来划分，可分为互联网、电视广播系统以及具有更高分辨率和更高画质的电影所使用的视频格式；从存储介质划分，又可分为磁带格式、硬盘格式等。

★提示

关于视频格式及编码的知识请参考第12章的相关内容。

5.2.10 时间码

视频影像的每一帧画面都有一个独立的时间码，在影片的拍摄、制作乃至放映过程中都需要时间码。时间码的格式一般为HH:MM:SS:FF，其中HH为两位代表小时的数字位，MM、SS和FF分别代表分钟、秒和帧。

5.2.11 伽马

在研究视频技术、摄影技术以及计算机图形图像技术的过程中，伽马是一个非常重要的内容。本节介绍伽马的概念以及伽马校正的基本原理。由于目前主流数字电影摄影机多采用对数编码方式，所以也会对电影伽马做讲解，并讨论视频伽马与电影伽马的异同点。

★视频教学

Gamma曲线的知识。

5.3 RAW、Log与709

一般而言，数字摄影机的传感器可以记录非常宽的亮度、宽容度和色域。但是常用的显示器和监视器所能表现的色彩是有限制的，显示器无法表现它自身色彩空间以外的颜色。为了进行更加精确的色彩管理，调色师需要学习RAW、Log和709这三类常见素材的区别。

5.3.1 RAW

RAW的含义是"原始的、未经加工的"。Camera RAW的意思是"摄影机记录的原始数据"。RAW文件就是CMOS或者CCD图像感应器将捕捉到的光源信号转化为数字信号的原始数据。RAW文件同时还记录了由摄影机拍摄所产生的一些元数据（MetaData）：如ISO的设置、快门速度、光圈值、白平衡等。人们也形象地把RAW称为"数字底片"。

5.3.2 Log

Log是一种对数信号，有宽广的色彩空间，能给后期调色提供非常大的余地。它在图像中最大限度地保留了色彩信息。但是Log是一种中间的色彩格式而且并不适合现行的显示标准。在普通的显示器上，用Log模式记录的图像看起来发灰并且饱和度太低。当处理Log图像时，通常是用LUT来匹配显示设备，当使用ACES流程的时候则无须LUT。

5.3.3 709

Rec.709是高清电视影像的国际标准。数字摄影机拍摄的素材如果能够在Rec.709色彩空间下正常监看，我们就把这种素材称之为709素材。这是一种不太规范的叫法，但是已经约定俗成。为了提高前期所拍摄素材的动态范围，尽可能多地保留亮度和颜色信息，应该在前期拍摄时采用RAW或者Log模式，进入后期流程再映射到Rec.709模式。如图5-12所示。

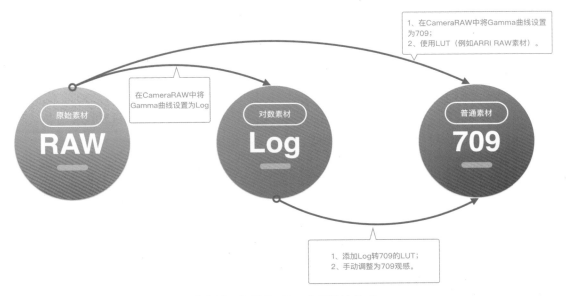

图5-12　RAW、Log和709的关系

5.4 色彩管理

电影制作是一门技术，要应对繁多的摄影机型号和它们各种各样的文件格式。所有摄影机厂商都想尽可能为用户提供最佳画质，虽然这可能意味着直接从摄影机的高清监视屏上查看时，画面并不是很美观。要想处理复杂的素材，需要掌握色彩管理的相关知识。

5.4.1 YRGB

DaVinci YRGB色彩科学是默认的选项。在这种模式下用户可以使用LUT来管理色彩，例如为素材更换色彩空间和Gamma，或者通过LUT获得某种胶片型号所对应的色彩。这是一种被称为"显示参考（Display referred）"的色彩管理方式。

达芬奇还支持"场景参考（Scene referred）"的色彩管理方式，这需要使用RCM或ACES来实现。下面将为大家讲解RCM和ACES的使用方法。

5.4.2 RCM

大多数专业数字摄影机拍摄的画面色彩不论从亮度还是丰富程度上来看，都超过了高清电视机可以显示的能力。因此如果直接显示来自摄影机的图像，那么色彩通常就会暗淡且欠饱和。

但这些摄影机原始文件并不是为了在高清电视机上显示所设计的。因此，当你进行调色甚至是剪辑时，首先必须要做的就是调整这些摄影机原始片段的对比度和色彩，让画面能够准确地显示在高清电视机（或者其他任何目标显示设备）上。DaVinci Resolve色彩管理的过人之处在于它能为整个项目提供一套方案，从而处理来自不同摄影机、不同色彩空间的内容。从项目设置开始就使用DaVinci Resolve色彩管理，能以最快捷、最准确的方式为调色奠定良好的基础，也为剪辑提供更正常化的图像。

在实际工作中需要在"项目设置"面板中激活"色彩管理"标签面板，然后将"色彩科学"设置为"DaVinci Resolve Color Managed"，简称RCM。接着按照具体项目的需求来设置"输入色彩空间"、"时间线色彩空间"和"输出色彩空间"。如图5-13所示。

图5-13 · RCM色彩科学

5.4.3 ACES

在影视制作流程中，创作者肯定希望影片的色彩在每一个步骤中都是可预测的并且是一致的。但是在流程中使用的记录设备、调色软件和监看设备都拥有各自的色彩定义。比如我们给两个品牌的监视器发送相同的RGB信号，所得到的色彩效果可能会差别很大。为了解决这些问题，就需要进行一项工作——色彩管理。

1. 胶片时代与数字时代的色彩管理

在传统电影制作领域，对于色彩的管理主要是依靠摄影师和配光师的经验来进行的。配光师只能对胶片进行较少的光影控制并且工艺非常烦琐。所以传统的胶片时代还谈不上科学的色彩管理流程。随着数字中间片（Digital Intermediate，或简称DI）的出现才改变了这一情况。

数字中间片并不是特指某种类型或型号的电影胶片，而是指一种影片的处理方法或处理过程，即将整部影片进行高分辨率数字化，在此基础上完成编辑、调色、视效、字幕等一系列工作并最终将完成的影片输出到电影胶片或其他类型的介质上。在这个流程中可以通过LUT进行色彩管理。从名字上说，LUT是LookUp Table的简称，LookUp Table的意思是查找表。所以一些软件的中文版本中，LUT被翻译为"查找表"或"查色表"。LUT文件就是一个包含了可以改变输入颜色信息的矩阵数据。从本质上可以将LUT视为函数，就是能在其中通过一个对象查到另一个对象，呈现一一对应的关系。如图5-14所示。

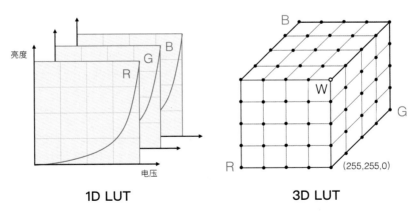

图5-14　1D LUT与3D LUT

随着数字摄影机和数字放映机的出现，如今的电影已经实现了完全的数字化。对于数字流程而言，色彩管理变得更加重要，传统的LUT色彩管理工具已经有些捉襟见肘，这就需要更新、更好的色彩管理工具出现来解决问题。这个工具就是ACES。ACES是Academy Color Encoding System（学院色彩编码系统）的简称，是由AMPAS制定的色彩管理标准，其目的是通过在视频制作工作流程中，采用一个标准化色彩空间来简化复杂的色彩管理工作流程并提高效率。要理解ACES色彩管理工具需要对前后期的软硬件的色彩体系有充分的认识。如图5-15所示。

图5-15　ACES的LOGO

2. 为达芬奇启用ACES色彩管理

利用ACES色彩空间，可以从任何采集设备获取图像，在校准过的显示器监看下调色，最后把它输出成任何格式。ACES能最大限度地利用输出媒介的色彩空间和动态范围，使"观感"最大化，最大限度地保留调色的效果。

在达芬奇中启用ACES色彩管理是非常方便的。首先我们打开"项目设置"面板，然后找到"色彩管理"标签页。在其中展开"色彩科学"下拉菜单。在菜单中可以看到有两个ACES选项，一个叫作ACEScc，另一个叫作ACEScct。对于习惯了胶片调色的人来说，推荐选用ACEScct。因为它模拟了胶片的肩部和趾部曲线。如图5-16所示。

图5-16　色彩管理面板

3. ACES色彩管理的四个部分

虽然ACES看上去比较高深难懂，但实际上如果懂得其原理的话，ACES并不是特别复杂。使用ACES进行色彩管理流程一般可以分为四个部分。

（1）IDT

IDT（Input Device Transform）就是输入设备转换的意思。由于我们要进行调色素材的来源比较复杂。有些素材是数字摄影机所拍摄的，有些素材是通过胶片扫描所得到的，还有一些是从录放机里面直接采集所得到的。这些素材都要通过IDT来转换到ACES色彩空间。例如Alexa只能用自己的IDT转换为ACES色彩空间。转换完成后便于进行调色。每一种数字摄影机都有自己的IDT，目前DaVinci Resolve支持RED、Alexa、Canon、Sony、Rec.709、ADX以及CinemaDNG等素材的ACES的色彩空间转换。如图5-17所示。

（2）RRT

RRT（Reference Rendering Transform）是参考渲染变换的意思。因为默认的ACES色彩空间只是一种数学描述，并不能够直接被我们观看。RRT就可以把这种数学描述变成人类感官所能够接受、所能欣赏的图像。RRT是官方希望弱化和隐藏的概念，以便于调色师简化色彩管理流程。在达芬奇调色软件中，RRT是没有太多选项的，而在Baselight调色系统中，RRT有五六种方案可以使用。

图5-17　ACES输入设备转换

（3）ODT

ODT（Output Device Transform）是输出设备转换的意思。ODT可以准确地将ACES素材转换成任何色彩空间，便于输出最终作品。不同的ODT设置对应着不同标准的监看和输出环境。例如，在高清电视机上使用Rec.709，在计算机显示器上使用sRGB，在数字投影机上使用P3-DCI等。目前DaVinci Resolve支持Rec.709、DCDM、P3 D60、ADX、sRGB和P3-DCI等。如图5-18所示。

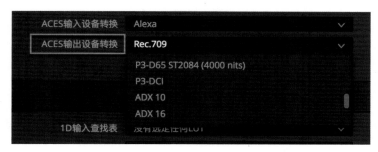

图5-18　ACES输出设备转换

（4）调色

常规情况下，当我们设置好IDT和ODT之后就可以通过达芬奇来进行调色处理了。一般情况下无须单独设置RRT。在ACES色彩空间中进行调色，会发现调色手感和之前不同。通过示波器变化可以感觉到在ACES模式下调色对高光和暗部的调整会更加细腻，不容易发生色阶断裂。

4. 在ACES模式下调色的注意事项

ACES毕竟是新发展起来的色彩管理工具。使用ACES流程进行调色的时候，有经验的调色师也可能会无所适从，对于初级调色师来说也可能更是一头雾水。所以除了掌握上文提到的基础知识之外，还应该注意以下可能遇到的问题。

（1）不同的素材需要设定不同的IDT

使用ACES进行色彩管理的最重要的一点就是要注意素材自身的色彩空间和Gamma曲线。如图5-19所示。

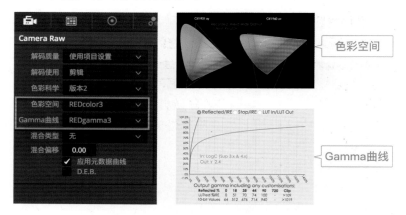

图5-19　色彩空间与Gamma曲线

　　每一个素材都要有特定的IDT与它对应。如果这个IDT设置错误的话就会带来错误的结果，也就失去了色彩管理的意义。但是在项目设置当中只能预先选择一种IDT来对整个项目起作用，那么单独的素材片段应该怎么办呢？当然有办法，那就是单独设置。在媒体池中的片段上右击，就可以找到ACES输入变换的选项了。你可以通过创建智能媒体夹的方法把相同类型的素材分门别类筛选出来，然后分别进行批量的IDT设置。如图5-20所示。

图5-20　ACES输入变换

（2）许多风格化LUT将不能套用

当使用ACES进行色彩管理之后。所有的色彩空间转换都是通过数学公式来进行的。这和LUT查找表的色彩空间转换方式是非常不同的。由于大多数的风格化LUT都是根据LOG色彩空间进行设计的，这会导致这些LUT在ACES上面不能产生正确的结果。善于使用LUT来进行风格化制作的一些调色师在ACES模式下调色的时候会感觉到非常不适应。据说某些公司正在开发适用于ACES色彩管理模式下的风格化的转换工具，让我们拭目以待。如图5-21所示。

图5-21　ACES模式下加载LUT往往会出错

（3）进行图层混合会得到错误结果

在ACES色彩管理模式下所进行的图层之间的混合运算，比如相加、相乘和滤色等，都很难得到"正常"的结果。这里所说的正常是指正常的视觉感受。例如同样使用滤色模式，图中左侧显示的ACES模式下的结果就不正常，难以得到调色师所预期的结果。这也是调色中需要注意的地方。如图5-22所示。

图5-22　图层混合运算会出错

5. 输出ACES模式下调色的影片

最后来说一下在ACES模式下输出成片的问题。由于ACES拥有非常大的宽容度，所以在输出的时候选择什么样的编码、什么样的格式都是非常讲究的。使用ACES进行色彩管理可以简化输出流程。

（1）用于电视广播

要输出适用于电视广播的影片，需要把ACES ODT（ACES Output Device Transform）选择为Rec.709，在输出页面根据需要生成各种格式即可。

（2）用于数字影片工业流程

如果把调色的素材以DCDM或者ADX ODCs输出给下一个兼容ACES的设备，ACES ODT选择"No Output Device Transform"，在输出页面选择OpenEXR RGB Half（Uncompressed）格式。影片归档也选用这种模式。

（3）常用的渲染格式

DPX：无压缩图像序列，用于电影制作流程和DCDM。

Cineon：Kodak设计的一种无压缩图像序列，用于胶片扫描和数字制作。

EXR：OpenEXR格式，是一种大动态范围图像序列，是由ILM（Industrial Light and Magic）工业光魔公司高质量多通道的技术发展而来的，用于输出ACES媒体。

JPEG2000：一种高质量的压缩图像序列，用于DCP编码。

QuickTime：苹果公司设计的一种媒体格式，使用ProRes编码。

MXF：一种素材交换格式，当输出DNxHD时选择此项。

easyDCP：如果有Frauenhofer的EasyDCP授权软件，可以用此选项直接生成DCP电影包。

5.5 读懂示波器

示波器可以帮你分析整个画面，集中精力处理细节问题以及比较不同画面之间的特点。专业的调色师必须会阅读示波器，并且能够从示波器中判断出重要的信息，用来辅助自己的调色工作。

5.5.1 软件示波器简介

将本节内容所需视频文件导入到达芬奇中并创建时间线。进入调色页面，然后执行菜单"工作区→视频示波器→开启/关闭"命令，点击后该命令前面就会出现一个对勾表明已开启，你会看到示波器面板，如图5-23所示。再次执行该命令则可以关闭示波器面板。

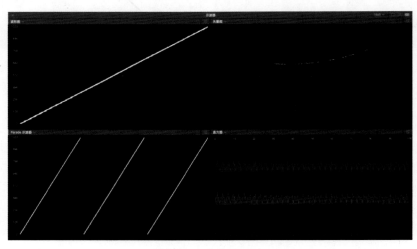

图5-23　示波器面板

你也可以在"检视器"视图上右击，在弹出的菜单中选择"显示示波器"命令，或者按下快捷键【Shift+Command+W】（Mac）或者【Shift+Control+W】（Windows）。

达芬奇的软件示波器由四个部分构成，分别是波形图、分量图、矢量图和直方图。其中最常使用的是分量图和矢量图。在这个界面中你还可以对示波器进行一些设置。界面的左上角是示波器的名字，点击下三角按钮可以在弹出的菜单中切换示波器的类型。右上角有"16×9"和"4×3"的切换，还有三个图标可以让你切换示波器的布局方式（1个、2个或4个）。每个示波器的右上角都有一个设置按钮，点击这个按钮可以在弹出的小面板内进行更多的显示设置。下面的课程中我们将详细讲解每个示波器的原理和用法。

5.5.2 波形图示波器

我们先来学习一下波形图示波器。首先点击示波器面板右上角的矩形图标，这会只显示一个示波器，默认显示的就是波形图示波器。如图5-24所示。

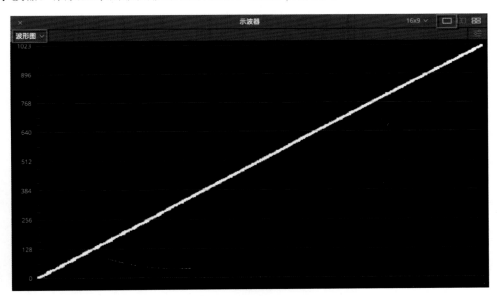

图5-24　波形图示波器

波形图示波器的底部是一个带有刻度的横轴，在纵轴上不仅带有刻度还有数值。数值的范围从0到1 023。在数值为512的地方有一条横向的虚线。波形图显示的是图像中所有像素点的亮度分布图。为了读懂波形图，可以如下理解：图像是由矩阵式排列的像素点组成的，达芬奇软件把纵向的一列像素点取出来，然后测量所有像素点的亮度，按照亮度的高低把这些点排列在波形图图表上。这些点在横轴上的位置和它们在图像上的位置相同，这些点在纵轴上的位置将由它们的亮度值来决定。从左到右一列一列地进行测量和分布就形成了整个波形图图像。

★提示

不管你的素材是什么色彩空间和位深度，达芬奇的示波器都按照10bit素材的格式去统计信息，每通道的数值从0到1 023。

点击波形图面板右下角的按钮，在弹出的面板中点击RGB按钮左侧的矩形按钮，关闭彩色显示，然后把波形图的标线提升到最高，如图5-25所示。

下面我们来分析一下几个镜头的波形图，首先是黑白渐变图像。仔细观察图5-26。可以看到在①所示的位置，整个最左侧的一竖列像素点都是纯黑色，所有像素点的亮度相等并且都为0，这些像素点都显示在波形图左下角的0点上。在②所示的位置是图像上最右侧的一竖列像素点，它们都是纯白色，亮度最高，它们的波形都显示在波形图右上角所示的位置。图像上余下的部分都是灰色，从左向右一列一列的考察，可以看到亮度逐渐提高，波形图上的波形也反映了这种特点，整个波形图是一根连续的，倾斜的直线。

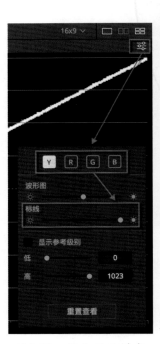

图5-25　黑白显示模式

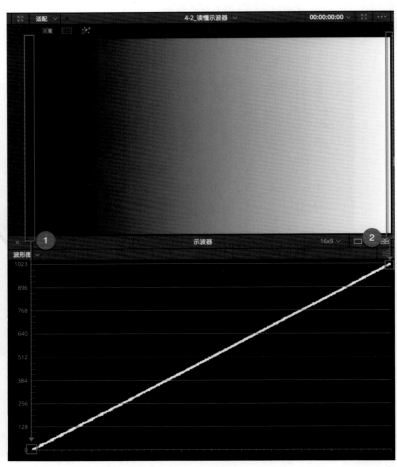

图5-26　黑白渐变图像的波形图

★提示

这条斜线看上去并不十分光滑，这是因为这个渐变素材是在After Effects软件中制作的8bit视频，并且AE在生成渐变的时候增加了"抖动"操作，导致第一列像素的亮度并不都为0，仍然有变化，以此类推。这些变化都会反映在示波器上。仅从竖向来看，肉眼并没有发现颜色亮度的差别（除非你把画面放大数倍再观察），但是眼睛看不到的问题，示波器可以发现。

按下键盘上的【下箭头】键跳转到下一个素材片段，可以看到这是一个径向渐变的图像，中点的位置是纯白的像素，圆周上则是纯黑。如图5-27所示。

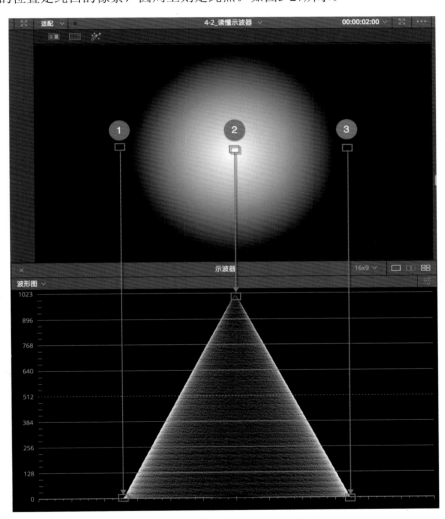

图5-27　径向黑白渐变的波形图

由于整个图像左右两侧是纯黑色，这些像素点的亮度为0，在波形图上这些像素点都堆叠在亮度为0的位置上。①和③的位置是渐变的边缘，其亮度为0，②所示的位置是纯白色，在波形图上显示在最高的亮度位置，最高值是1 023。中间渐变的颜色则按照亮度的高低连续分布着。整体观察这个波形图可以看到这是一个三角形（圆锥形）的图案。

★提示

导航素材片段可以使用快捷键，【上箭头】：跳转到上一个片段；【下箭头】：跳转到下一个片段；。【上箭头】：上一帧；【下箭头】：下一帧。

接着导航到调酒的片段。我们选择两处来理解一下，区域①所示的是台灯金属表面的高光区，亮度很高，有些地方的高光都已经达到纯白色，所以反映在波形图上可以看到这部分的波形会显示在顶端。区域②是调酒师的白色的上衣，其亮度较高，但是没有达到纯白色，并且白色的衣服也是有渐变的，不是完全一致的白色，可以看到这些像素点在波形图上也是在较高的位置上，但是离1 023的亮度还有一定距离。如图5-28所示。

图5-28　调酒师镜头波形分析

下面来看一下屋顶的镜头，这个镜头是一个古朴的屋顶建筑，明暗变化也比较强烈。天空较亮并且有白云飘浮。区域①的白云亮度较高，并且有明暗变化，在波形图上也显示在较高的位置上。区域②是非常暗的侧面，太阳光不能直接照明，所以这些像素点在波形图上就会堆叠在底部。区域③是明亮的天空，并且亮度差别不大，所以波形图是位置较高的弧形。如图5-29所示。

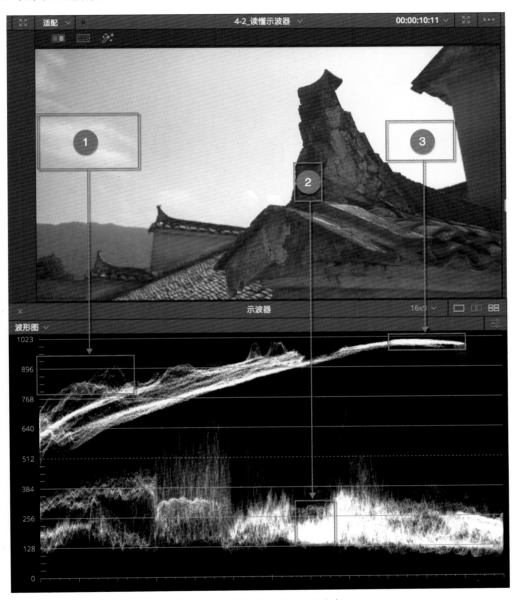

图5-29　屋顶镜头波形图分析

导航到外景的人像镜头。区域①是亮度较低的头发，波形位置也较低。区域②是人物的脸部，这部分主要是肤色，一般人的皮肤都处在中间调范围，也可以看到其波形主要集中在中间亮度范围内。区域③是白色的衣服，其亮度较高。如图5-30所示。

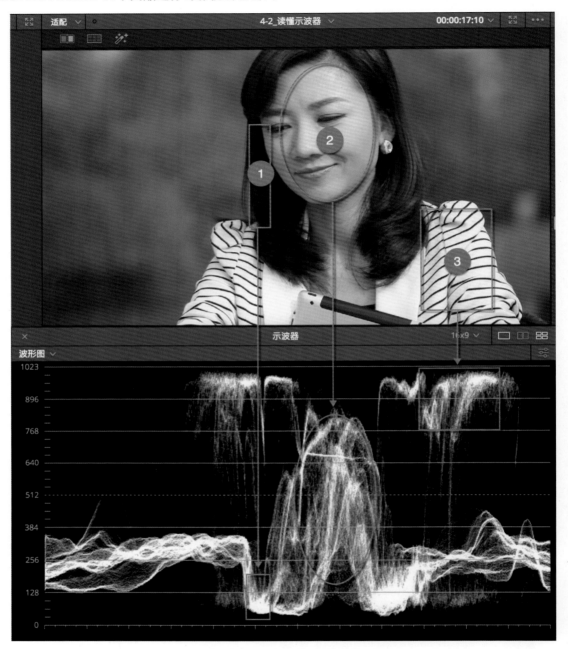

图5-30　人像镜头波形分析

　　导航到女孩镜头，如图5-31所示。在快捷菜单中把波形图切换为彩色显示。现在可以看到红（R）、绿（G）、蓝（B）的亮度波形图叠加到一起。可以看到，不管在高光区还是在阴影区，R的波形明显高于其他两个通道的波形，这说明整个画面中红色较高。也就是画面偏红。更进一步来说，R和G的波形都高于B，R+G=Y，整体画面偏黄。如果这种黄是需要的，那么就保留，如果是色温问题，则需要修正。

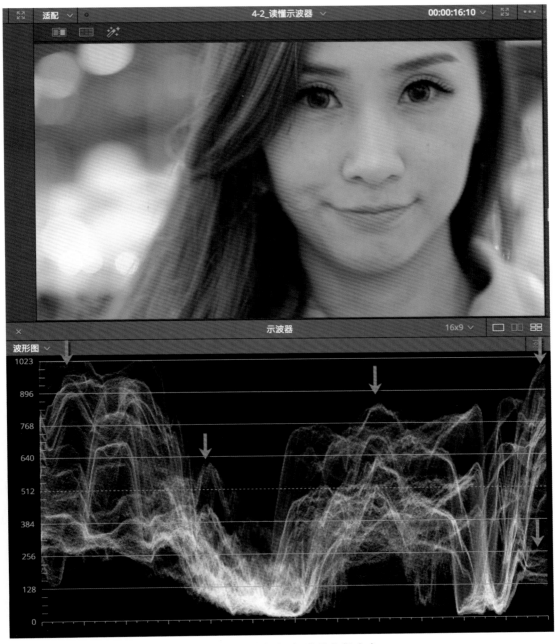

图5-31 通过彩色波形图分析色相

5.5.3 分量示波器

　　所谓分量示波器就是把红（R）、绿（G）、蓝（B）各自的亮度波形图从左向右依次排列显示。和波形示波器类似，分量示波器除了可以分析图像的亮度之外也可以分析图像的色相，在实际工作中，分量示波器的作用是举足轻重的。

把示波器切换为"分量图"，并且导航到黑白渐变的镜头，如图5-32所示。可以看到RGB的波形都是一条斜线，并且倾斜角度也相同，这表示RGB的亮度是相等的，也就是说，同一个像素点的RGB的量是相等的。当一个像素的RGB数值相等时，像素点的颜色就是灰色或者纯黑、纯白，总之是不带有色相的。

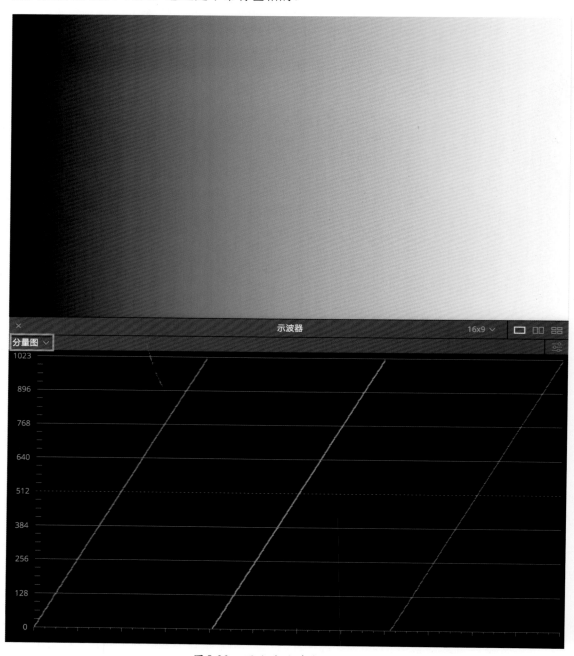

图5-32　黑白渐变素材的波形图

　　接着切换到径向渐变的镜头，可以看到RGB图案的形状是相同的，并且R的图案显示为红色，G的图案是绿色，B的图案则是蓝色。这种颜色是为了便于识别RGB三个通道。如图5-33所示。

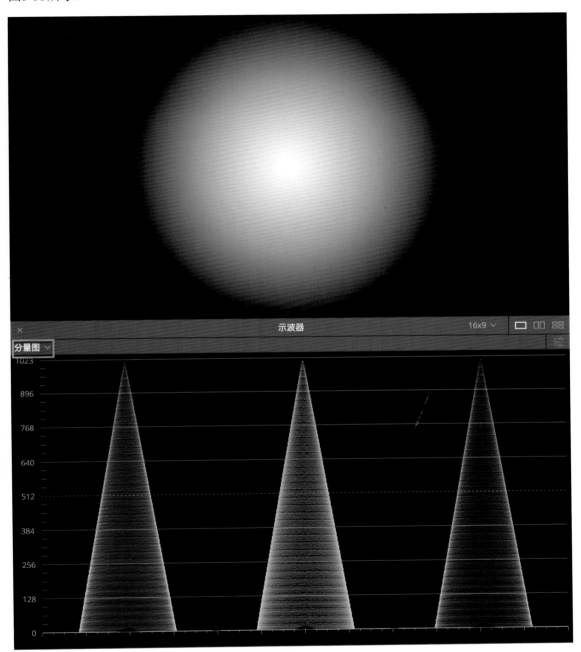

图5-33　径向渐变的分量示波器波形

　　现在切换到大楼外景的镜头，查看一下分量图，如图5-34所示。可以看到RGB三个通道的波形既有相似之处又有一些区别。事实上，除了灰色的图像，绝大多数图像的RGB通道不可能是完全相同的。注意看蓝色通道的波形，它的整体高度比其他两个通道的都高，蓝色处于高位代表三原色中蓝色的亮度较高，图像的色相也更倾向于蓝色。RGB的波形在纵轴上位于中间位置，说明画面中既没有最亮的像素点也没有最暗的像素点，整体对比度不够。

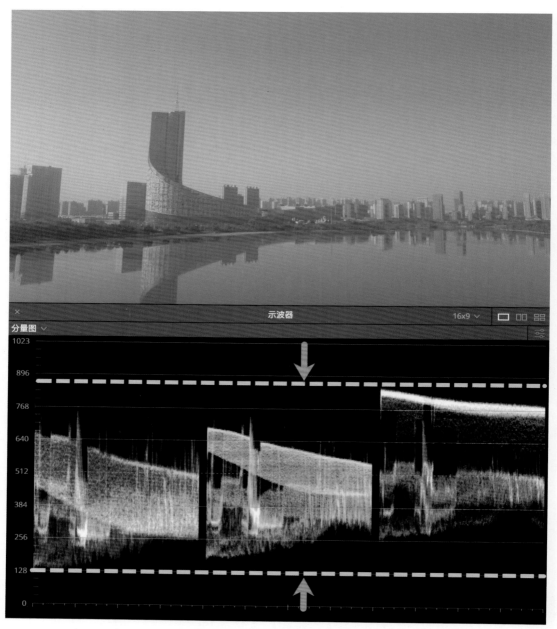

图5-34　蓝色通道的波形偏高

现在切换到穿蓝色衣服的女性镜头。可以看到红色的波形最高，绿色的次之，蓝色的最矮。红色和绿色按照加色原理混合出的颜色是黄色，可以推断出画面整体是偏黄的。通过肉眼去观察画面的话，也可以得的这种结论。肉眼观察可以得出感性的认识，分量示波器是一种理性的统计分析图表。二者要结合使用，不可偏废。如图5-35所示。

图5-35　红绿通道的波形较高

5.5.4 矢量示波器

"矢量示波器"的外形类似于表盘，中间是一个十字线，沿着圆周分布的还有六个小方块，分别标示着R、G、B、C、M、Y。矢量示波器测量的是颜色的色相和饱和度，对于分析图像的色彩信息很有帮助。

把示波器切换为"矢量图"，然后点击面板右上角的4×3按钮把示波器的纵向扩大。如

图5-36所示。

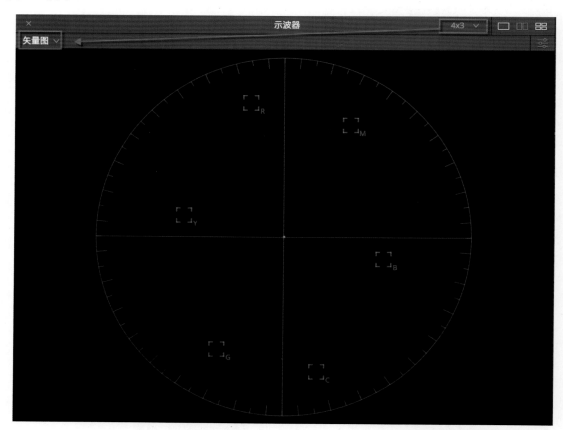

图5-36　矢量示波器

为了便于观察，点击示波器面板右下角的按钮，在弹出的面板中把矢量图的亮度滑块向右拖动到一半位置，把标线的亮度滑块拖动到最右侧。如图5-37所示。

导航到黑白渐变的镜头，可以看到矢量示波器上似乎没有任何波形。实际上，由于这是一个黑白图像，任何像素点的饱和度都为0，这些像素点都堆积在十字交叉线的交点位置，缩为一个点。如图5-38所示。

切换到彩条镜头，查看矢量图，可以看到波形是一些线条。一个像素点在表盘上的角度决定了它的色相，像素点到原点的距离决定了它的饱和度。彩条上面最左侧是一个灰色的竖条。其右侧分别是Y、C、G、M、R和B。RGB是三原色，CMY是混合色。彩条上这六个颜色的饱和度是75%，并未达到100%的饱和度。如图5-39所示。

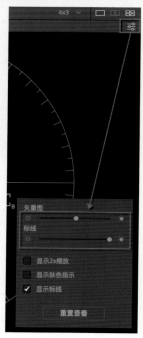

图5-37　关闭显示肤色指示

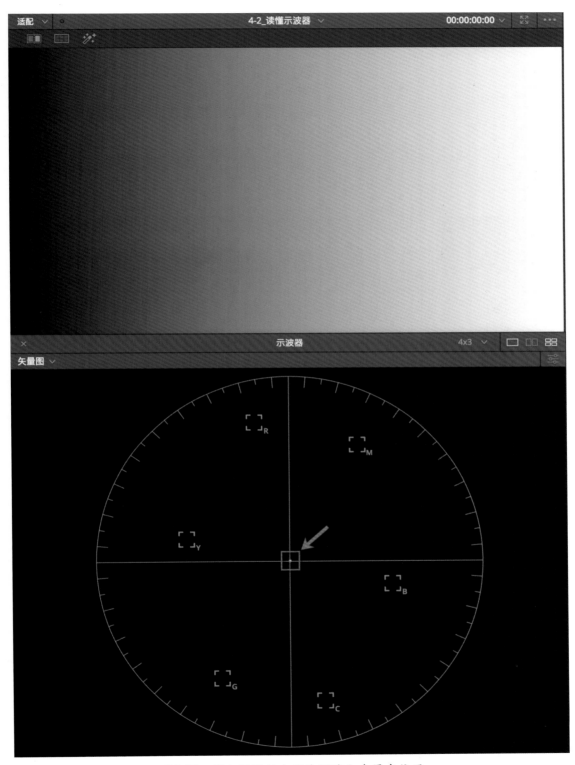

图5-38 黑白图像的矢量波形堆积在原点位置

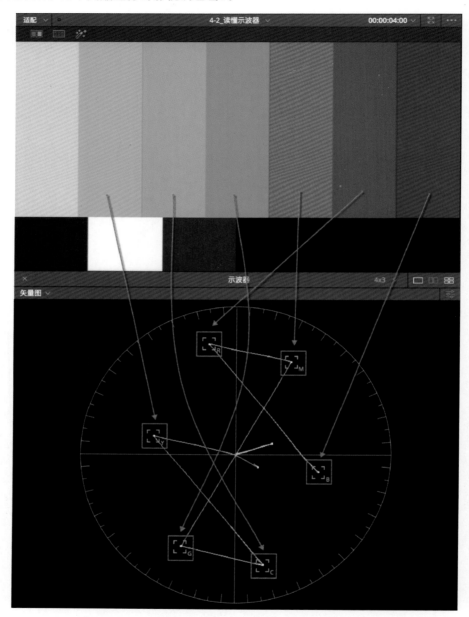

图5-39 彩条的矢量波形图

★提示

六个方框所包围的范围属于饱和度的安全范围，建议在调色过程中矢量图波形尽量保持在安全范围内，以防饱和度过高。

在"调色"页面中打开"限定器"面板，在"HSL"模式下使用其中的吸管工具在红色区域拖动以限定红色信息。然后点击"突出显示"按钮，这会只显示限定区域。如图5-40所示。

图5-40　抠取红色区域

　　现在再来观察矢量图，可以看到从原点开始有一条通往R的直线，原点位置是饱和度为0的像素点，R的位置是饱和度最高的红，线条上的其他点是不同饱和度的红色。如图5-41所示。

★提示

按说我们抠取了纯红的色块，在矢量示波器上的波形应该只是一个点，为什么是一条线呢？这是因为抠像区域的边界还有一些不够饱和的红色存在。事实上，我们工作中接触到的绝大多数视频，其不同色块之间的交界处并非是泾渭分明的，而是有一个柔和的过渡。

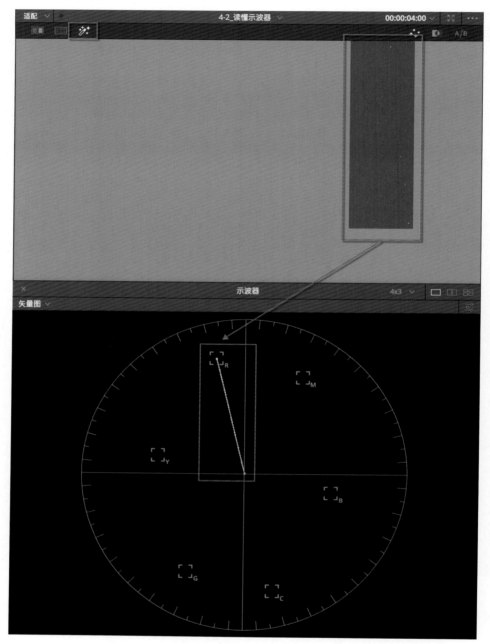

图5-41　红色区域对应的矢量波形图

　　切换到大楼外景镜头，肉眼观察画面是偏蓝色的，这一点在矢量图上也可以反映出来，可以看到大部分的像素点都是偏向B和C之间的位置，这些像素点距离原点较近，说明它们的饱和度不高。如图5-42所示。

　　接下来通过矢量图来学习一下肤色。点击示波器右上角的按钮，在弹出的菜单中勾选"显示肤色指示"，你会看到R和Y之间出现了一根斜线。这根斜线就是肤色指示线，对于调整肤色有着重要的参考价值。如图5-43所示。

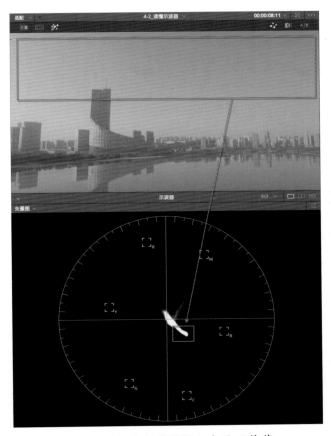

图5-42 矢量波形图指示出画面偏蓝

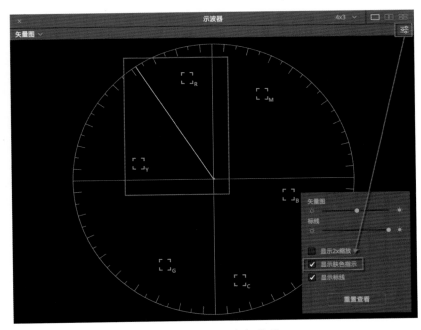

图5-43 显示肤色指示

切换到蓝衣女性镜头，在肤色指示线附近有相对混乱的波形，这部分色彩和肤色比较接近，但是还难以判断哪些是背景的颜色哪些是真正的肤色。如图5-44所示。

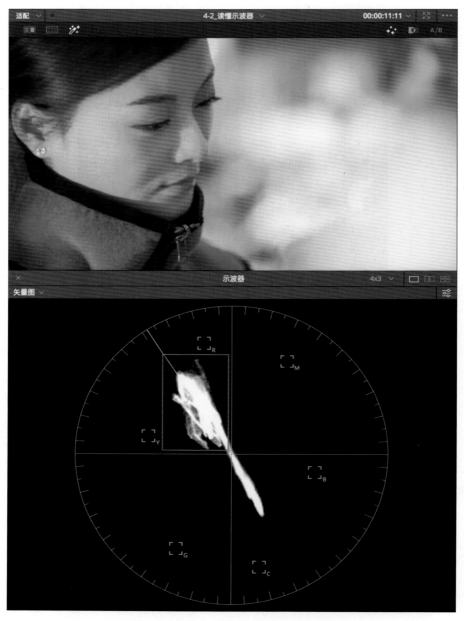

图5-44　蓝衣女性镜头的矢量波形

如果使用"限定器"抠取脸部的颜色，则可以看到波形正处在肤色指示线上，同时最远处的波形说明其饱和度很高。同时，你会看到部分背景色和肤色是非常接近的。如图5-45所示。这段素材是使用5D Mark II拍摄的，由于相机自身的特点和摄影师的设置问题，导致拍出来的人像的肤色还原度不高，并且混合了大量的环境色。有些摄影师偏爱这样的肤色，则另当别论。

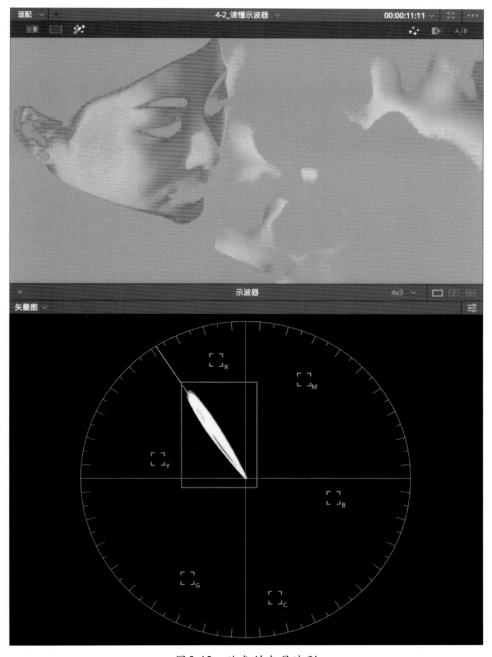

图5-45 肤色的矢量波形

　　切换到女孩镜头，查看矢量图会发现其波形都集中在R和Y之间，是一种暖调子。如图5-46所示。如果抠取面部颜色，可以看到矢量图分布紧紧贴在肤色指示线上并稍微偏红，说明当前的肤色较为自然。如图5-47所示。

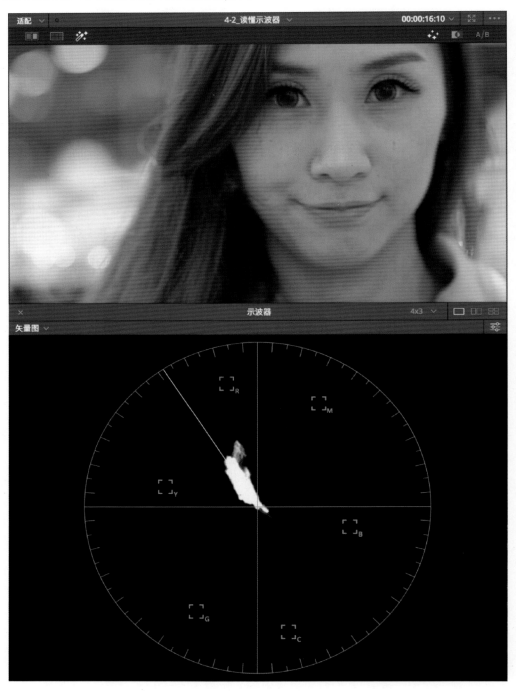

图5-46　整体偏暖调子

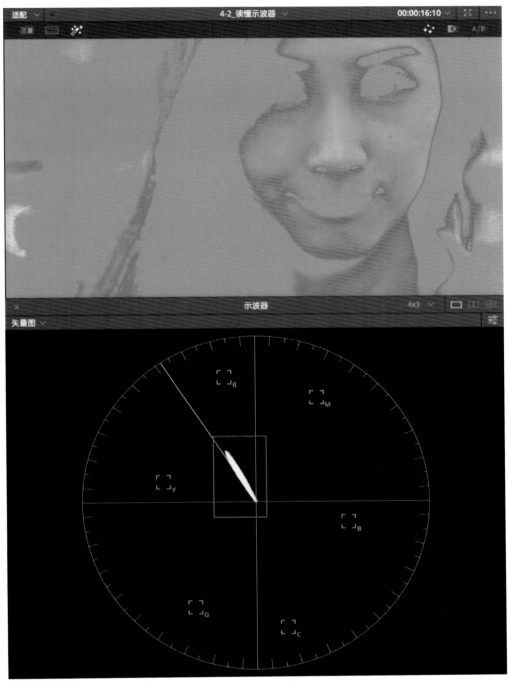

图5-47　肤色波形在肤色参考线上

　　切换到条纹上衣女性，可以看到矢量图的波形整体偏向于R和Y之间。整体是一个暖色的调子。如图5-48所示。接着抠取面部的颜色，可以看到波形与肤色指示线较为一致但偏向于红色一侧。说明肤色中红色的成分较高。如图5-49所示。

图5-48　条纹上衣女性整体矢量波形

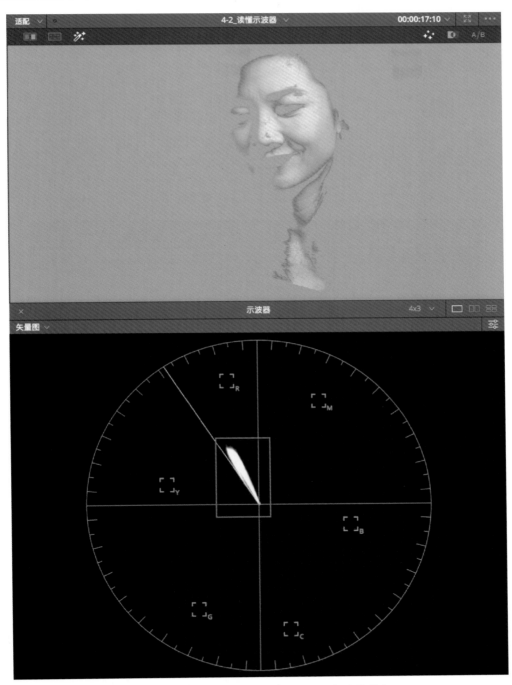

图5-49　肤色波形在肤色参考线附近但是偏红

　　综上分析，我们可以看到。"矢量示波器"是分析图像的色相和饱和度的有力工具，并且肤色参考线有助于判断肤色是否正常。要注意，肤色指示线是一个平均线，不代表所有的肤色必须严格分布在这条线上。偏红一些或者偏黄一些的肤色都是允许的。对于特殊的肤色，例如阿凡达的蓝色，僵尸的绿色等，则可以不考虑这条指示线，因为这是人类的肤色指示线。

5.5.5 直方图示波器

直方图的横轴代表亮度，纵轴的高度代表着相同亮度的像素的数量。达芬奇中的直方图与Photoshop中的直方图从原理上来说是一样的，只是样式稍有不同。达芬奇的直方图中亮度最低是0，代表纯黑色，最高是100，代表纯白色。在实际工作中，由于直方图不太直观，所以需要进行一些训练才能熟练掌握。

切换到黑白渐变镜头，然后把示波器切换为直方图。可以看到RGB的图案是完全一致的。从最暗到最亮的明度信息都均匀显示出来了。如图5-50所示。

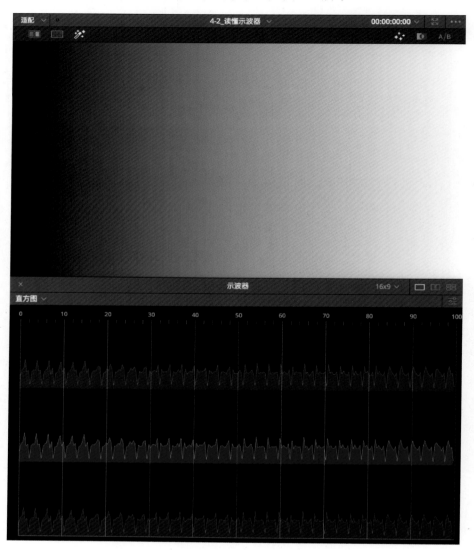

图5-50　均匀分布的亮度信息

★提示

可以明显看到，RGB的波形非常不光滑，这是因为这个渐变素材是在After Effects软件中制作的8bit视频，并且AE在生成渐变的时候增加了"抖动"操作，导致图像第一列像素的亮度并不都为0，仍然有变化，以此类推。仅凭肉眼也可以看到，在横向上这个素材的黑白过渡之间的亮度不均匀，有断层的感觉。

　　导航到径向渐变的镜头，可以看到黑色的像素点数量最多，纯白的像素点最少，整个图案变化均匀。如图5-51所示。

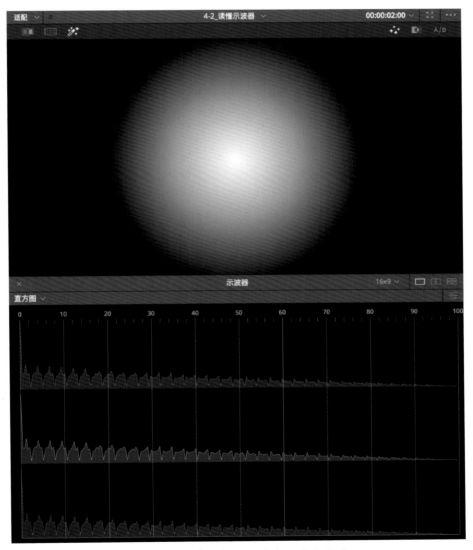

图5-51　黑色像素数量最多、白色最少

　　导航到大楼镜头，可以看到蓝色通道的信息亮度较高，这造成画面整体偏蓝，暗调的信息和亮调的像素点数量很少，这造成画面整体偏灰，对比度较低。如图5-52所示。

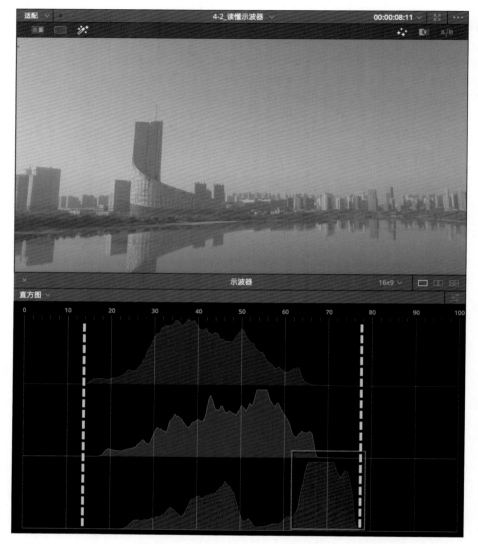

图5-52　画面对比度低且整体偏蓝

　　切换到条纹上衣女性镜头，可以看到整体对比度不错，暗调部分红色和绿色的数量较高，红色和绿色混合出黄色，所以画面的暗调区域是偏暖的。如图5-53所示。

　　至此，我们已经讲解了达芬奇中示波器的原理和用法。示波器是一种辅助工具，重点在于学会通过不同的波形来分析图像。当你扫一眼示波器就知道问题所在的时候，你离专业的调色师就不远了。

　　如果你希望更精确地查看示波器波形，则可以使用外置的示波器设备，需要单独购买。

图5-53　暗调区域偏向暖调

5.6 本章小结

　　本章讲解了光与色的基础知识，作为调色师要掌握RGB的调色公式，理解其他多种色彩空间。由于调色师要处理的素材类型非常庞杂，所以很有必要学习视频技术的基础知识，理解素材的色彩空间和Gamma曲线以及量化采样等概念。另外，对于色彩管理的知识也做了基础性讲解和案例展示。最后讲解了示波器的原理及其观察方法。技术问题虽然比较枯燥，但却是一个调色师不可或缺的知识。

第6章
一级调色

本章导读

本章将主要讲解达芬奇一级调色的知识以及进行一级调色必须要掌握的常用工具。达芬奇的一级调色工具主要包括色轮调色和一级调色（Primaries调色）。另外我们还会在本章中学习怎样平衡画面。有些调色师能够在一级调色过程中就完成大部分的调色工作，有些调色师则把主要精力放在二级调色上。每个人的习惯不同，但是一级调色这个基础是必备的、不能舍弃的。因此，在本章中，我们将对一级调色进行详细讲解。

本章学习要点

◇ 调色入门
◇ 色轮调色
◇ 反差与平衡
◇ 色彩匹配
◇ RGB混合器
◇ 降噪与动态模糊
◇ CameraRaw

6.1 调色入门

调色不仅是一门技术，更是一门艺术。学会调色技术并不难，参悟调色的艺术往往要耗费调色师经年累月的时间。调色是技术和艺术的结合，必须理论联系实际，万不可一味夸夸其谈，而是要通过实战不断提升自己的调色水平。

6.1.1 调色之目的

一般而言，调色有两个目的。第一是还原现实的色彩；第二是创造独特的风格。首先说还原现实色彩的问题。因为受到摄影机参数、拍摄环境和显示器性能等的影响，我们拍摄的画面很难完全还原成现实中的色彩，这就需要通过颜色校正尽可能地还原色彩。由于现实中的色彩我们习以为常，往往熟视无睹，就会觉得缺乏趣味和生机。我们就更倾向于用自己的情绪去影响周围的事物，喜悦的时候会觉得一切都明艳起来，悲哀的时候会觉得山河失色。如果把这些情绪投射到影视作品上，将会给观众带来不同的感受，从而形成独特的视觉风格。所以，调色的最终目的是影响人的情绪，让影片与观众达成情感共鸣！

6.1.2 品质最佳化

调色最重要的一点就是确保每个画面都达到最佳。摄影师的工作是从艺术角度来设定画面的照明与曝光，而你的工作就是对画面的色彩和对比度进行调节，使得最后效果尽量地接近导演与摄影师的设想。在此过程中，你需要解决在摄影过程中产生的无法避免的曝光及白平衡的问题，而且，你还可以对画面进行细微地调节，如增加暖色调或对比度等，这些效果是拍摄时难以做到的，但这可能会让摄影师喜欢。

在后期制作过程中，调色越来越被认为是最关键的步骤之一。例如，新一代的数字电影摄像机可以拍摄原始色彩空间（RAW）的图像，或者对数曝光的RGB图像，从而较完整地保存图像数据，以供后期调色。但是，如果你以这种方式获取图像，必须通过调色将其转换成可视图像，就像电影底片必须先洗印成正片一样。对数曝光的图像如图6-1所示，经过调色后的图像如图6-2所示。

图6-1 对数曝光（LogC）的图像

图6-2　调色后的图像

　　当你需要对源媒体在色彩及曝光方面进行更深层次的修改时，达芬奇可以为你提供更多复杂的功能。但是，成品的质量在很大程度上取决于源媒体的数据质量及宽容度。举个例子，相比于佳能5D的压缩数据模式，ARRI ALEXA和RED EPIC相机所记录的图像数据较完整，更易实现极端的调色处理。但是，不管是何种情况，达芬奇所提供的工具都可以使你以多种方式操作图像，制作出更优质的画面。

　　不管画面需要什么样的变化，达芬奇调色工具都可以用多种方式调节其色调、饱和度和对比度。在"色轮"调色面板中的"一级校色"标签页中，可以让你调节暗部（Lift）、中灰（Gamma）、亮部（Gain）和偏移，从而调节场景中的色调范围，如图6-3所示。

图6-3　色轮调色面板

　　另外，"一级校色"面板上的滑块可以让你独立调节红、绿、蓝通道的暗部（Lift）、中灰（Gamma）和亮部（Gain），如图6-4所示。

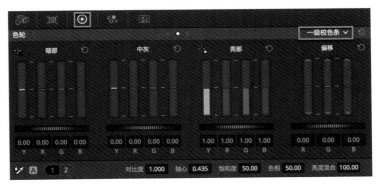

图6-4　一级调色面板

一级校色工具可以让你对图像中的暗部、中灰和亮部进行独立调整。同时，旋钮工具可以让你修改图像的对比度，如加深阴影，提亮高光，提亮或压暗中间调以创建出特定场景所需的画面色调。分离的饱和度调节工具可以增加或减弱整个场景中的色彩强度。

6.1.3 突出重点

调色的另一个重要功用是通过相应的调节突出或弱化画面中特定的元素。突出的元素可以吸引观众的注意力。在实际操作中，有很多方法可以来实现。例如通过窗口来限定图像的特定区域，然后你就可以对区域的内部和外部进行独立的色彩调整。图6-5是在咖啡厅内部拍摄的原始图像。

图6-5　原始图像

通过给画面中的人物添加窗口可以获得一个选区，如图6-6所示。

图6-6　为特定区域增加窗口

然后对窗口的内部和外部进行调色，调色后的画面如图6-7所示。

图6-7　窗口的内部被调亮并增加了饱和度，外部被压暗并降低了饱和度

6.1.4　观众预期

大量关于"记忆色"的研究表明，人们对特定的对象都有一个预期的色调，例如肤色，叶绿色及天蓝色等。一旦画面偏离这些预期的色调，就会让观众觉得颜色不对。记忆色可以有利也可以有害，这取决于我们调色的目的。

达芬奇有一系列便于对特定区域调色的工具，如"HSL限定器"、"RGB限定器"及"Luma限定器"等。"HSL限定器"是一个非常有效的色彩抠像工具，可以让你对图像取样以创建一个"键（Key）[1]"，然后你就可以对这个键进行单独的颜色调整。

一个常见的例子是天空的调整。如果你是要呈现出一个灿烂的夏天，那源图像上灰色的天空可能会令人失望。但是，使用"限定器"工具就可以轻易地选定天空的轮廓，然后调整成充满夏日风情的颜色。

6.1.5　平衡场景

在前期拍摄过程中，由于受到多种因素的制约，即使使用相同的设备拍摄同一场景，拍出的画面也还是会有细微的差别。各镜头间或大或小的差别会使观众过分注意剪辑，进而转移他们对节目的注意力。因此，调色师的一个根本任务就是消除并平衡镜头间的差别，确保场景中的镜头之间的一致性和流畅性。

达芬奇提供了多种工具来对比图像，更重要的是，你可以将每个素材片段的静帧保存在画廊（Gallery）中，并用可调节的分割画面进行比较。

1　在CG行业中，英文Keying一般被译为"抠像"，这是意译。有的则译为"键控"，属于直译。抠像操作的本质是制作Alpha通道，也就是制作一张黑白图像，这张图像指出画面上每一个像素的透明度是多少。在达芬奇中，"键（Key）"指的就是这张黑白图像。所以，键控（Keying）是抠像操作，键（Key）是抠像产生的Alpha通道。在本书中，我们还会多次用到"键（Key）"的概念。——编者注

6.1.6 塑造风格

当然，调色并不仅仅是细微的色彩校正。就像在调整MV及商业广告时，可适当增加一些激进的风格一样，达芬奇强大的功能可以把画面制作出意想不到的效果。在达芬奇中可以使用节点结构制作出复杂的效果。

6.1.7 质量控制

尽管达芬奇为你的创作提供了多种可能性，但你要确保客户的设备能够支持你所提交的作品。特别是广播节目，它对亮度及色度有严格的控制。如果你的作品没有符合标准，那就很有可能因为违反质量控制的标准而被拒绝。

即使你制作的不是广播节目，也必须意识到数字视频信号的局限性。如果进行了过度修改，很有可能会把那些需要保留的图像细节删除或破坏。

达芬奇为这个问题提供了解决方案，帮助你对图像的微调进行控制。视频示波器上的波形示波器、分量示波器、矢量示波器和直方图示波器可以用于分析图像数据，了解其可操作范围，发现细微的问题，并可以对两张图像之间的特点进行对比。达芬奇的软件示波器如图6-8所示。

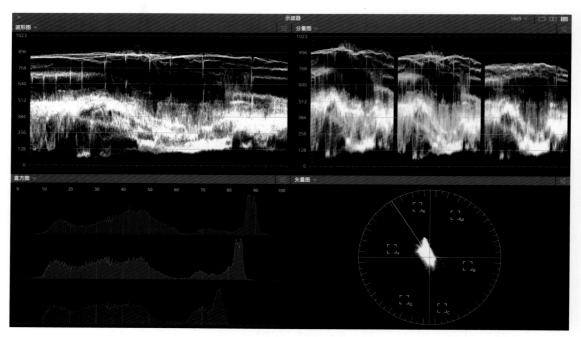

图6-8 达芬奇的软件示波器

6.1.8 探索无限

现在，通过以上的讲解，你已经对达芬奇的调色工具和调色过程有了一个大概的认识，希望你通过对本书的学习可以更加深入地了解达芬奇调色系统。达芬奇的工具丰富多彩，你探索和尝试得越多，你能发现的功能就越多，一些意想不到的功能也可能被发掘出来。

6.2 调色页面简介

达芬奇的调色页面以科学的布局安排了多个面板，例如画廊、LUT浏览器、媒体池、检视器、节点编辑器、片段缩略图、时间线、一级调色工具区、二级调色工具区和示波器等。如图6-9所示。

图6-9 达芬奇调色页面布局

6.3 关于一级调色

调色一般分为两个阶段：一级调色（也称"一级校色"）和二级调色。一级调色调整的是画面的整体色调、对比度和色彩平衡。二级调色则主要对画面的特定范围进行调色处理。一级调色的第一步通常是平衡画面，在拍摄的过程中由于种种原因会造成拍摄的素材存在或多或少的问题，例如画面偏色，曝光不足，对比度不够等。达芬奇中进行一级调色的工具主要是"一级校色轮"和"一级校色条"。当然也可以使用"曲线"进行一级调色，不过这样操作的用户较少。

达芬奇中带有的"自动调色"工具可以帮助你快速进行一级调色，不过对于初学者并不建议你这样做。因为自动调色不是对所有的镜头都适用，另外使用自动调色也会对你的学习带来障碍和困扰。最好是在学习掌握了手动一级调色之后再去使用自动调色，因为那时候你已经对一级调色游刃有余了。

6.4 色轮调色

色轮调色是一种直观的调色方式，在达芬奇中使用率极高。如果你接触过其他调色软件或者剪辑软件，那么你对色轮调色应该比较熟悉，这是最基本的调色功能。达芬奇的色轮调色工具让那些没有调色台的用户也能轻松地使用鼠标、手写板或触控板来调色。

6.4.1 一级校色轮

色轮调色有两个操作模式：一级校色轮和Log模式。一级校色轮包含四组色轮，分别是Lift、Gamma、Gain和偏移。如图6-10所示。

图6-10 一级校色轮面板

① [标签页切换按钮]——通过点击这些圆点可以在标签页中快速切换。

② [标签页切换菜单]——通过点击向下的箭头图标，可以打开快捷菜单并切换不同的标签页。

③ [全部重置按钮]——通过点击这个按钮可以把标签页中调整的所有参数复位。

④ [重置按钮]——该按钮可以把单组色轮的调节参数复位。例如暗部（Lift）这一组色轮包括色彩平衡和亮度调整，按下该按钮就会把暗部（Lift）的色彩平衡和亮度的参数全部复位。

⑤ [色彩平衡指示标志]——通过移动这个灰色圆圈来改变图像的色彩平衡。在色轮内部任意位置点击并拖动可以移动色彩平衡指示标志，色轮下方的RGB的参数也会相应变化。按住【Shift】键并在色轮内部任意位置点击，将会把色彩平衡的指示标志放到鼠标点击的位置，这可能会带来更快速、更极端的调整。在色轮内部双击可以复位色彩平衡的调节参数。

⑥ [主旋钮]——主旋钮主要用来调整亮度，通过拖动主旋钮可以同时修改YRGB通道的数值。向左拖动主旋钮，图像变暗，向右拖动主旋钮，图像变亮。按住【Option】键（Windows用户按【Alt】键）拖动主旋钮将只调整Y的数值。

⑦ [色轮数值显示]——这个区域只是显示了你对某一组色轮调整的参数数值，你不能在这里手动输入数值。

⑧ [自动白平衡]——使用吸管点击场景中应该是白色的像素即可自动进行白平衡校正。

⑨ [自动调色]——点击这个按钮可以让达芬奇对你的画面进行智能调色处理，主要是进行自动对比度和自动白平衡处理。

⑩ [调色群组切换]——点击1，显示的是"对比度"、"轴心"、"饱和度"、"色相"和"亮度混合"参数。点击2，显示的是"亮部"、"色彩增强"、"暗部"和"中间调细节"参数。

色轮让你使用鼠标就可以同时调节RGB三个颜色通道。初学达芬奇调色，可以简单地认为Lift、Gamma和Gain代表着图像的暗调、中间调和亮调，但是一定要明白它们之间的范围是相互重叠的，也就是说，调整任意一个范围，都会对其他范围产生影响，只不过影响程度不同。色调范围由图像的亮度决定，0为纯黑，1 023为纯白。图6-11显示了Lift、Gamma和Gain的色调区域。

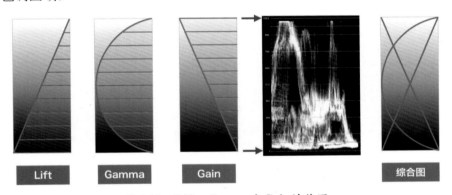

Lift   Gamma   Gain   综合图

图6-11　Lift、Gamma和Gain的范围

[暗部Lift]——主要影响图像的暗调部分，但是注意看上图所示的Lift影响力的衰减曲线。从黑到白，Lift的影响力呈线性递减。向左移动主旋钮，黑点与白点之间的距离增加，中间范围扩大，暗调部分变黑，图像对比度增强。向右移动主旋钮，黑点与白点之间的距离减小，中间范围减小，暗调部分变亮，图像对比度减弱。

[中灰Gamma]——主要影响图像的中间调部分。注意看上图所示的Gamma影响力的衰减曲线，不同于Lift的线性衰减，Gamma的衰减曲线是非线性的。可以看到Gamma对中间灰（512亮度）的影响力最大，然后向两侧非线性降低。Gamma的这种特性是受到视频Gamma公式的控制而产生的。向左移动主旋钮，图像变暗，对比度增强。向右移动主旋钮，图像变亮，对比度减弱。Gamma对黑点和白点的影响较小。同时要注意，在增大Gamma之后，对Lift的亮度影响比对Gain的亮度影响要稍大一些。

[亮部Gain]——主要影响图像的亮调部分。注意看上图所示的Gain影响力的衰减曲线。从白到黑，Gain的影响力呈线性递减。这和Lift的衰减曲线刚好相反。向左移动主旋钮，白

点与黑点之间的距离减小，中间范围减小，亮调部分变暗，图像对比减弱。向右移动主旋钮，白点与黑点之间的距离扩大，中间范围扩大，亮调部分变亮，图像对比增加。

为了理解Lift、Gamma和Gain的作用，下面做一些极端的调色。导航到条纹上衣女性镜头，在"一级校色轮"模式下进行调色，把Lift移动到蓝色，Gamma移动到品红色，Gain移动到黄色。可以看到虽然调色比较极端，但是色彩的融合还是比较细腻的。如图6-12所示。

图6-12　一级校色轮面板

6.4.2　Log校色轮

Log校色轮包括阴影、中间调、高光和偏移四个色轮。Log模式的面板布局和一级校色轮面板的布局非常类似，但是它们对图像的影响效果是不同的。Log模式的色轮面板如图6-13所示。

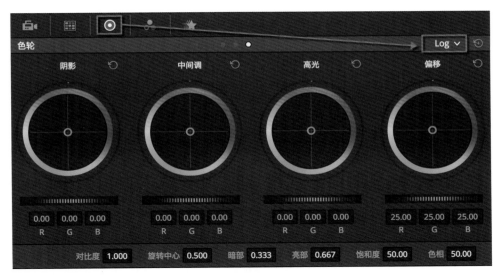

图6-13 Log调色面板

Log校色模式的衰减曲线如图6-14所示。可以看到不管是阴影、中间调还是高光，其衰减曲线都是非线性的，并且其各自的影响范围有限。这和Lift、Gamma、Gain的衰减曲线有着较大的不同。

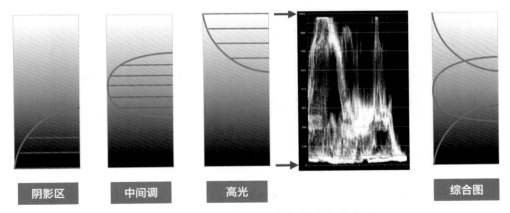

图6-14 阴影、中间调和高光的衰减曲线

Lift、Gamma、Gain之间的重叠范围很大，可以轻松地实现细微的修改，而Log模式的阴影、中间调和高光之间的重叠范围较小，如果做极端调整的话容易出现色调分离的感觉。图6-15显示了使用Log模式对条纹上衣女性镜头调色的结果，可以看到阴影区、中间调和高光区之间的范围较为清晰，过渡不够细腻。

Lift、Gamma、Gain的范围是固定的，不可以调节，而Log模式中不同影调的交叉范围是可以调整的。默认情况下，阴影只作用于最暗的部分，大概在示波器波形的三分之一底部。中间调只影响灰色的中间部分，而高光影响示波器波形上三分之一的部分。我们可以使用Log校色轮面板底部的"暗部"和"亮部"参数来调整各个色调范围。如图6-16所示。

图6-15　Log模式调色

图6-16　阴影、中间调和高光的范围

使用Log校色轮可以来限定某些区域进行调色。当然Log校色轮是通过亮度来限定一定范围的颜色，还不能像抠像工具那样进行随心所欲的色彩限定。在进行大胆的风格化调色的时候也经常使用Log校色轮。

在一级校色轮和Log校色轮面板中都有一个"偏移"色轮。偏移中的色彩平衡色轮中可以整体偏移图像的色彩。色轮下方的主旋钮可以修改图像的亮度。如图6-17所示。

"偏移"的色彩变化是通过移动RGB三通道的波形来实现的。打开示波器中的"分量图"面板，观察在使用"偏移调色"的时候，波形只是上下移动，并不进行变形。而使用Lift、Gamma、Gain调色的时候，波形本身是会发生变形的。

图6-17　偏移面板

6.4.3　一级校色条

"一级校色条"是"一级校色轮"的另外一种表达。你对任何一个的调整都将被镜像到另外一个。在"一级校色条"面板中，你可以对Y、R、G、B进行单独的调整。Y是分离出来的亮度通道。在"一级校色条"面板调色是通过拖动滑块来控制的。如图6-18所示。

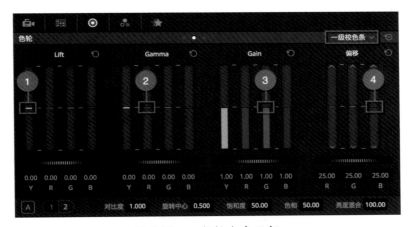

图6-18　一级校色条面板

① [Y（亮度通道）滑块]——调整亮度而不影响色彩平衡的色相。向上拖动增加亮度，向下拖动降低亮度。

② [R（红通道）滑块]——向上拖动增加红色，向下拖动减少红色（增加青色）。

③ [G（绿通道）滑块]——向上拖动增加绿色，向下拖动减少绿色（增加品红色）。

④ [B（蓝通道）滑块]——向上拖动增加蓝色，向下拖动减少蓝色（增加黄色）。

结合"分量示波器"使用"一级校色条"工具可以对画面进行非常细致的调整。因为在这种模式下，控制颜色的工具非常细致，并且调色对波形的影响也能够随时反映到示波器上。

6.5　反差与平衡

一级调色的主要目的是调整画面的反差和平衡。从摄影的角度去理解的话，可以简单地认为反差就是曝光，平衡就是色温。从绘画的角度理解，反差就是黑白灰调子的分布。

反差是电影调光的传统叫法，在数字视频领域这个概念通常叫作对比度。对比度就是画面中最亮的像素的亮度值和最暗像素的亮度值的比值。系统定义的最暗的亮度叫作"黑点（Black Point）"，最亮的亮度叫作"白点（White Point）"。拉反差就是要确定黑点和白点的位置。当然，画面的反差还和Gamma有关。

平衡就是红绿蓝三通道亮度的分布情况，加入红通道亮度高，则整体画面偏红。摄影师在拍摄现场确定的色温值可能有偏差，所以在调色环节就可能需要对色温进行调整。平衡画面的极端情况是RGB三个通道的波形完全相等，在此情况下，整体画面为黑白影像，自然不存在任何偏色。当然，调色不是要把画面调成黑白，更不是要把RGB三通道的波形调整得近乎一致。

在拉反差和调平衡的时候，初学者和一些调色师会比较依赖于示波器。但是请记住，调色工作要调出的是完美的画面而不是完美的波形。也就是说，波形亮度超限是允许的，当你的故事需要亮度超限的时候，那就去超好了。一些调色师不依赖于示波器一样可以调出美丽的画面，因为当你的经验和眼力到位了，画面也容易到位。

6.5.1 案例：调整情侣镜头

01 在"媒体"页面中，把"情侣"素材从"媒体存储"面板添加到"媒体池"。在"媒体池"中的"情侣"素材上右击，并选择"使用选定的剪辑创建时间线"命令，将时间线命名为"情侣"。

02 进入"调色"页面。在"检视器"中看到画面是低反差低饱和的。这是因为该素材是使用Arri Alexa拍摄的Log C素材，在709显示器上不能够正常还原。

图6-19　原始画面

03 点击"色轮"按钮进入"一级校色轮"面板，向左拖动"Lift"的主旋钮，调整YRGB的参数为（-0.10，-0.10，-0.10，-0.10），设定黑点；向右拖动"Gain"的主旋钮，调整YRGB的参数为（1.26，1.26，1.26，1.26），设定白点。然后观察画面，向右拖动"Gamma"的主旋钮，调整YRGB的参数为（0.04，0.04，0.04，0.04），整体控制一下画面的中间调。此时画面的暗部不够黑，向左拖动"偏移"的主旋钮，调整RGB的参数为（16.75，16.75，16.75），最后把"饱和度"提升为80.00，如图6-20所示。

图6-20　拉反差

04 调整后的画面如图6-21所示。你会发现画面的反差得到一些修正，画面的饱和度也提升了。但是画面的颜色明显偏黄，这是由于拍摄现场接近日落时分，摄影师想要追求暖调子而造成的。该镜头是为城市形象宣传片而拍摄的，当前的简单调整显然还不能满足要求。

图6-21　调色后

05 选择菜单"节点→添加串行节点"（快捷键【Option+S】）增加一个新的节点，其编号为02。如图6-22所示。

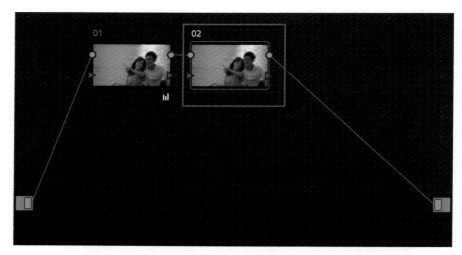

图6-22　增加节点

06 在"一级校色轮"面板中，在"偏移"色轮中向蓝色方向拖动，降低画面偏黄的感觉；在Gain色轮中，向红色方向拖动增加高光的暖色；在Gamma色轮中向品红色拖动，修改女孩的肤色；这些操作是在调整画面的平衡。调整后整体画面清透了一些，但感觉饱和度略低，增加"饱和度"为60.80；另外，调整完平衡后，反差的感受也发生了一些变化。向左拖动"Lift"的主旋钮，调整YRGB的参数为（-0.03，-0.03，-0.03，-0.03），稍微压低黑点，如图6-23所示。

图6-23　调平衡

07 调整后的画面如图6-24所示。可以看到经过一级调色之后，画面和最初相比已经发生了很大的变化，但是仍然有可以调整的空间。作为一级调色，能够达到这种效果已经可以满足常规需求了，如果需要更加细致的调整，则需要进行二级调色处理。

图6-24　完成一级调色

★提示

反差和平衡相互影响，相互依存。但是反差仍然是根本，就好像绘画一样，只有黑白灰的调子正确了，颜色的感受才能更好。在调反差的过程中，Lift、Gamma、Gain的亮度和色度相互影响，尤其注意要反复修正。

6.5.2 案例：调整旅店镜头

01 在"媒体"页面中，把"旅店"素材从"媒体存储"面板添加到"媒体池"。在"媒体池"中的"旅店"素材上右击，并选择"使用选定的剪辑创建时间线"命令，将时间线命名为"旅店"。

02 进入"调色"页面。在"检视器"中看到画面是低反差、低饱和的。同时仅凭肉眼就可以看到画面存在严重的偏色，也可以说白平衡不正常。在"矢量图"中也可以看到画面偏蓝、偏青，如图6-25所示。

图6-25　调色前

03 点击"色轮"按钮进入"一级校色轮"面板，向左拖动"Lift"的主旋钮，调整YRGB的参数为（-0.04，-0.04，-0.04，-0.04），设定黑点；向右拖动"Gain"的主旋钮，调整YRGB的参数为（1.06，1.06，1.06，1.06），设定白点。如图6-26所示。

图6-26　拉反差

04 调整后的画面如图6-27所示，此时仅简单拉了一下反差，下面将会调平衡。

图6-27　调色后

05 选择菜单"节点→添加串行节点"（快捷键【Option+S】）增加一个新的节点，其编号为02。如图6-28所示。

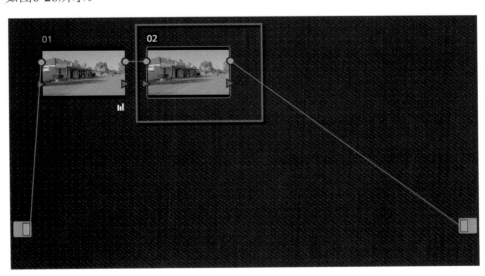

图6-28　增加节点

06 在"一级校色轮"面板中，在"偏移"色轮中向红色方向拖动，降低画面偏青的感觉；在Gain色轮中，向青色方向拖动让天空依然为青蓝色；在"Lift"色轮中向青色方向拖动，弥补暗调发红的感受。接着适当调整画面的反差并将饱和度提升为90.00，如图6-29所示。

图6-29　调整平衡

07 调整后的画面和示波器波形如图6-30所示。在调平衡的过程中，适当保留了高光部分的冷调子，没有调整为纯白色。当然，读者也可以按照自己对画面的感受进行调整。

图6-30　完成一级调色

6.6 色彩匹配

如果你在前期拍摄的时候在画面中拍摄了色卡（当然是达芬奇指定的某种色卡），那么达芬奇将可以使用"色彩匹配"工具对你的画面进行自动校色处理。达芬奇会分析你画面中色卡上样本的颜色，然后将这些颜色和标准色卡的颜色相比较，通过二者的差值来生成校色文件，这个校色文件被施加到节点上。你可以把这个节点抓静帧，并且把这个静帧添加到类似的场景或者镜头上。

6.6.1 色彩匹配面板

达芬奇15支持7种色卡。下面我们来学习一下"色彩匹配"面板的一些基础知识。"色彩匹配"面板的界面如图6-31所示。

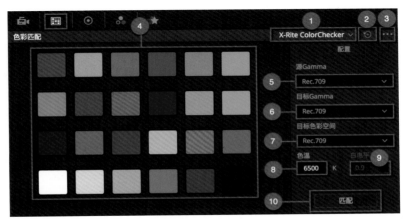

图6-31　色彩匹配面板

① [下拉菜单]——点击下拉菜单的下三角按钮可以选择不同类型的色卡。

② [全部重置按钮]——点击此按钮可以把"色彩匹配"面板所有的调整进行复位。

③ [快捷菜单]——在这里可以找到可用的快捷菜单。此处有两个，即"重置匹配配置"和"重置已应用的匹配"。

④ [色卡颜色样本]——当前显示的是X-Rite（爱色丽）24色色卡的颜色样本。当匹配后你会发现，源文件颜色和目标文件颜色的差值会以百分比的形式显示。

⑤ [源Gamma]——在这里选择源文件自身的Gamma类型。

⑥ [目标Gamma]——在这里选择目标Gamma的类型，也就是将要匹配到哪种Gamma。

⑦ [目标色彩空间]——在这里选择目标文件的色彩空间。

⑧ [色温]——在这里设置你要匹配到的色彩空间的白点色温是多少。默认情况下是6 500K。

⑨ [白电平]——在这里设置白电平的数值。

⑩ [匹配按钮]——点击这个按钮就可以按照设置进行色彩匹配操作了。

6.6.2 案例：色彩匹配

01 在"媒体"页面中，把"色卡"素材从"媒体存储"面板添加到"媒体池"。在"媒体池"中的"色卡"素材上右击，并选择"使用选定的剪辑创建时间线"命令，将时间线命名为"色彩匹配"。然后进入"调色"页面。

02 这是一个外景的拍摄现场，使用BMD生产的摄影机拍摄，由于使用了BMD Film的Gamma模式，所以看到整体画面的反差比较低，色彩的饱和度也很低。工作人员手里拿着一个24色的"爱色丽"色卡，可以看到色卡上没有高光，主要是漫反射。这样的色卡便于我们匹配颜色。大家可能已经注意到她手里的色卡的颜色和达芬奇界面上的色卡的颜色之间的差距是非常大的。如图6-32所示。

图6-32 调色前

03 点击"检视器"面板左下角的"吸管"图标右侧的下三角按钮。在其中的菜单中选择"色彩表"。然后你会看到"检视器"上出现了一个方框并且其内部中还有24个矩形方格。使用鼠标把"色彩表"的4个控制点拖放到画面中色卡的相应位置上，以和画面中色卡的大小和位置相匹配，注意24个矩形方格一定要落到相对应的颜色样本上。如图6-33所示。

04 在"源Gamma"下拉列表当中选择"BMDFilm 4K"，其他选项保持默认，然后点击"匹配"按钮。如图6-34所示。

图6-33   调整色彩表形状

图6-34   设置源Gamma

05 你会注意到色卡样本发生了明显的变化。首先，色卡样本分为上下两部分。其次色卡样本下方出现了数字来表示上下两个色块之间颜色的差值，差值以百分比表示。也就是说，源颜色和目标颜色是不同的，我们只要把源图像的色卡颜色都修改为目标色卡的颜色，那么画面中其他部分的颜色，也将随之改变。如图6-35所示。

06 观察此时的"检视器"视图可以看到，这是"色彩匹配"工具为我们调整的一个基础画面，可以看到画面的反差和白平衡都比较正常了，只是感觉曝光略有一些低。如图6-36所示。

图6-35　色卡差值

图6-36　色彩匹配后

07 该画面还可以调整得更好，进入"色轮"面板中的"一级校色条"标签页，点击面板左下角的数字"2"，然后将"亮度"调整为50.50，"色彩增强"调整为38.50，"阴影"调整为-3.00，"中间调细节"调整为-13.00。提升"偏移"的B值为26.80，降低Lift的Y值为-0.03，然后向右拖动Gamma的主旋钮，将其YRGB值都调整为0.03。如图6-37所示。

08 点击"检视器"面板左下角的"吸管"图标右侧的下三角按钮。在其中的菜单中选择"关"。如图6-38所示。这会把"检视器"视图中的"色彩表"图标关闭显示。

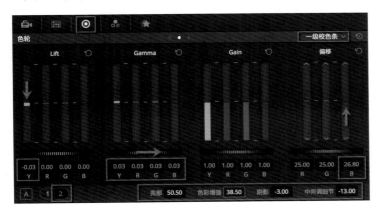

图6-37 一级调色

图6-38 关闭色彩表

09 调整完成后的画面显得更加清透，如图6-39所示。我们可以看到，在画面中没有特别硬的阴影，所以这应该是一个略阴的天气。读者可以据此继续调整。

图6-39 调色后

6.7 RGB混合器

在"RGB混合器"面板中，你可以重新混合每个颜色通道的数量，从而可以得到非常丰富的创造性调色风格。该面板的布局如图6-40所示。

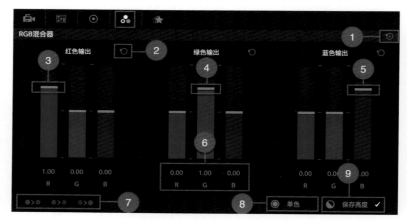

图6-40　RGB混合器面板

① [全部重置按钮]——点击本按扭可以让面板中调整的所有参数恢复初始设置。

② [群组重置按钮]——点击本按钮可以重置群组的所有调整。

③ ["红色输出"的R通道]——RGB混合器包含三个群组，分别是"红色输出"、"绿色输出"和"蓝色输出"，每个群组中都包含RGB三个通道。在"红色输出"群组中R为1.00，G为0.00，B为0.00，这表明默认情况下，在"红色输出"中只输出R通道的信息。如果把G和B的数值增加，则代表在R通道中混入了G、B通道的亮度信息。要注意不管RGB三个数值怎样变化，它们都属于红色输出，影响的都是图像的红色通道。其他两个输出群组可以以此类推。

④ ["绿色输出"的G通道]——原理同上。

⑤ ["蓝色输出"的B通道]——原理同上。

⑥ [数值参数显示区]——这些参数不能修改，只是显示出来便于参考。

⑦ [通道交换按钮]——三个按钮分别是"交换红绿通道"、"交换绿蓝通道"和"交换红蓝通道"。按下相应的按钮就可以把两个通道的亮度信息进行交换。

⑧ [单色选项]——勾选"单色"可以让画面变为黑白图像。

⑨ [保留亮度]——在默认情况下，"保留亮度"命令是勾选的，不管怎样调整RGB混合器的参数，整个画面的亮度是不受影响的。如果你取消勾选"保持亮度"之后再调色，就会看到随着你调整参数，整个画面的亮度也会随之变化。

6.8 降噪与动态模糊

实时降噪是达芬奇的利器之一，达芬奇可以利用显卡的功能对画面进行实时的空域降噪和时域降噪处理。降噪功能不仅可以去除画面的噪点，还经常被用来对人物的皮肤进行"磨皮"处理。因此，达芬奇的免费版本是关闭了降噪功能的。另外，达芬奇还拥有基于"光流"技术的动态模糊功能。

6.8.1 降噪

01 在"媒体"页面中，把"降噪"素材从"媒体存储"面板添加到"媒体池"。在"媒体池"中的"降噪"素材上右击，并选择"使用选定的剪辑创建时间线"命令，将时间线命名为"降噪"。

02 进入"调色"页面。点击"色轮"按钮，进入"一级校色条"面板。首先把"Lift"降低到-0.01；把"Gain"的值增加为1.27；把"Gamma"升为0.18，把"偏移"降为22.20；接着调整"对比度"为1.282，"旋转中心"为0.414，"饱和度"为78.00；观察一下画面，接着调平衡，把"偏移"的R值升为23.60，将"Gain"的R值降为1.06，如图6-41所示。调色后的画面如图6-42所示。

图6-41 一级调色

图6-42 一级调色后

03 播放这个片段，你会发现画面虽然反差和平衡都可以了，但是噪点很大，如图6-43所示。并且噪点抖动严重。此处读者要看自己显示器上的画面，因为印刷的图片无法表现出噪点的动态抖动。

图6-43 噪点

04 点击"动作特效"按钮，在其面板中将"空域降噪"的"Luma"值增加为9.6，由于"色度"值和"Luma"是绑定的，所以"色度"值也会自动变化。如图6-44所示。

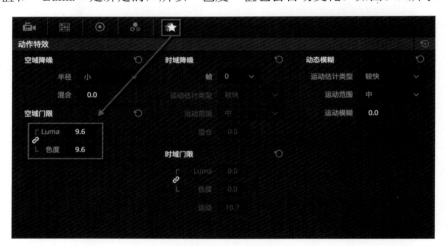

图6-44 空域降噪

05 你会发现降噪后，画面变得模糊了，Luma值越大，画面就失去越多的细节，变得和水彩画相似。如图6-45所示。并且，如果你播放的话，你会发现降噪后画面的噪点仍然抖动得厉害。"空域降噪"是针对空间的，也就是只针对当前这一帧画面进行降噪，当下一帧画面来了，再对下一帧进行降噪。这样，虽然每一帧都降噪了，但是没有考虑噪点在时间上的关系，即使每一帧都降噪了，但是降噪后的画面还是可能会发生抖动。

06 那么"时域降噪"呢？把"时域降噪"的"帧"设置为2，然后把Luma的值设置为33.8。如图6-46所示。此时播放视频，你会看到不仅噪点被去除，并且噪点的抖动也被极大地抑制了。"时域降噪"是一种基于时间的降噪分析，也就是不仅分析当前帧，还会同时分析前后帧，把整个时间段的噪点统一处理，所带来的降噪效果自然更加优秀。

图6-45　画面模糊

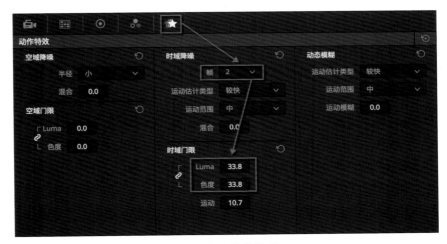

图6-46　时域降噪

07 你可能已经注意到，当开启"时域降噪的时候"，你的电脑的风扇猛烈转动（尤其是笔记本）。这是因为达芬奇的降噪功能主要依赖于显卡的实时运算，尤其是"时域降噪"对显卡的性能压力很大。因此，要使用达芬奇的降噪功能，首先要保证显卡够用。如果你发现回放不能实时，那么可以执行菜单命令"回放→渲染缓存→智能"。如图6-47所示。

图6-47　开启智能

08 再次回放，你会发现迷你时间线上方出现了红色的细线，同时随着播放红线会慢慢变成蓝线，当线条全部变为蓝色的时候表明视频已经缓存，可以实时播放了。如图6-48所示。

图6-48　红线蓝线

★提示

在实际工作中，我们应该用空域降噪还是时域降噪呢？答案是——看具体情况！如果空域降噪就可以解决问题，那么就不必开时域降噪了。这可以节约资源。空域降噪搞不定的时候就需要时域降噪，实在不行就一起上！

6.8.2　运动模糊

达芬奇的"动作特效"工具还有一个功能是"动态模糊"，这个工具会根据画面中的运动物体的运动幅度产生相应的运动模糊效果。例如你想强化赛车的运动效果时，可以为其增加"动态模糊"。

01 在"调色"页面的"检视器"面板的上方下拉菜单中，将时间线切换为"色彩匹配"，并且把播放头移动到时间码01:00:00:16的位置，如图6-49所示。你会看到女士手中的色卡是模糊的。这是因为此时女士正在把手放下来。

图6-49　导航到指定帧

02 在"运动特效"面板中，将"运动模糊"设置为100.00，如图6-50所示。

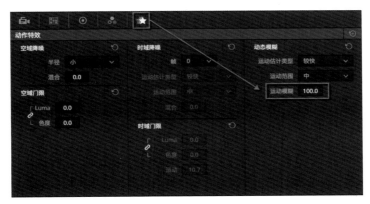

图6-50 调整运动模糊参数

03 你会看到色卡变得更加模糊，并且其模糊程度很高，这是因为色卡的运动幅度最大。如图6-51所示。"动态模糊"是智能的，能够按照画面中的"像素运动矢量"对画面进行模糊处理。

图6-51 色卡更加模糊

6.9 Camera Raw

RAW格式在摄影师手里大显神通，给摄影师处理照片提供了很多可能。同样，RAW格式也得到摄像师的青睐，并且极大地改变了数字电影的后期流程。本章将向你介绍RAW格式的基础知识以及达芬奇怎样处理RAW文件。作为影视后期的调色巨匠，达芬奇对RAW格式提供了完善的处理流程，给调色师提供了最大限度的调整余地和发挥空间。

6.9.1 关于Camera RAW

RAW的含义是"原始的、未经加工的"。Camera RAW的意思是"摄影机记录的原始数据"。RAW文件就是CMOS或者CCD图像感应器将捕捉到的光源信号转化为数字信号的原始数据。RAW文件同时还记录了由摄影机拍摄所产生的一些元数据（MetaData）：如ISO的设置、快门速度、光圈值、白平衡等。人们也形象地把RAW称为"数字底片"。

6.9.2 达芬奇与RAW

RAW文件不能被人眼直接读取，必须进行解拜耳（Debayer）处理以把RAW数据转化成达芬奇能处理的图像数据。

达芬奇的项目设置面板中包含一个Camera Raw群组。里面对应着达芬奇所支持的RAW媒体格式。在这里设置的参数将会影响整个项目的RAW媒体。如图6-52所示。

图6-52　项目设置面板中的Camera Raw面板

在"项目设置"面板的"Camera Raw"标签页中可以看到达芬奇15对以下8种RAW格式进行Raw参数调整。

（1）ARRI Alexa。

（2）Blackmagic RAW。

（3）Canon RAW。

（4）CinemaDNG。

（5）Panasonic Varicam RAW。

（6）Phantom Cine。

（7）RED。

（8）Sony Raw。

在"调色"页面中你会看到"Camera Raw"调整面板，将解码方式修改为"片段"。它可以让你对时间线上单独的片段进行RAW参数调整。如图6-53所示。

RAW文件的编解码设置会影响到调色的结果。一般在达芬奇中进行调色之前，我们就要对Camera Raw的参数进行设置。

图6-53 在"调色"页面中调出的"Camera Raw"面板

★实操演示

使用Camera RAW面板调整RAW素材

6.10 本章小结

本章介绍了一级调色的基本概念和理论知识。色轮是进行一级调色的首选工具。在学习中读者可能因为没有调色台而使用鼠标进行调色练习，在使用调色台调色的时候，色轮是对应到调色台上的轨迹球的，主旋钮也会对应到调色台上的主旋钮。一级（Primaries）调色在这里指的是达芬奇的一个调色工具，可以让你对每一个色彩通道进行单独控制，可以进行细腻的调色处理，不足之处是没有色轮调色那样直观。我们屡次强调平衡画面是调色的基础，非常重要的知识点，需要我们多加练习，并且需要锻炼眼力，力求在最短的时间内完成平衡画面的工作。

第7章

二级调色

本章导读

二级调色是很多调色学习者非常感兴趣的内容，它强大、灵活、神奇！要想掌握达芬奇二级调色的技术你需要了解很多合成方面的知识，例如遮罩、选区、Alpha通道、抠像、跟踪和稳定等。这些名词在达芬奇中可能会有不同的称呼，但是其原理是相通的。

本章学习要点

◇ 曲线调色
◇ 限定器
◇ 窗口
◇ 跟踪与稳定
◇ 键
◇ 关键帧动画

7.1 关于二级调色

一级调色调整的是整个画面，也就是整体调色。二级调色调整的是画面的选定区域，也就是局部调色。在达芬奇中，制作二级调色的选区有多种方式，例如使用"窗口"工具绘制选区，或者通过"限定器"进行抠像，甚至可以从外部输入蒙版。现在，随着技术的提升，一级调色和二级调色之间的区别正变得越来越模糊，但是二者始终不能互相取代。严格来说，"Log校色轮"就是二级调色工具，因为每一组色轮只对画面的特定区域有效果。

很多调色教程中都会设置给衣服（或汽车漆等）换颜色的案例，实际上这种可能性很低，在前期拍摄中导演很少会把颜色弄错。一般而言，我们用二级调色的目的主要是为了把画面处理得更加自然，例如调整蓝天、绿树、碧水以及肤色等。因为根据记忆色理论，人们对于常见的物体的颜色都会有一个自然的体会，这种体会一直保存在我们的记忆之中。当你进行一级调色的时候，往往会带来画面中某些颜色的改变。例如你平衡了天空的偏色，可能会带来草地颜色的变化，这个时候草地的颜色就和我们的记忆色不相符了，那么你就需要使用二级调色工具把草地隔离出来，单独调整草地的颜色。

二级调色还经常被用来突出画面中的某个物体，以便于吸引观众的注意力，这通常会使用达芬奇的窗口工具来实现，通过这一工具制作想要的选区，然后把选区外面的部分调暗。我们一般称之为暗角（Vignette）效果。

7.2 曲线调色

曲线调色对很多人来说并不是一个陌生的话题。相信阅读本书的读者就有很多人对Photoshop或者其他软件的曲线调色工具有所认识。Photoshop的曲线工具基本上等同于达芬奇中的"自定义曲线"。其实曲线调色的原理都是一样的，你既可以调整亮度曲线也可以分别调整红、绿、蓝三个通道的曲线。如果在曲线上增加控制点，则可以对图像中的暗调、中间调或亮调部分单独进行调色处理。达芬奇所有的调色曲线都能使用鼠标或调色台进行调整。曲线可以影响整个图像，也可以只影响图像的一部分。如果要调整图像的一部分，你可以通过抠像、窗口或输入蒙版等技术来获得图像的选区。

由于曲线相比色轮调色具有更加细腻的特点，所以往往可以调整出具有强烈风格化的影像风格。曲线调色中提供了六个子面板，我们先来熟悉一下自定义曲线面板。

7.2.1 自定义曲线

对于大多数用户而言，使用鼠标调整曲线会更快捷。"自定义曲线"面板如图7-1所示。自从达芬奇12开始，达芬奇12将YRGB曲线面板进行合并，这样就不用开启"放大面板"模式，不过也有很多老用户对新的"自定义曲线"面板很不习惯。默认情况下，YRGB四条曲线都是从界面左下角到右上角的一条直线，它们完全重合。横轴代表原始图像的输入信息，最左侧为黑点，最右侧为白点。竖轴代表调色后的输出信息，最下方为黑点，最上方为白点。当曲线的形状发生改变的时候，就代表图像的色彩信息经过了重新映射。

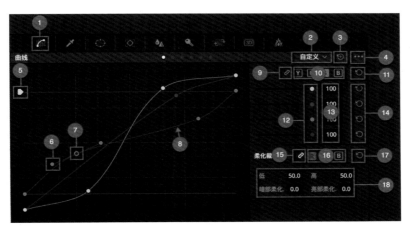

图7-1　自定义曲线面板

① [曲线面板按钮]——开启以进入曲线面板。

② [下拉菜单]——切换不同的曲线模式的下拉菜单。

③ [全部重置按钮]——点击此按钮可以把曲线面板的所有调整全部重置。

④ [快捷菜单]——在这个菜单里面可以找到修改曲线的一些命令。

⑤ [YSFX滑块]——可以对每一个颜色通道进行缩放与反转。

⑥ [控制手柄]——当曲线变成"可编辑样条线"的时候，曲线的形状可以使用手柄进行调整。

⑦ [控制点]——移动控制点可以修改曲线的形状。左键在曲线上单击可以增加控制点，右击控制点可以将其删除。按住【Shift】键单击可以在不改变曲线形状的前提下添加控制点。

⑧ [G通道曲线]——曲线形状表示了输入亮度和输出亮度的对应关系。在图中可以看到G通道经过缩放后的黑点被拉高，白点被拉低。另外，曲线上的控制点位置说明其暗调变亮，亮调变暗。

⑨ [绑定按钮]——当绑定按钮图标激活时，YRGB四个通道将一起变化。当绑定按钮图标关闭时，YRGB四个通道可以单独调整。在绑定状态下，这种调色类似于色轮调色中的旋钮操作。当你增加对比度的时候，饱和度也会同时增加，反之亦然。在解锁状态下，调整Y的对比会带来饱和度的下降。

⑩ [YRGB通道按钮]——点击相应的通道按钮即可激活该通道的曲线。

⑪ [YRGB全部参数重置按钮]——点击此按钮可以把与其对应的参数重置。

⑫ [YRGB强度滑块]可以调整每一个通道的强度信息。

⑬ [YRGB强度参数]双击或拖动这些参数可以调整通道的强度值。你也可以双击参数然后手动输入数值。

⑭ [YRGB重置按钮]——点击按钮可以把相应参数重置。

⑮ [RGB绑定]——该按钮处于开启状态时，RGB的柔化裁切操作是绑定的。关闭该按钮

可以对RGB通道的柔化裁切进行单独调整。

⑯ [RGB通道]——针对哪个通道做柔化裁切就激活哪个通道。

⑰ [柔化裁切重置按钮]——点击该按钮重置柔化裁切的所有参数。

⑱ [柔化裁切参数组]——"低"：调整该数值可以裁切暗部的波形。"高"：调整该数值可以裁切亮部的波形。"暗部柔化"：调整该参数可以柔化暗部裁切的波形。"亮部柔化"：调整该参数可以柔化亮部裁切的波形。图像的像素点过亮或过暗的时候，在亮度波形上就会被裁切掉。如果在8比特的调色环境中，这些像素就被设置为纯白或纯黑。如果一堆这样的点都被设置为纯白或纯黑，那么亮部或暗部的细节就找不回来了。但是在32比特的调色环境下，这些信息虽然显示为已经被裁切了，但是仍然可以通过工具找回，那就是达芬奇的"柔化裁切"工具。

7.2.2 HSL曲线

映射曲线是一组方便快捷的二级调色工具，共包括"色相VS色相"、"色相VS饱和度"、"色相VS亮度"、"亮度VS饱和度"和"饱和度VS饱和度"五个工具。VS之前的词代表制作选区的方式，VS之后的词代表对该选区做出的改变。例如"色相VS饱和度"就是用色相做选区，然后修改选区的饱和度。以此类推。

1. 色相VS色相

"色相VS色相"工具是通过色相来做选区，然后调整该选区的色相。例如，画面中有红色的花朵，也有绿色的草。我们可以通过红色相来选择花朵，然后调整其色相，使之成为紫色。"色相VS色相"面板如图7-2所示。

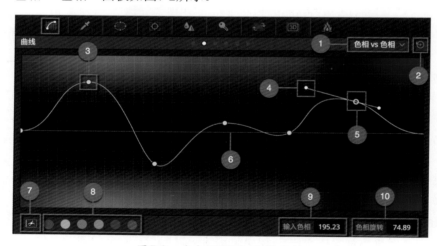

图7-2 色相VS色相曲线面板

① [下拉菜单]——切换不同的曲线模式的下拉菜单。

② [全部重置按钮]——点击此按钮可以把曲线面板的所有调整全部重置。

③ [常规控制点]——移动控制点可以修改曲线的形状。左键在曲线上单击可以增加控制点，右击控制点可以将其删除。控制点的横坐标代表"输入色相"，纵坐标代表"色相

旋转"。

④ [控制手柄]——点击⑦所示的按钮，可以把曲线变成可编辑样条线，在此模式下，曲线的形状可以使用手柄进行调整。

⑤ [样条线控制点]——本控制点的功能与③所示的常规控制点相同。

⑥ [基准线]——当曲线与基准线完全重合时，就代表"色相VS色相"曲线不起作用。你也可以据此判断不同色相的色相偏移情况。

⑦ [贝塞尔手柄开关]——点击该按钮把常规控制点切换为样条线控制点。

⑧ [六矢量颜色样本]——系统预设的六种颜色选区，点击对应色块就可以在曲线上添加该选区。

⑨ [输入色相]——输入色相表示控制点在色相环上的位置。例如红色的输入色相为256°，青色的输入色相为76°，二者刚好相差180°。

⑩ [色相旋转]——色相在色相轮上的偏移数值，取值范围是-180°~180°。

2. 色相VS饱和度

"色相VS饱和度"就是通过色相来得到选区，然后调整该选区的饱和度，其面板如图7-3所示。这个工具在实际工作中的使用非常频繁，因为绝大多数场景都需要对特定颜色的饱和度进行调整。

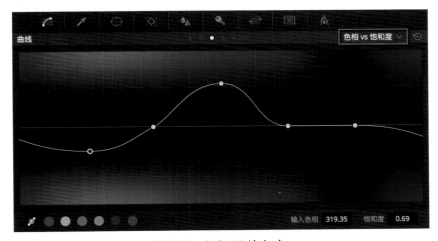

图7-3 色相VS饱和度

3. 色相VS亮度

"色相VS亮度"就是使用亮度做选区，然后调整选区的亮度。其面板如图7-4所示。这个工具的使用频率不高，因为对于人眼对颜色的亮度信息非常敏感，对于大多数素材，调整稍有不慎就会出现瑕疵。本工具对素材品质的要求很高，使用中一定要谨慎。

4. 亮度VS饱和度

"亮度VS饱和度"是通过图像的亮度做选区，然后调整选区的饱和度。其面板如图7-5所示。本工具是细腻改变图像饱和度的有力工具，不同于常规的饱和度参数调整，本工具可以根据画面的亮部和暗部信息来调整饱和度，这样比整体增加或降低饱和度要更加细腻。

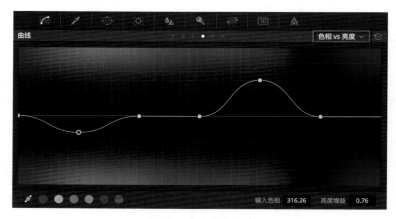

图7-4　色相VS亮度

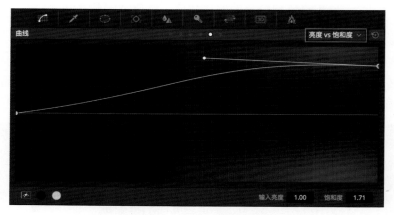

图7-5　亮度VS饱和度

5. 饱和度VS饱和度

　　"饱和度VS饱和度"是通过饱和度来做选区，然后调整选区的饱和度。其面板如图7-6所示。使用本工具，你可以让画面中越需要饱和的颜色越饱和，反之亦然。当然，你也可以使用本工具把饱和度超标的颜色控制在合法范围内。

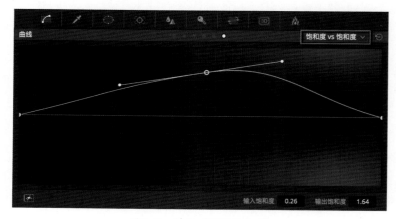

图7-6　饱和度VS饱和度

7.2.3 曲线调色案例

掌握了曲线工具的原理和操作之后，我们通过案例来巩固所学知识。读者也可以通过对案例的学习来体会不同曲线工具的用法和技巧。在实际工作中，由于二级调色曲线工具在操作上简便快捷，效率很高，所以在很多情况下可以取代抠像后再调色的方法。

1. 案例：青翠欲滴

在本例中我们将对一段Arri Alexa（阿莱艾丽莎）拍摄的Log素材进行调色。在对Log素材进行调色的时候有多种方法。例如使用LUT还原709[1]，或者直接对Log素材进行调色处理，手动还原。在本例中，我们将主要使用曲线工具来完成调色工作。

01 打开达芬奇软件，在"媒体"页面中，把"Trees"素材从"媒体存储"面板添加到"媒体池"。在"媒体池"中的"Trees"素材上右击，并选择"使用选定的剪辑创建时间线"命令，将时间线命名为"青翠欲滴"。然后进入"调色"页面并打开"示波器"面板。首先来分析一下该画面。画面整体发灰，反差低、饱和度很低，导致画面中的树木缺少生机。当然，这是由于该片段是使用Arri Alexa（阿莱艾丽莎）拍摄的Log影片造成的，Log素材直接显示在普通电脑显示器上的效果就是这样。如图7-7所示。

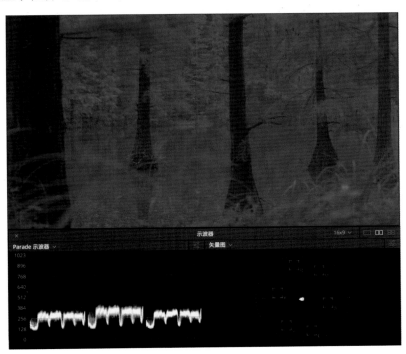

图7-7 分析画面

02 在"调色"页面的二级调色区域中点击"曲线"按钮，进入曲线面板。在"自定义曲线"标签页中，把"曲线绑定"按钮关闭，然后只保留"Y"按钮的激活状态，对亮度曲线进行调整。把亮度曲线调整为一个S形。曲线形状如图7-8所示。这会增加画面的对比度。

1　通过使用特定的LUT把Log C素材转换到Rec.709。

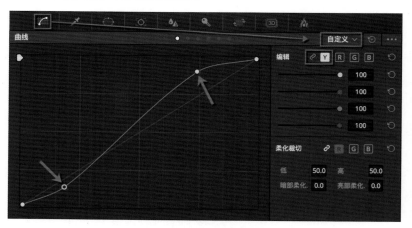

图7-8　调整亮度曲线

03 虽然画面的对比度增加了，但是树木的绿色仍然不足，下面来增加饱和度让绿色更绿。进入"一级校色轮"调色面板中，把"饱和度"调整为100.00。调整后的画面如图7-9所示。

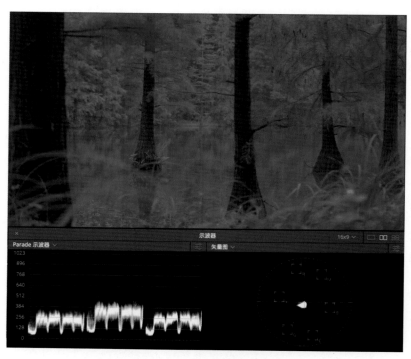

图7-9　画面饱和度增加

04 现在看起来好多了，但是绿色的饱和度仍然不足，还可以继续增加饱和度。但是对于达芬奇软件来说，在一个节点中，饱和度参数的最高值是100，如果要继续增加饱和度就得用其他方法，例如增加新的节点或者使用曲线调色。在"曲线"面板中进入"亮度VS饱和度"标签页，把左侧的圆点向上拖动到顶部。这个点的"输入亮度"为0.00，调整后的"饱和度"数值为2.00。如图7-10所示。调整后的画面如图7-11所示。

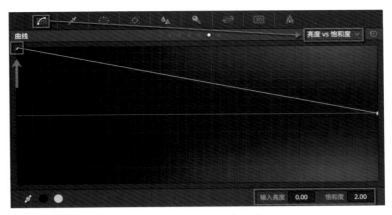

图7-10　调整亮度VS饱和度曲线

图7-11　画面饱和度增加

05 现在的效果已经接近完成了，在这里作为最终调色也是可以的。但是还可以继续调整画面的饱和度。进入"饱和度VS饱和度"标签页，把最左侧的圆点向上移动，"输出饱和度"调整为1.35。把最右侧点的"输出饱和度"调整为2.00。如图7-12所示。

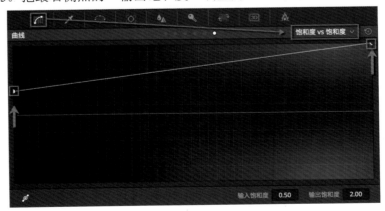

图7-12　调整饱和度VS饱和度曲线

06 接下来可以更细致地调整曲线形状。选择最右侧的圆点，然后点击面板右下角的"开启贝塞尔"按钮，你可以看到一个贝塞尔控制手柄出现了，把这个手柄向上拖动到如图7-13所示的位置。

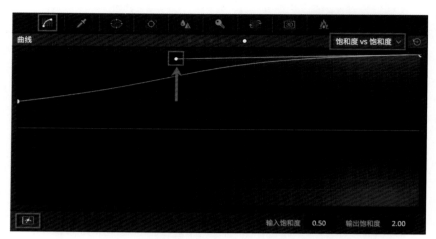

图7-13　调整手柄

07 接着把最左侧控制点的手柄打开，把手柄向下压。如图7-14所示。

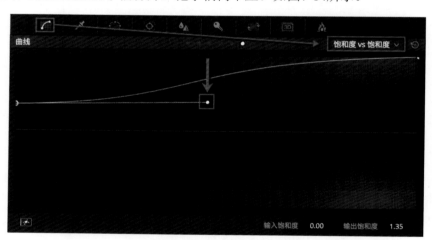

图7-14　调整手柄

08 此时可以看到画面的绿色非常饱满，似乎就要溢出来了，达到一种青翠欲滴的效果。你可以回放查看调色后的画面，然后根据自己的感受对画面进行更加细致的调整。如图7-15所示。如果你觉得画面的绿色过于饱和，则可以降低饱和度再查看效果。另外，如果你想得到光线充足的场景，可以尝试调整"自定义曲线"面板中的"Y"曲线。

2. 案例：青年情侣

在上例中我们使用曲线工具对一个风光场景进行了调色处理。主要的工作在于拉反差和还原饱和度。接下来我们将综合使用曲线工具，对一个青年情侣的场景进行调色，最终得到一个风格化调色的效果。这也是一段使用Arri Alexa（阿莱艾丽莎）拍摄的Log素材。

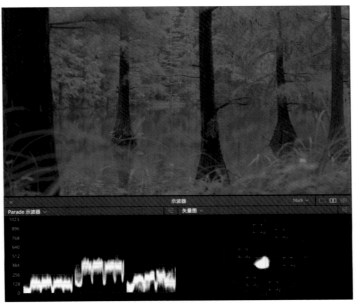

图7-15　调色完成的画面

01 打开达芬奇软件，在"媒体"页面中，把"情侣"素材从"媒体存储"面板添加到
"媒体池"。在"媒体池"中的"情侣"素材上右击，并选择"使用选定的剪辑创建
时间线"命令，将时间线命名为"青年情侣"。然后进入"调色"页面。按下快捷键
【Command+Shift+W】打开示波器。我们先来分析一下这段画面，在"分量示波器"上可
以看到，亮度波形主要集中在示波器的中间位置，这说明画面的反差很低。另外在"矢量
示波器"上可以看到波形主要集中在原点位置，说明画面的饱和度极低，这些都是由于Log
素材的特性造成的。如图7-16所示。

图7-16　分析画面

163

02 在"调色"页面的二级调色区域中点击"曲线"按钮，进入曲线面板。在"自定义曲线"标签页中，把"曲线绑定"按钮关闭，然后对YRGB曲线进行调整，曲线形状如图7-17所示。把画面的反差拉起来，然后对RGB三个通道做一些微调。调整后的画面如图7-18所示。

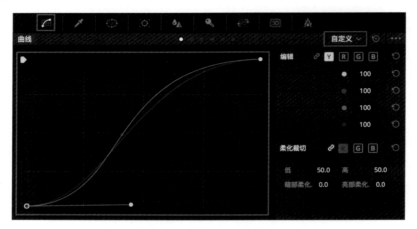

图7-17　调整自定义曲线

图7-18　调色后

03 进入"亮度VS饱和度"标签页，然后将其曲线调整为如图7-19所示，提升画面的饱和度。

04 选择菜单"节点→添加串行节点"（快捷键【Option+S】）增加一个新的节点，其编号为02。如图7-20所示。

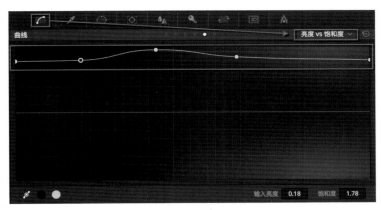

图7-19　提升饱和度

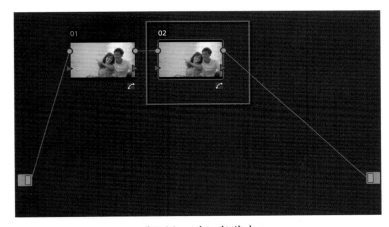

图7-20　增加新节点

05 进入"色相VS饱和度"标签页，然后把红色和青色的饱和度进行增强，如图7-21所示。

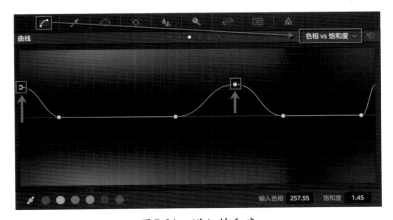

图7-21　增加饱和度

06 进入"饱和度VS饱和度"标签页，然后对画面中较高饱和度的地方再次进行增强，如图7-22所示。调整后的画面如图7-23所示。

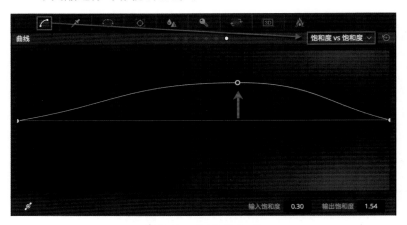

图7-22　调整饱和度

图7-23　调色后

07 选择菜单"节点→添加串行节点"（快捷键【Option+S】）增加一个新的节点，其编号为03。如图7-24所示。

08 在"调色"页面中点击二级调色区域中的"窗口"按钮，进入"窗口"标签页，然后为当前的画面添加一个"圆形窗口"，其大小和位置如图7-25所示。

09 在"调色"页面的二级调色区域中点击"曲线"按钮，进入曲线面板。在"自定义曲线"标签页中，把"曲线绑定"按钮关闭，然后只保留"Y"按钮的激活状态，对亮度曲线进行调整。把亮度曲线调整为一个S形。曲线形状如图7-26所示。提亮画面主体，尤其是脸部。调色后的画面如图7-27所示。

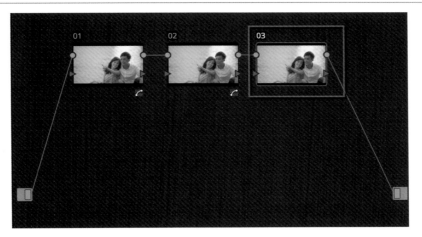

图7-24 增加新节点

图7-25 添加圆形窗口

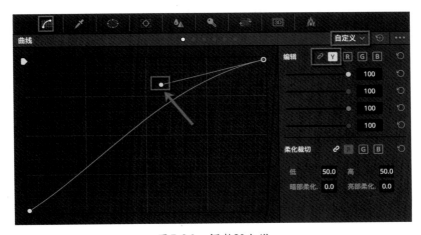

图7-26 调整Y曲线

图7-27　调色后

10 这是一段运动镜头，所以还要对窗口进行跟踪，在"调色"页面中的二级调色区域中点击"跟踪"按钮，进入"窗口"标签页，然后点击"正向跟踪"按钮，对当前的圆形窗口进行跟踪。如图7-28所示。

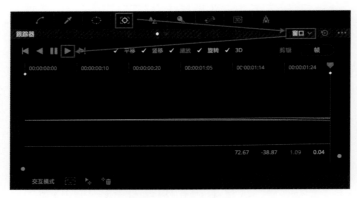

图7-28　跟踪面板

11 仔细观察画面我们会发现男性的面部肤色明显偏黑，和女性的肤色形成一个比较大的反差，我们现在来缩小这种反差。选择菜单"节点→添加串行节点"（快捷键【Option+S】）增加一个新的节点，其编号为04。如图7-29所示。

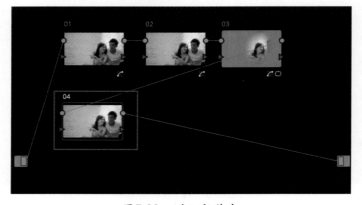

图7-29　增加新节点

12 在"调色"页面中点击二级调色区域中的"窗口"按钮，进入"窗口"标签页，然后为当前的画面添加一个"圆形窗口"，其大小和位置如图7-30所示。

图7-30　调整窗口

13 当前的圆形窗口轮廓并不能很好地贴合男性的面部轮廓，因此需要对这个圆形窗口进行调整。选择"窗口"面板右上角的快捷菜单，执行"转换为贝塞尔"命令。这样，圆形窗口就被转换为曲线窗口了。调整该曲线轮廓和内外的羽化半径，如图7-31所示

图7-31　调整窗口形状

14 在"调色"页面的二级调色区域中点击"曲线"按钮，进入曲线面板。在"自定义曲线"标签页中，把"曲线绑定"按钮关闭，然后只保留"Y"按钮的激活状态，对亮度曲线进行调整，曲线形状如图7-32所示。

15 下面来锐化一下男性的面部。在"调色"页面中的二级调色区域点击"模糊"按钮。然后进入"锐化"标签页，默认情况下RGB三个通道的数值是绑定的，所以只需调整任意一个通道的滑块，将其向下拉，你会看到滑块下方的RGB数值会同时发生变化，在这里我们将RGB的数值调整为0.43。如图7-33所示。锐化后的画面如图7-34所示。

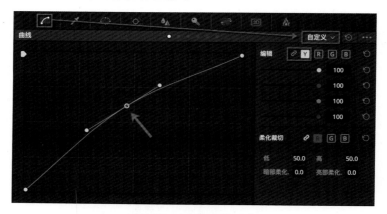

图7-32　调亮男性面部

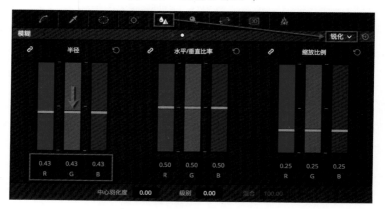

图7-33　增加锐化

图7-34　调色后

16 观察调色后的画面我们会发现，男性耳部的红色有过多的溢出，我们下面来对其进行一下调整。选择菜单"节点→添加串行节点"（快捷键【Option+S】）增加一个新的节点，其编号为05。如图7-35所示。

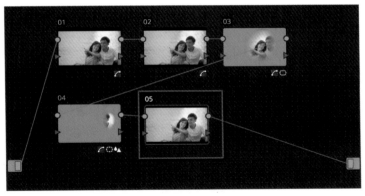

图7-35 增加新节点

17 在"调色"页面中点击二级调色区域中的"窗口"按钮,进入"窗口"标签页,然后为当前的画面添加一个"圆形窗口",调整其大小和位置如图7-36所示。

图7-36 增加窗口

18 进入"饱和度VS饱和度"标签页,然后把最右侧的控制点向下拉,同时注意观察耳部的饱和度,在适合的时候停止下拉,如图7-37所示

图7-37 降低耳部红色的饱和度

171

19 选择菜单"节点→添加串行节点"（快捷键【Option+S】）增加一个新的节点，其编号为06。如图7-38所示。

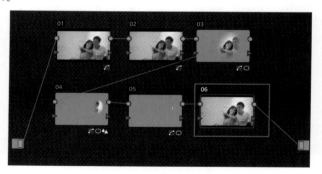

图7-38　增加新节点

20 在"调色"页面的二级调色区域中点击"曲线"按钮，进入曲线面板。在"自定义曲线"标签页中，把"曲线绑定"按钮关闭，然后对YRGB曲线进行调整，曲线形状如图7-39所示。你可以对曲线形状进行多种探索，有时候一些细微的调整都可能会给画面带来风格的变化。调整后的画面如图7-40所示。

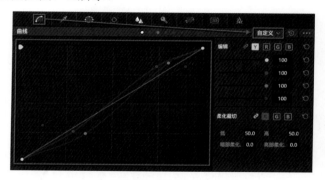

图7-39　调整曲线

图7-40　完成调色

7.3 限定器

"限定器"就是达芬奇中的抠像工具。达芬奇15中提供了四种限定器工具，分别是HSL、RGB、亮度和3D。你可以使用限定器工具隔离画面中你想获得的区域。由于抠像是依赖于色相、饱和度以及亮度信息的，所以使用限定器工具获得的选区无须跟踪或者是打关键帧。整体而言，限定器工具的效率还是比较高的。

7.3.1 HSL限定器

达芬奇"限定器"的界面是简单直观的，其默认的限定器模式是"HSL"。如图7-41所示。在很多情况下使用HSL限定器抠像并不能马上获得精确的效果。但是HSL限定器面板上很多可调控的参数，你可以通过调整这些参数来获得比较精确的选区。另外，你也可以关闭HSL限定器中的某些组件，例如只使用色相、饱和度或者亮度来进行抠像。

图7-41　HSL限定器面板

① [限定器图标]——点击本图标可以进入限定器面板。

② [标签页切换按钮]——点击这些白点可以在不同限定器标签页中切换。

③ [下拉菜单]——在里面共有HSL、RGB、亮度和3D四个菜单，通过选择不同的菜单命令可以进入不同的限定器模式。

④ [全部重置按钮]——点击此按钮可以把限定器的参数全部重置。

⑤ [色相条]——色相条显示了完整的色相图谱。

⑥ [色相范围指示器]——该指示器指出了抠像区域的色相分布情况。

⑦ [色相重置按钮]——点击此按钮可以重置"色相"组件的全部参数。

⑧ [采样吸管]——点击本吸管进入采样模式，然后在检视器中你也可以看到吸管图标，在想要抠取的颜色上点按或者拖动就可以获得初步的"键"。

⑨ [减去/添加颜色]——激活"减去颜色"吸管，在检视器中使用吸管工具点击或划取不需要的颜色可以将其从选区中删除。激活"添加颜色"吸管，在检视器中使用吸管工具点击或划取想要添加的颜色可以将其加入选区。

⑩ [减去/添加柔化]——激活"减去柔化"按钮，在检视器中使用吸管工具点击或划取

选区边缘可以减去柔化。激活"添加柔化"按钮，在检视器中使用吸管工具点击或划取选区边缘可以添加柔化。

⑪ [反向]——点击本按钮可以让选区反向。

⑫ [饱和度范围指示器]——该指示器显示了抠像区域的饱和度分布情况。

⑬ [饱和度条]——左侧代表低饱和度，右侧代表高饱和度。

⑭ [饱和度重置按钮]——点击此按钮可以重置"饱和度"组件的全部参数。

⑮ [饱和度参数]——"低"：选区包含的最低饱和度数值；"高"：选区包含的最高饱和度数值；"低区柔化"：低饱和度边缘的柔化值；"高区柔化"：高饱和度边缘的柔化值。

⑯ [亮度条]——左侧代表低亮度，右侧代表高亮度。

⑰ [亮度范围指示器]——该指示器显示了抠像区域的亮度分布情况。

⑱ [亮度重置按钮]——点击此按钮可以重置"亮度"组件的全部参数。

⑲ [亮度参数]——"低"：选区包含的最低亮度数值；"高"：选区包含的最高亮度数值；"暗部柔化"：低亮度边缘的柔化值；"亮部柔化"：高亮度边缘的柔化值。

⑳ [蒙版技巧参数组]——"欠曝"：默认值为0.0，代表纯黑，如果增加此数值到20，则"键"中亮度为20的颜色变为纯黑；"过曝"：默认值为100.0，代表纯白，如果降低此数值到80，则"键"中亮度为80的颜色变为纯白；"阴影区去噪"：可以对"键"中的阴影区进行降噪处理；"高光区去噪"：可以对"键"中的高光区进行降噪处理；"模糊羽化轮廓"：对"键"进行模糊处理，让其边缘更柔和；"里/外出比例"：对"键"进行收边或者扩边操作。

㉑ [参数重置按钮]——点击重置按钮可以将其对应的参数重置。

7.3.2 RGB限定器

在RGB限定器模式下，是通过指定图像的RGB通道范围来隔离颜色。RGB限定器并不是一种直观的抠像模式。可以说它提供了一种和HSL抠像模式差异很大的抠像方法。你会发现，RGB限定器在对连续成块的颜色进行抠像时速度较快。RGB限定器面板如图7-42所示。

图7-42 RGB限定器面板

7.3.3 亮度限定器

亮度限定器通过亮度通道的信息来提取"键"。亮度限定器相当于把HSL限定器中的色相和饱和度组件关闭。亮度限定器的作用超乎你的想象，它可以很方便地提取画面中的高光区、中间调和阴影区。不过要注意，在使用亮度限定器对压缩视频（例如4:2:2或者4:2:0压缩的视频）进行抠像的时候可能会带来更多的锯齿，因此需要我们适当地增加柔化参数。亮度限定器面板如图7-43所示。

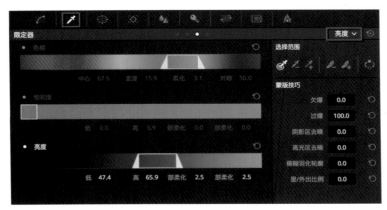

图7-43　亮度限定器

7.3.4 3D限定器

3D限定器是从达芬奇12版本开始新增的一种全新类型的抠像工具。它的抠像原理和其他三种限定器的抠像原理是不同的。3D限定器是基于由RGB三种颜色构成的色域立体图来进行抠像处理的，这也是它得名为3D的原因。3D限定器背后的技术原理非常复杂，我们无须关心。使用3D限定器抠像的时候，你只需在画面上想要抠出的颜色上绘制蓝色线条即可。你也可以通过绘制红色线条把不想要的区域去掉。使用3D限定器抠像是一种非常简便而直观的方式。3D限定器面板如图7-44所示。

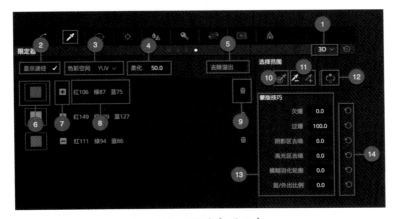

图7-44　3D限定器面板

① [下拉菜单]——在里面共有HSL、RGB、亮度和3D四个菜单，通过选择不同的菜单命令可以进入不同的限定器模式。

② [显示途径]——在检视器中显示或关闭抠像时绘制的路径。

③ [色彩空间]——选择使用YUV颜色空间还是HSL颜色空间。

④ [柔化]——设置抠像结果的柔化值，参数越大越柔和，默认值为50.0。

⑤ [去除溢出]——当抠取带有蓝背景或者绿背景的画面时，背景颜色有可能会溢出到画面主体上（例如人的面部或头发边缘），那么使用本工具可以直接去除溢出的颜色。

⑥ [颜色样本]——颜色样本显示了你抠取的是哪种颜色。

⑦ [加/减号标记]——加号标记代表这种颜色是你想保留的，减号标记代表这种颜色是你想去除的。

⑧ [颜色数值]——颜色样本的RGB数值。

⑨ [删除图标]——点击本图标可以把颜色样本进行删除。

⑩ [采样吸管]——点击本吸管进入采样模式，然后在检视器中你也可以看到吸管图标，在想要抠取的颜色上拖动，你会看到一条蓝色的路径，这代表你想要提取这块颜色。

⑪ [减去/添加颜色]——激活"减去颜色"吸管，在检视器中使用吸管工具划取不需要的颜色可以将其从选区中删除，绘制的路径显示为红色。激活"添加颜色"吸管，在检视器中使用吸管工具划取想要添加的颜色可以将其加入选区，绘制的路径显示为蓝色。

⑫ [反向]——点击本按钮可以让选区反向。

⑬ [蒙版技巧参数区]——"欠曝"：默认值为0.0，代表纯黑，如果增加此数值到20，则"键"中亮度为20的颜色变为纯黑；"过曝"：默认值为100.0，代表纯白，如果降低此数值到80，则"键"中亮度为80的颜色变为纯白；"阴影区去噪"：可以对"键"中的阴影区进行降噪处理；"高光区去噪"：可以对"键"中的高光区进行降噪处理；"模糊羽化轮廓"：对"键"进行模糊处理，让其边缘更柔和；"里/外出比例"：对"键"进行收边或者扩边操作。

⑭ [重置按钮]——点击重置按钮可以将其对应的参数重置。

7.4 窗口（PowerWindows）

窗口是辅助二级调色的非常重要的工具。你可以通过绘制矩形、椭圆形、多边形、曲线和渐变窗口并且调整其形状和羽化来获得非常精确的选区。如果你需要隔离画面中具有几何形状特征的区域进行调色的话，那么使用窗口工具是非常方便的。例如使用椭圆形工具对人物的面部进行调色，或者使用曲线工具对形状不规则的天空进行调色处理。窗口工具的不便之处在于，如果窗口覆盖区域的特征区域是运动的话，那么窗口必须随之移动。幸运的是，达芬奇拥有快捷而精确的跟踪工具帮你解决后顾之忧。

7.4.1 窗口面板

窗口面板的绝大部分范围被窗口列表覆盖。窗口面板的右侧是窗口的变形参数和柔化参数，另外窗口也支持创建和读取预设。如图7-45所示。

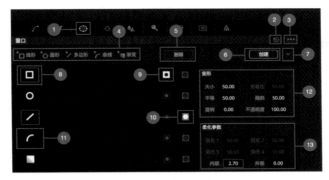

图7-45　窗口面板

① [窗口图标]——点击本图标进入窗口面板。

② [全部重置按钮]——点击本按钮可以把窗口面板的所有参数重置。

③ [快捷菜单]——在快捷菜单中可以找到常用的命令。

④ [增加新窗口按钮区]——在这里可以为一个节点添加更多的窗口。默认情况下一个节点只有五个窗口。

⑤ [删除按钮]——本按钮可以把不需要的窗口预设删除。

⑥ [预设创建按钮]——点击本按钮以创建新的窗口预设。

⑦ [预设下拉按钮]——在本下拉菜单中可以选择窗口预设。

⑧ [激活的窗口]——激活的窗口图标边缘会显示橘红色的圆角矩形框。

⑨ [反向按钮]——点击本按钮可以把窗口选区反向。

⑩ [遮罩按钮]——点击本按钮可以把窗口设置为遮罩。这在进行窗口之间的布尔运算时非常有用。

⑪ [未开启的窗口]——未被开启的窗口其边缘没有橘红色的圆角矩形框。

⑫ [变形参数组]——在这里可以调整窗口的PTZR和不透明度等信息。注意针对不同的窗口类型，此处的参数也会变化。

⑬ [柔化参数组]——在这里可以调整窗口的边缘柔化。注意针对不同的窗口类型，此处的参数也会变化。

7.4.2 窗口的布尔运算

当你对一个节点同时添加多个窗口的时候，可以对这些窗口进行复合操作以制作复杂的选区。你可以开启或关闭窗口的"遮罩"模式来改变窗口的模式，这样就可以对多个窗口进行布尔运算了，也就是交集、并集和补集操作。

7.5 跟踪与稳定

达芬奇拥有令人难以置信的方便而强大的跟踪功能，可以让各种窗口跟随画面中的移动物体进行移动、缩放、旋转甚至是透视变形。这省去了手动制作关键帧的麻烦。跟踪器面板有两种模式，在"窗口"模式下，你可以对窗口进行跟踪处理。在"稳定器"模式下，可以对整体画面进行稳定处理。

7.5.1 跟踪

达芬奇可以跟踪对象的多种运动和变化。主要有平移、竖移、缩放、旋转和透视这五种。其中平移（Pan）、竖移（Tilt）、缩放（Zoom）、旋转（Rotate）被简称为PTZR[1]。达芬奇的跟踪面板主要被PTZR曲线图占据，其他功能按钮分布在其四周。"窗口"标签页的布局如图7-46所示。

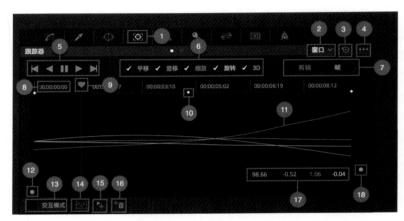

图7-46　跟踪面板

① [跟踪面板图标]——点击本图标进入跟踪面板。

② [下拉菜单]——本菜单中包括"窗口"和"跟踪器"命令。

③ [全部重置]——点击本按钮可以把跟踪面板的所有参数重置。

④ [快捷菜单]——在快捷菜单中可以找到常用的命令。

⑤ [跟踪操作区]——该区域的图标和播放控制按钮非常相似，但二者的功能是不同的。从左至右依次是"反向跟踪一帧"、"反向跟踪"、"停止跟踪"、"正向跟踪"和"正向跟踪一帧"。

⑥ [跟踪类型区]——达芬奇可以跟踪对象的多种运动和变化。主要有平移、竖移、缩放、旋转和透视这五种。其中平移、竖移、缩放、旋转被简称为PTZR。

⑦ [剪辑/帧]——在"剪辑"模式下，便于对窗口进行整体移动。在"帧"模式下，你可以对窗口的位置和控制点进行关键帧制作，便于进行ROTO[2]操作。

⑧ [时间码]——时间标尺上的时间码便于用户查看播放头的位置。

⑨ [播放头]——此处的播放头和控制影片播放的播放头起到的作用是一样的。

⑩ [关键帧]——在特定位置设置关键帧以记录窗口在此刻的位置和形状。

1　Pan、Tilt、Zoom、Rotate的首字母组合起来就是PTZR。

2　ROTO是一种电影后期合成技术的简称，意思是"动态转描"。通常的制作方法就是使用钢笔工具绘制遮罩，然后不断打关键帧，不断手动调整遮罩的形状，最后获得完整的动态遮罩信息。

⑪[PTZR曲线]——完成跟踪的时间段上会出现PTZR曲线，代表不同的数据变化。

⑫[横向缩放滑块]——拖动该滑块可以缩放时间标尺。

⑬[交互模式开关]——开启机交互模式后，你可以人工干预画面中的特征点集合。

⑭[添加批量特征点]——点击此按钮可以在选定区域添加特征点。

⑮[添加单个特征点]——使用本按钮可以添加单个特征点。注意，本功能需要官方调色台支持。

⑯[删除特征点]——点击此按钮可以删除选定区域内的特征点。

⑰[PTZR参数指示]——此处显示播放头位置的PTZR参数。

⑱[竖向缩放滑块]——拖动该滑块可以纵向缩放PTZR曲线。

7.5.2 稳定

在稳定模式下，达芬奇依然使用和跟踪模式相似的分析方法，但是其分析数据被用来稳定画面的运动。稳定器界面如图7-47所示。

图7-47　稳定器面板

★实操演示

稳定画面

7.6 键（Key）

我们知道图像或视频可以携带含有颜色信息的RGB通道，也可以携带Alpha通道。如果直接查看的话，Alpha通道通常就是黑白图（或黑白视频）。一般情况下，Alpha通道中白色的部分代表完全不透明的区域，黑色代表完全透明的区域，灰色代表半透明区域。在达芬奇中，Alpha通道有一个专有名词，那就是"键（Key）"。你对任何一个节点调色的时候都应该注意它的键是什么样子的。在节点上绘制窗口或者抠像都可以制作键，甚至在节点上还可以输入其他节点的键或者外部键。键还经常被作为节点的透明度工具来调整。键面板的布局如图7-48所示。

图7-48　键面板

① [键面板图标]——点击本图标可以进入键面板。

② [键类型]——根据你选择的不同节点类型，此处的键类型也将发生改变。

③ [全部重置]——点击本按钮可以重置键面板的所有参数。

④ [反向]——反向模式可以将键反向。

⑤ [遮罩]——遮罩模式让键成为遮罩（减法操作）。

⑥ [Gain]——提高Gain的数值将会让键的白点更白，降低Gain值则相反。Gain不影响键的纯黑色。

⑦ [偏移]——偏移值可以改变键的整体亮度。

⑧ [模糊半径]——提高本数值可以让键变得模糊。

⑨ [模糊水平/垂直]——控制模糊的方向，不过只能让模糊在横竖方向上变化。

⑩ [键图示]——让你直观地看到键的图像。

7.7 案例：鹅湖山下

通过以上知识的学习我们已经掌握了足够多的二级调色工具。下面我们将通过一个综合的案例来温习和巩固所学的知识。二级调色工具的使用是灵活多变的，不是固定僵化的，因此读者在学习完本例之后，完全可以有自己的调色思路，不必拘泥于书中的步骤。

7.7.1 一级调色

01 打开达芬奇软件，在"媒体"页面中，把"Goose"素材从"媒体存储"面板添加到"媒体池"。在"媒体池"中的"Goose"素材上右击，并选择"使用选定的剪辑创建时间线"命令，将时间线命名为"鹅湖山下"。然后进入"调色"页面。按下快捷键【Command+Shift+W】打开示波器。通过示波器可以看到这段素材的波形和观感比较符合Log素材的特点，但由于无法判定其拍摄设备和参数设置，因此不能贸然断定这是Log素材。播放这段画面我们可以看到整个镜头的艺术水准还是不错的，山脉的静和鹅群的动形成了很好的画面张力。当前的问题是整个画面偏灰，反差很低，而且，还有拍摄技术上的错误，那就是鹅身上的高光区域过曝，没有细节，这种过曝的情况是无法完全修复的，除非通过合成的手段解决。如图7-49所示。

图7-49 分析画面

02 在"一级校色轮"面版中，将"Lift"的主旋钮向左拖动，将"YRGB"调整为-0.11，然后将"Gain"的主旋钮向右拖动，调整"YRGB"的值为1.15，然后调整"饱和度"为73.00。这样就初步完成了画面的一级校色。如图7-50所示。调色后的画面如图7-51所示。

图7-50 一级校色轮面板

图7-51　调色后

7.7.2　修复高光

通过上面步骤的调整，我们可以看到，画面整体的反差和饱和度都得到了修正，当然这同时也放大了画面的瑕疵，你会发现由于拍摄问题，当前鹅身上的高光区是过曝的，其中没有任何细节，而且高光区还偏粉红色。下面我们将对此进行一些修复。

01 选择菜单"节点→添加串行节点"（快捷键【Option+S】）增加一个新的节点，其编号为02。如图7-52所示。

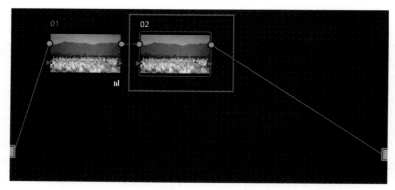

图7-52　增加新节点

02 在"调色"面板中的二级调色区域中点击"限定器"按钮，然后进入"亮度"标签页。将"亮度"的"低"修改为68.4，"暗部柔化"修改为4.4，如图7-53所示。

同时你可以点击"检视器"左上角的"突出显示"按钮来查看通过亮度抠像制作的选区，如图7-54所示。

图7-53 限定器

图7-54 突出显示

03 在"调色"页面中点击一级调色区域中的"RGB混合器"按钮，然后将"绿色输出"中的蓝色滑块向上拖动，将"B"的值修改为0.03，这样就可以把蓝色通道中的部分信息输入到绿色通道中了。这是试图修复鹅身上高光的细节。

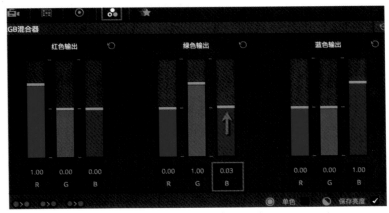

图7-55 RGB混合器面板

04 进入"自定义"曲线面板，将"柔化裁切"中的"高"修改为69.5，"亮部柔化"修改为46.0。这会把高光部分的波形进行柔化处理，如图7-56所示。

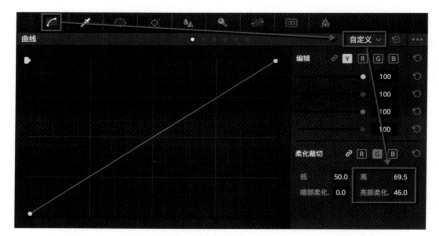

图7-56　调整柔化裁切

7.7.3　调整天空

01 下面来调整天空的颜色。选择菜单"节点→添加串行节点"（快捷键【Option+S】）增加一个新的节点，其编号为03。如图7-57所示。

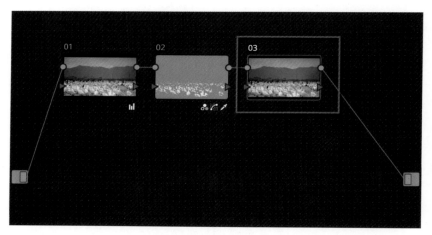

图7-57　增加新节点

02 进入"窗口"面板，激活其中的"渐变"窗口，将其位置和大小调整为如图7-58所示。

03 在"一级校色轮"面板中，向青蓝色方向拖动Gamma色轮，调整YRGB的数值为（0.01，-0.03，0.01，0.10），接着向青蓝色方向拖动Gain色轮，调整其YRGB数值为（1.00，0.94，1.00，1.13），然后将"饱和度"调整为79.20。如图7-59所示。这样天空的颜色就变得更蓝了，你也可以尝试按照自己的喜好对天空的颜色进行调整。调整后的画面如图7-60所示。

图7-58 调整渐变窗口

图7-59 一级校色轮

图7-60 调色后

7.7.4 调整山脉

01 步骤1 下面调整山脉的颜色。在"节点编辑器"中双击选择需要添加并联节点的"节点03"的图标,然后选择菜单"节点→添加并行节点"(快捷键【Option+P】)增加一个新的并联节点,其编号为05。如图7-61所示。

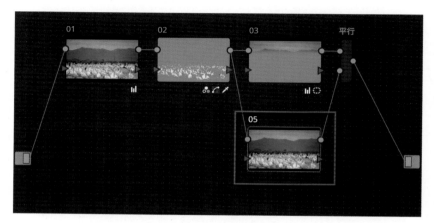

图7-61 增加新节点

02 在"调色"面板的二级调色区域中点击"窗口"图标,激活"曲线"窗口,然后绘制一个如图7-62所示的窗口,将山脉区域盖住。

图7-62 绘制曲线窗口

03 在"一级校色轮"面板中,向左拖动Gamma的主旋钮压暗画面,然后向青蓝色方向拖动色轮,YRGB参考数值为(-0.06,-0.10,-0.06,0.04)。如图7-63所示。
　　此时的山脉变得更暗、更蓝。画面的层次感变得更好。如图7-64所示。

图7-63　拖动主旋钮压暗画面

图7-64　画面层次感变好

04 播放当前画面会发现我们绘制的曲线窗口并不跟着山脉移动，所以需要对其进行跟踪。进入"跟踪"面板，在"窗口"标签页中的"剪辑"模式下，对当前的曲线窗口进行正向跟踪，如图7-65所示。

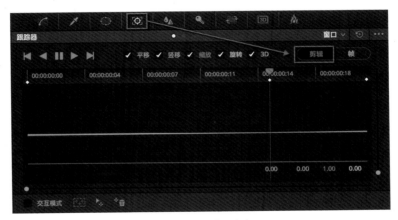

图7-65　剪辑模式

05 跟踪完成后，我们发现天空和山脉的交界处出现了一些瑕疵，它们之间的过渡还不够柔和。进入窗口跟踪的"帧"模式，移动播放头到需要调整窗口形状的位置，然后调整窗口的形状和羽化，达芬奇会自动记录关键帧。如图7-66所示。在不同的时间轴上完整曲线的变形动画。

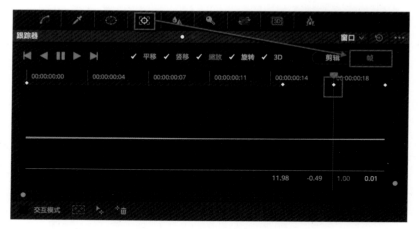

图7-66　自动记录关键帧

以下是调整形状的位置参考，一定要注意天空和山脉的交界处的颜色变化，使其足够柔和不产生瑕疵。如图7-67所示。

图7-67　整形状的位置参考

7.7.5　处理绿树

01 下面来调整画面中绿树的颜色。在"节点编辑器"中双击选择需要添加并联节点的"节点05"图标，然后选择菜单"节点→添加并行节点"（快捷键【Option+P】）增加一个新的并联节点，其编号为06。如图7-68所示。

02 在"曲线"面板中进入"色相VS饱和度"标签页，使用吸管工具吸取画面中的绿色，然后将曲线控制点向上拖动，增加绿色的饱和度。如图7-69所示。

调色后的画面如图7-70所示。你会发现绿树的饱和度提高后变得更加鲜艳。

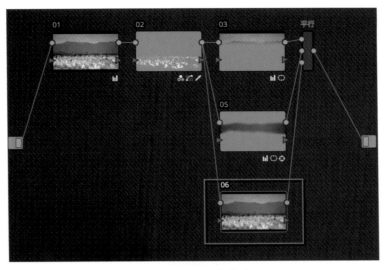

图7-68 添加新节点

图7-69 增加饱和度

图7-70 绿树变得更加鲜艳

▌7.7.6 提升鹅头

01 再次观察整个画面会发现，鹅头部分比较昏暗，不够吸引人，并且鹅身上的颜色也不够洁白，这些我们都将逐步改善。在"节点编辑器"中双击选择需要添加并联节点的"节点06"图标，然后选择菜单"节点→添加并行节点"（快捷键【Option+P】）增加一个新的并联节点，其编号为07。如图7-71所示。

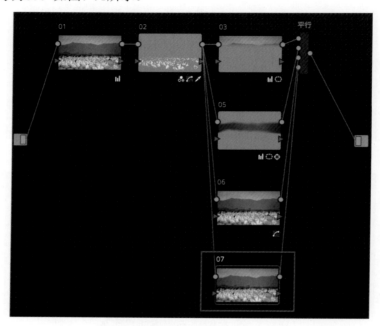

图7-71　增加新节点

02 在"调色"页面的二级调色区域中点击"限定器"按钮，然后进入"3D"抠像标签页，将其中的"色彩空间"修改为HSL，然后使用吸管工具，在鹅头上的橙色区域中拖动，随着拖动你会看到一条蓝色的路径。如图7-72所示。

图7-72　抠像路径

03 打开"突出显示"按钮可以看到鹅头已经被选出来了，但是选区还不够好。在"蒙版技巧"中修改"阴影区去噪"为5.0，"高光区域去噪"为5.8，"模糊羽化轮廓"为2.6，如图7-73所示。

图7-73　调整蒙版

04 关闭"突出显示"按钮，在"一级校色轮"面板中将画面的"饱和度"提升至85.00。这样鹅头的颜色就变得更加鲜艳了。再来观察一下画面，你会发现，在鹅头还有我们刚才绘制的路径。在"3D"标签页中取消选中"显示途径"，如图7-74所示。

图7-74　取消显示途径

这时就可以看到干净的画面了，调色后的画面如图7-75所示。

图7-75　调色后

▍7.7.7 最终调整

01 下面进行最后的调整，观察整体画面可以发现鹅的身体颜色仍然偏色，不够洁白。在"节点编辑器"中双击"平行"节点图标，选择菜单"节点→添加串行节点"（快捷键【Option+S】）增加一个新的节点，其编号为08。如图7-76所示。

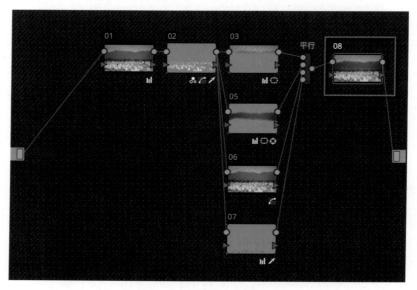

图7-76 添加串行节点

02 在"一级校色轮"面板中，向蓝色方向拖动"偏移"色轮，调整RGB参数为（23.73，24.39，29.26），然后，向右拖动Gamma的主旋钮，其YRGB参考值为0.02。如图7-77所示。

图7-77 调整偏色

调色后的画面如图7-78所示，我们可以看到调色后的画面变得清透、自然、风光旖旎，满足了宣传片调色的需求。遗憾的是由于原素材高光过曝并且在调色前就被裁切，我们并不能够使用达芬奇软件对丢失的高光进行找回。

图7-78 调色完成

7.8 案例：季节变换

在影视作品中有时候会用几秒钟去表现几个月甚至是几年的变化，例如通过叶子由绿变黄来表现季节的更替。如果通过拍摄的手段来表现这种变化就必须使用延时摄影。在条件不允许的情况下，也可以使用后期调色来获得类似效果。达芬奇拥有动画关键帧制作功能，可以帮助我们制作调色的动态变化。本例将制作一个季节变换的调色效果。

7.8.1 一级调色

01 打开达芬奇软件，在"媒体"页面中，把"car"素材从"媒体存储"面板添加到"媒体池"。在"媒体池"中的"car"素材上右击，并选择"使用选定的剪辑创建时间线"命令，将时间线命名为"季节变换"。然后进入"调色"页面。按下快捷键【Command+Shift+W】打开示波器。这是一段使用Arri Alexa（阿莱艾丽莎）拍摄的Log素材，一辆车在山路上行驶，画面整体发灰。如图7-79所示。

02 因为本片是城市宣传片中的一个镜头，在电视媒体播放，所以可以使用LUT把颜色空间转换为Rec.709。在"节点编辑器"中右击"节点01"图标，在弹出的菜单中选择3D LUT→Arri→Arri Alexa LogC to Rec709。你会看到对比和色彩都不错的画面出现了。如图7-80所示。

图7-79 分析画面

图7-80 调色后

03 在"一级校色轮"面板中，向左拖动Lift的主旋钮，将YRGB的数值都调整为-0.02，向左拖动Gain的主旋钮，将其YRGB数值都调整为0.97，向右拖动Gamma的主旋钮，把YRGB都调整为0.06，如图7-81所示。

图7-81　一级调色面板

7.8.2 二级调色

01 下面将进入二级调色阶段，选择菜单"节点→添加串行节点"（快捷键【Option+S】）增加一个新的节点，其编号为02。如图7-82所示。

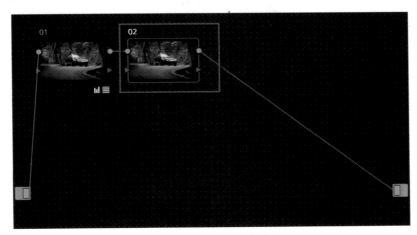

图7-82　添加新节点

02 进入限定器面板，使用吸管选取画面中的绿色区域，并点击"检视器"面板左上角的"突出显示"按钮。调整参数如下，"色相"的参数——中心：58.4，宽度：36.1，柔化：4.7，对称：50.0；"饱和度"的参数——低：0.4，高：8.0，低区柔化：1.0，高区柔化：1.0；"亮度"的参数——低：52.7，高：67.8，暗部柔化：2.5，亮柔化：2.5。然后我们调整蒙版技巧，"欠曝"：15.8，"阴影区去噪"：17.2，"模糊羽化轮廓"：23.0。

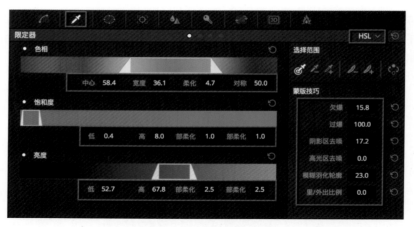

图7-83　限定器面板

03 在"调色"面板的二级调色区域中点击"窗口"图标，激活"曲线"窗口，然后绘制一个如图7-84所示的窗口，将不需要的抠像区域盖住。

图7-84　绘制窗口

7.8.3 关键帧动画

01 当前的选区已经做好，可以制作动画了。点击"调色"页面右下角的"关键帧"按钮，进入关键帧面板。要注意，我们的抠像是发生在"节点02"上的。所以制作动画也要在"校正器2"中进行。点击"校正器2"左侧的菱形图标激活自动关键帧模式，如图7-85所示。

02 保存播放头在0帧位置，进入"一级校色轮"面板，把"饱和度"调整为100.00，"色相"调整为75.00。如图7-86所示。你会看到绿色的树叶变为橙红色，如图7-87所示。同时注意，关键帧面板的"校正器2"右侧的关键帧图标由圆点变成菱形点。如图7-88所示。

图7-85 开启自动关键帧

图7-86 调整色相

图7-87 树叶变橙红

03 接着把播放头移动到如图7-89所示的①位置，把"色相"调整为100.00，树叶变为紫色。把播放头移动到②位置，把"色相"调整为50.00，树叶变为绿色。把播放头移动到③位置，把"色相"调整为75.00，树叶变为橙红色。

图7-88　动态关键帧

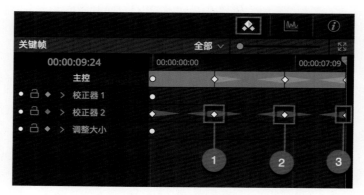

图7-89　关键帧位置

04 在"校正器2"右侧的第一个关键帧图标上右击，并且选择执行右键菜单中的"更改动态特性"命令，打开"溶解类型"面板，调整其中的曲线如图7-90所示。依次对剩余关键帧执行此操作，让动画过渡得更加柔和。

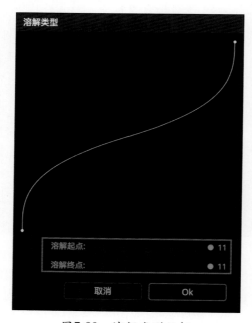

图7-90　溶解类型面板

05 循环播放本段视频，你可以看到树叶的色相在循环变化，如图7-91所示。

图7-91　色相变化截图

7.9 本章小结

　　本章讲解了二级调色的基本概念以及二级调色的实际案例。自定义曲线工具和映射曲线工具为我们的调色工作提供了无限可能和极大方便。二级调色中抠像可以说扮演了非常重要的角色，达芬奇中的抠像叫作"限定器"，也就是对颜色范围进行一定的选择。达芬奇的限定器还有一个特点，你选择什么颜色就是要保留什么颜色。而在合成软件中，抠像通常是去除选定的颜色。如果需要在达芬奇中去除选择的颜色，可以让选区反向。你也可以使用调色台来进行抠像处理，为了获得最佳的抠像效果，很有必要使用调色台进行大量的抠像训练。另外，本章中还讲解了窗口、跟踪、稳定、键和关键帧的基础知识，这些工具配合使用的话，可以让你的调色技能"如虎添翼"。

第8章

节点详解

---------------------------------- ○

📊 **本章导读**

　　为了更加自由地进行调色操作，学习节点调色就
是重中之重了。与很多节点式软件（例如Nuke、
Maya等）比起来，达芬奇的节点类型不多，学习
起来难度不大。但是随着达芬奇的升级发展，节点
的功能也越来越多、越来越强。

---------------------------------- ○

⚙️ **本章学习要点**

　　◇ 串行节点与并行混合器
　　◇ 并行混合器与层混合器节点
　　◇ 键混合器节点
　　◇ 分离器与结合器

8.1 节点概述

达芬奇拥有"校正器"、"并行混合器"、"层混合器"、"键混合器"、"分离器"以及"结合器"这六种节点类型。在"调色"页面的节点编辑器中你可以综合使用这些节点进行复杂的调色工作，有了这些节点的帮助，你甚至可以在达芬奇中实现一定的合成功能，这些功能在以前可能需要AE或Nuke等合成软件才能实现。图8-1所示为一个中等复杂的节点网，笔者为此图做了一些标注，并简单介绍一下节点的基础知识。

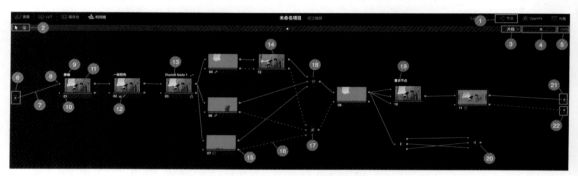

图8-1　节点网

① 节点编辑器显示与隐藏图标：通过该图标可以显示和隐藏节点编辑器面板。

② 选择工具与平移工具：箭头工具可以选择节点编辑器上的节点。抓手工具可以平移节点编辑器视图。

③ 节点模式下拉菜单：一般情况下该菜单包括"片段"和"时间线"两种模式，"片段"是针对当前素材片段的，也就是说，对该节点调色影响的是单独的片段。"时间线"模式下，对节点的调色将会影响到时间线上的所有素材片段。另外，当片段进行编组之后，此处还会出现"片段前群组"和"片段后群组"两种和群组相关的模式。

④ 缩放滑块：拖动滑块可以放大或缩小节点缩略图的大小。另外，按住Alt键配合鼠标滚轮也可以缩放。

⑤ 快捷菜单：在里面可以找到关于节点编辑的一些快捷命令。

⑥ 源图标：源图标是一个绿色的色块标记，代表着素材片段的源头，节点从"源"获得片段的RGB信息。

⑦ RGB信息连线：这种连线把RGB信息从上游节点传递到下游节点上。

⑧ RGB输入（输出）图标：RGB输入图标显示为绿色的三角形，位于节点图标左侧，代表着RGB输入。在节点图标右侧的是一个绿色的方块，代表着RGB的输出。

⑨ 节点标签：右击节点可以找到节点标签命令，你可以为节点添加标签信息，便于用户识别节点的用途。

⑩ 节点编号：根据节点添加的先后顺序，达芬奇为每一个节点进行编号，编号并不是固定的，当你添加或删除某些节点的时候，节点编号可能会变动。

⑪ 校正器节点图标：校正器节点是达芬奇中最基本、使用频率最高的节点。

⑫ 调色提示图标：你对画面进行的一级调色和二级调色处理几乎都发生在校正器身上，这些操作也反映在校正器图标下方的小图标上，例如你用限定器抠像后，校正器图标下方会出现吸管图标，绘制了窗口之后，会出现圆形选区图标，不一而足。

⑬ 共享节点：达芬奇15新增了共享节点，共享节点的调色信息可以被不同的片段共享。调整A片段的共享节点信息也会影响B片段的调色。

⑭ 外部节点：外部节点在获得前一个节点RGB信息的同时还获得了前一个节点的反向的蒙版。

⑮ 键输入输出图标：键输入输出图标显示为蓝色的三角形。在节点左侧的时候代表键输入，在右侧代表键输出。键输入输出传递的是Alpha信息。

⑯ Alpha信息连线：Alpha信息连线传递的是Alpha通道的信息，也就是"键"的信息。这是一条虚线，传递RGB信息的是一条实线。

⑰ 键混合器节点：键混合器是混合Alpha信息的，例如一个节点抠取了红色，另一个节点抠取了绿色，键混合器就可以把红绿两个选区合并为一个选区。

⑱ 并行混合器（或图层混合器）节点：并行混合器和层混合器是并行混合器组装的必备节点。达芬奇不允许两个或多个节点同时连接到RGB输出图标上，必须先对并行节点进行组装，然后再输出。并行混合器采用加色模式组装颜色，层混合器的混色模式类似于Photoshop的叠加模式。

⑲ 复合节点图标：从达芬奇12版本开始新增了复合节点功能，你可以选择多个节点然后将它们复合，这样这几个节点只占据一个节点的空间。

⑳ 没有输出的节点：在达芬奇15版本中允许存在孤立节点或者有输入没输出的节点，这给节点创作带来了很大的灵活性。之前的版本不允许这样的节点出现。

㉑ RGB输出图标：RGB输出图标有一个绿色的色块作为标记，代表着RGB信息的最终输出。

㉒ Alpha输出图标：Alpha输出图标有一个蓝色的色块作为标记，代表着Alpha信息的输出，当一个片段输出Alpha后，也就代表着在轨道上拥有了Alpha信息。

通过以上讲解，读者可能会觉得达芬奇的节点很复杂。如果你缺少合成经验的话，产生这种感觉是很正常的，但是对于一个熟悉后期合成的人来说，达芬奇的节点数量比起Fusion的节点数量来说就是小巫见大巫了。

8.2 节点的类型

达芬奇调色提供了校正器、并行混合器、图层混合器、键混合器、分离器和结合器这六种节点。其中使用频率最高的是校正器节点。并行混合器和图层混合器是用来组装并联结构的节点。键混合器用来合并蒙版信息。分离器用于拆分RGB颜色通道，结合器则负责把分离的RGB颜色通道结合在一起。如图8-2所示。

图8-2　节点的六种类型

8.2.1 校正器节点

校正器节点用来对画面进行颜色校正，节点图标的缩略图上所显示的是当前节点的调色结果以及蒙版的状态。校正器节点图标的左侧有两个三角形箭头，绿三角代表RGB颜色通道输入，蓝三角代表Alpha通道输入。Alpha输入可以从其他节点获得也可以从外部蒙版获得。校正器节点图标的右侧有两个方块图标。绿方块代表RGB颜色通道输出，蓝方块代表Alpha通道输出。如图8-3所示。

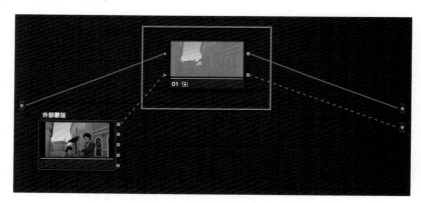

图8-3　校正器节点

8.2.2 并行混合器节点

并行混合器节点负责把不同节点输入的颜色校正信息汇总后整体输出。例如节点01加了20的红，节点02加了50的绿，节点03减了60的蓝，那么并行混合器节点所输出结果就是（+20，+50，-60），反映到调色结果上就是画面将会增加黄绿色。如图8-4所示。

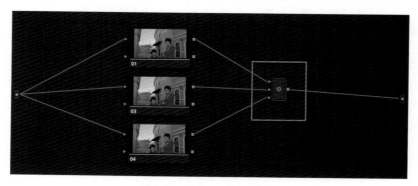

图8-4　并行混合器节点

8.2.3 图层混合器节点

图层混合器负责把不同节点输入的图像按照上下顺序分配到相应的图层之中，并且按照指定的图层合成模式进行混合后再整体输出颜色信息。要注意，图层的逻辑顺序和图层混合器节点左侧绿三角的顺序刚好是相反的，也就是说节点02在节点01之上。如图8-5所示。

图8-5　图层混合器

右击图层混合器节点可以在弹出的菜单中找到多种图层合成模式，如图8-6所示。

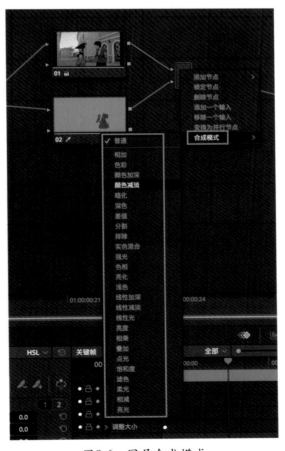

图8-6　图层合成模式

8.2.4 键混合器节点

键混合器节点用于合并从其他节点或者外部蒙版中输入的"键"（也即蒙版）。默认情况下键混合器会把输入的蒙版相加，当然也可以通过"键面板"修改蒙版的加减模式。键混合器对于制作复杂的蒙版非常有用。如图8-7所示。节点01制作了蓝色衣服的蒙版，节点02制作了红色衣服的蒙版，键混合器将这两个蒙版相加，然后把结果输出给节点05，节点05获得了反向的蒙版信息，把节点05调整为黑白即可得到衣服之外的区域消色的效果。

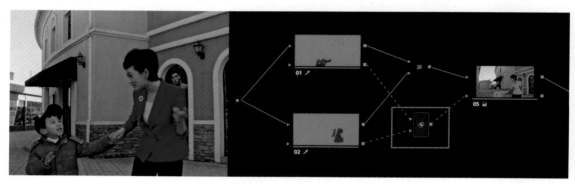

图8-7　键混合器

8.2.5 分离器与接合器节点

分离器节点把合并在一起的RGB颜色通道拆分为独立的RGB颜色通道，而结合器则是反其道而行之。分离器和结合器节点通常会成对使用。如果对分离出的单个通道进行缩放即可得到如图8-8所示的效果。图中对节点05进行了缩放，使用的是"调整节点大小"面板中的缩放参数。

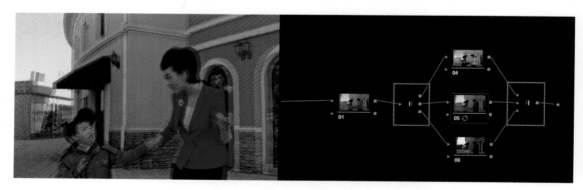

图8-8　分离器与结合器节点

8.2.6 外部节点

使用外部节点可以快速对其前一个节点的反向区域进行调色。如图8-9所示。节点02的绿三角获得了节点01的RGB信息，蓝三角获得了节点01的蒙版信息。

图8-9 外部节点

在创建外部节点的过程中，输入蒙版自动开启反向，因为"键面板"中"键输入"的反向图标被自动激活了。如图8-10所示。

图8-10 键输入的反向图标被自动激活

★提示

推荐使用快捷键【Option+O】快速创建外部节点。当然也可以先添加串行节点，然后手动连接两个节点的Alpha输出与Alpha输入。

8.3 串行节点与并行混合器

串行节点好还是并行节点好？什么时候使用串行节点，又什么时候使用并行节点呢？对于一个镜头来说，使用多少个节点合适呢？这可能是不少人心中的疑问。其实，首先要弄清的是串行和并行的含义以及串行节点和并行节点的关系。

01 在"媒体"页面中，把"children"片段从"媒体存储"面板添加到"媒体池"。在"媒体池"中的"children"片段上右击并选择"使用所选片段新建时间线"命令，将时间线命名为"串行与并行"。

02 在"调色"页面中，执行菜单命令"调色→节点→添加串行节点"，快捷键为【Option+S】。

这样会在编号为01的节点后面添加一个新节点，自动产生的编号为02。如图8-11所示。

图8-11 添加串行节点

03 进入"限定器"面板，使用吸管工具吸取画面中的红色衣服。如图8-12所示。

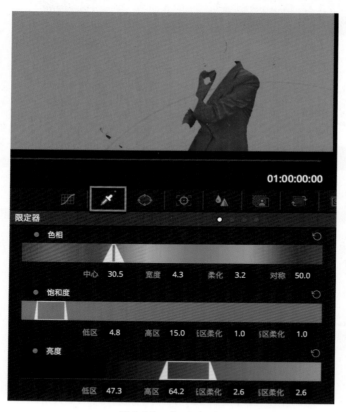

图8-12 抠取红色

04 在"色轮"面板中，把"色相"参数调整为83.40，此时红色被调整为蓝色。

图8-13　调整色相

05 保证节点02被选中，按下快捷键【Option + S】添加一个新的串行节点，节点编号为
03。在节点03上对衣服再次进行抠像，你会发现抠取出来的颜色是蓝色的。如图8-14所示。
这是因为串行节点是上下游关系，上游节点的调色结果会传递到下游节点上。

图8-14　抠取出来的是蓝色

06 单击"节点02"的图标将其选中，执行菜单命令"调色→节点→添加并行节点"，添加一个与"节点02"平行的节点，系统编号为05，"节点02"和"节点05"是并行关系。进入"限定器"面板，使用吸管工具吸取画面中蓝色的衣服。你会发现在限定器面板上选出的是红色！如图8-15所示。

图8-15　色相显示了抠取的为红色

为什么眼睛看到的是蓝色，而抠出的却是红色呢？这就需要理解并行节点的特点了。素材片段的颜色信息从"源"输出之后，向下游逐步传递，经过一个或多个节点的调整，最后输出到显示设备上。在串行模式下，下游节点受到上游节点的影响，"节点02"把红色的变成了蓝色，"节点03"是串联在"节点02"之后的，所以接收的信息就是蓝色的。而"节点05"和"节点02"是并行关系，它们的信息都取自"节点01"，因此"节点05"中衣服的颜色是红色的，之所以看上去是绿色的是因为在整个节点树当中，只有节点02进行过调色处理，其他节点都没有调过色。

工作中，有的调色师喜欢"一串到底"，也就是所有的工作都使用串行节点完成。有的调色师喜欢"串并结合"，逻辑相对清楚一些。例如使用三个并行节点来调整"天空"、"草地"和"皮肤"。串联节点最大的问题是下游节点的抠像信息会受到上游节点的影响，如果上游节点改动过大，很可能导致下游节点的抠像前功尽弃。通常情况下，很难评价哪一种方式是最佳的，也不能以节点数量论高低。优秀的调色师三五个节点就能调得很不错，而某些调色师一个镜头做了30个节点还搞不定！

8.4 并行混合器与图层混合器

前面讲过，并行混合器和图层混合器节点是并行节点组装的必备节点。达芬奇不允许两个或多个节点同时连接到RGB输出图标上，必须先对并行节点进行组装，然后再输出。那么使用并行混合器组装和使用图层混合器组装有什么区别呢？下面通过实例来看一下。

01 在"媒体"页面中，把"Gradient"素材从"媒体存储"面板添加到"媒体池"，在"媒体池"中的"Gradient"素材上右击，并选择"使用所选片段新建时间线"命令，并将时间线命名为"并行混合器与图层混合器"。

02 进入"调色"页面，执行菜单"调色"→"节点"→"添加带有圆形窗口的串行节点"命令，快捷键为【Option+C】，在节点01之后添加一个新的节点，同时检视器画面上会出现一个圆形窗口。如图8-16所示。

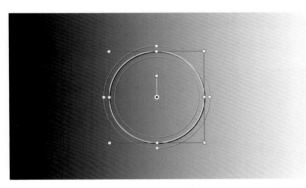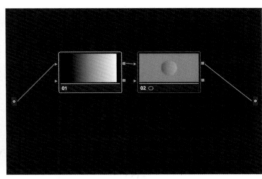

图8-16　添加节点

03 保持节点02的选中状态，执行菜单"调色"→"节点"→"添加并行节点"命令增加一个新的节点，编号为04。然后按下快捷键【Option + P】添加一个新的并行节点，编号为05。如图8-17所示。

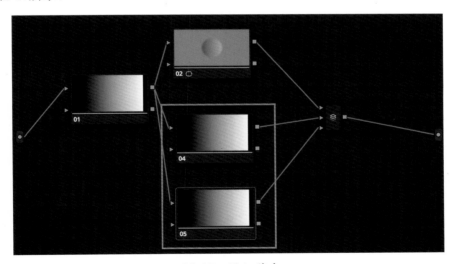

图8-17　添加节点

04 为"节点04"和"节点05"都增加一个圆形窗口。如图8-18所示。

05 选中"节点02"，我们要把这个选区调整为红色。进入"色轮"面板的"一级校色条"面板，在"偏移"群组中向上拖动红色分量，直到达到其最大值200.00。如图8-19所示。

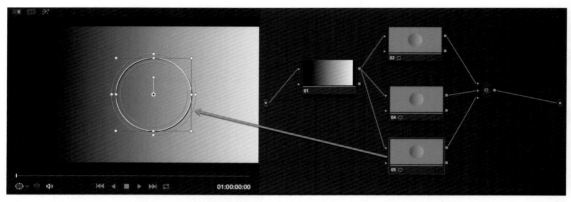

图8-18 为节点添加窗口

图8-19 一级校色调色面板

06 使用类似的方法把"节点04"的圆形窗口调整为绿色。把"节点05"的圆形窗口调整为蓝色。调整后的效果如图8-20所示，重合区域显示为白色。

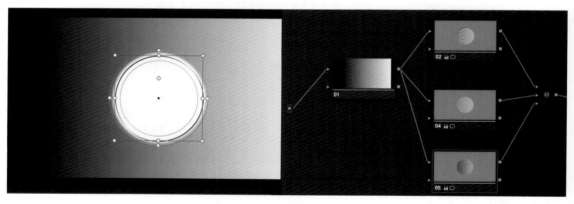

图8-20 RGB混合为白色

07 把三个节点中的圆形窗口移动到互相交叉的位置，如图8-21所示。你可以看到，红色和绿色的交叉区域显示为黄色，绿色和蓝色的交叉区域显示为青色，红色和蓝色的交叉区域显示为品红色，这符合RGB三原色的加法原理。说明并行混合器节点的作用是把并行结构的节点之间的调色结果进行加法混合。

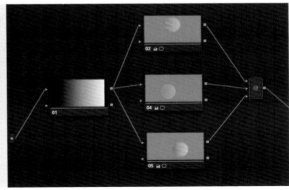

图8-21　调整窗口位置看到RGB相加的结果

08 右击并行混合器节点，在弹出的菜单中选择"变换为图层混合器节点"命令。如图8-22所示。

09 此时你会看到红绿蓝三个圆形区域呈现出互相遮盖的效果。如图8-23所示。注意节点编号的变化，你会发现由于"层"节点不计算编号，所以，当前节点编号到04为止。红色在最底部，这是因为"图层混合器"节点的功能与Photoshop中的图层叠加模式（混合模式）类似，默认的混合模式为"普通"，你还可以选择其他的混合模式。由于节点02输出到"图层混合器"节点左侧最上面的绿色三角上，代表着这一层在最底部。节点03输出到中间三角上，代表第二层，节点04输出到最下方的三角上，代表第三层，也就是最上面的一层。通过调整输入数据线的高低位置即可修改图层节点的顺序。

图8-22　变换节点类型

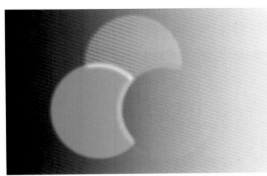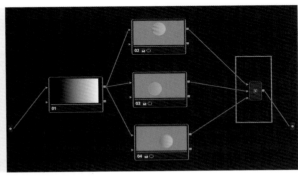

图8-23　调整节点顺序

10 右击"图层混合器"节点，在弹出的菜单中选择"合成模式"→"滤色"命令，你会看到图层之间进行了新的合成，这种效果把色块变成了光斑效果。如图8-24所示。

213

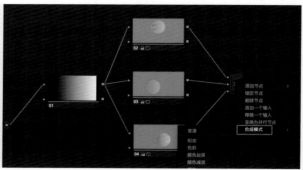

图8-24　切换合成模式

8.5 利用"添加源"命令处理HDRx素材

HDRx是RED摄影机的一种双重曝光技术,简单来说就是奇数帧拍摄曝光过度的画面,偶数帧拍摄曝光不足的画面,然后把二者进行融合以获得宽容度更高的最终画面。在达芬奇中可以使用添加源的方式来处理HDRx素材。

★案例实操

请观看随书光盘中对应章节的视频教学录像。

8.6 利用"外部蒙版"进行分层调色

分层调色的目的是为了更加细腻地对画面进行处理。常规的分层方法是使用抠像和Roto,这些方法制作的蒙版都是在达芬奇内部完成的。其实达芬奇还可以导入外部蒙版——用其他软件制作的蒙版。

01 在媒体存储中找到"第08章-节点调色"中的四段素材,将其拖入媒体池。如图8-25所示。

图8-25　导入素材

02 新建一条名为"分层调色"的时间线，把素材按照图8-26所示进行剪辑。

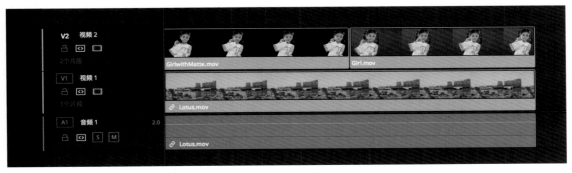

图8-26　剪辑素材

03 把播放头移动到GirlwithMatte上，可以看到前景和背景已经合成到一起。这是一段自身含有Alpha通道的素材，使用Prores4444编码、MOV格式封装，是在After Effects软件中抠像然后带Alpha通道输出的。但是注意小女孩头发的边缘没有抠干净。如图8-27所示。

图8-27　头发边缘不干净

04 在媒体池中找到GirlwithMatte片段，右击该片段并执行命令"更改Alpha模式→预乘"。如图8-28所示。

05 拖动一下播放头来刷新画面，可以看到头发的边缘变干净了。如图8-29所示。

图8-28　更改Alpha模式为预乘

图8-29　干净的头发边缘

06 在时间线上选中GirlwithMatte片段。进入"调色"页面，在节点01之后加入新的节点即可对该片段进行调色控制，该调色不会影响到背景。从而实现了前景和背景的分层调色。如图8-30所示。

图8-30　单独对前景进行调色处理

07 GirlwithMatte片段自身就含有Alpha通道，所以无须在达芬奇中抠像或者引入外部蒙版。接下来学习一下如何使用外部蒙版。在缩略图时间线上选中Girl片段，如图8-31所示。

图8-31　选中Girl片段

08 在"调色"页面中打开"媒体池"面板，将Girl_Matte片段拖动到节点编辑器中。该操作等于导入了外部蒙版。如图8-32所示。

图8-32　拖入外部蒙版

★提示

从达芬奇15版本开始支持通过拖动的方式添加外部蒙版，极大提高了工作效率。以往的方法需要在"媒体"页面为素材添加外部蒙版，步骤麻烦一些。

09 将外部蒙版的蓝方块与节点01的蓝三角进行连接，这样节点01就获得了外部蒙版的信息，接着右击节点编辑器面板的空白区域，执行菜单命令"添加Alpha输出"，并且把节点01的蓝方块连接给Alpha输出的蓝色圆点。如图8-33所示。

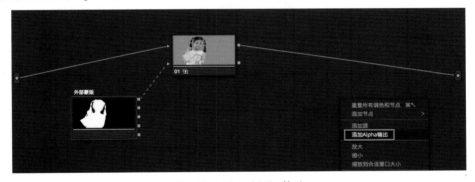

图8-33　添加Alpha输出

10 这时候就会发现小女孩周围的蓝色背景不见了，透出了背景画面。但是仔细观察小女孩的头发边缘和身体边缘会发现依然有蓝色的残留。如图8-34所示。

图8-34　边缘有蓝色

11 在节点编辑器面板中节点01的后面添加一个新节点，编号为03。在节点03上抠取蓝色的边缘，如图8-35所示。

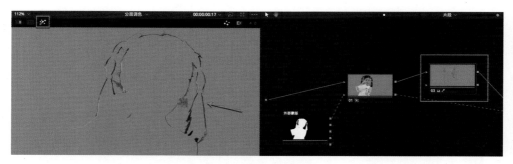

图8-35　抠取边缘

12 使用"色相VS色相"和"色相VS饱和"曲线工具调整边缘的色相和饱和度，使其和背景融合。如图8-36所示。

图8-36　边缘修正后的画面

外部蒙版可以使用多种软件来制作，例如After Effects、Nuke、Mocha和Silhouette FX等。当然，由于Fusion已经内置到达芬奇15之中，未来在达芬奇中进行分层调色将会更加简单。

8.7 本章小结

本章讲解了节点调色的基本知识以及一些特殊的用法。达芬奇的调色节点比较灵活，不仅可以进行调色处理，还可以加载LUT文件，处理透明甚至添加插件效果。本章对于节点调色的讲解只是一个开始，要想把节点调色吃深、吃透，还需要博采众家之长、不断学习。

第9章

LUT详解

本章导读

随着数字摄影机的发展，LUT的使用变得越来越普遍。使用LUT可以转换色彩空间，进行色彩管理，也可以使用LUT进行风格化调色。LUT是达芬奇调色的关键知识，但是很多人对LUT却知之甚少或者存在不少误解。因此，有必要专门为读者详细讲解一下。

本章学习要点

◇ LUT基础知识
◇ 1D LUT与3D LUT的区别
◇ LUT的分类
◇ 品牌LUT

9.1 LUT（查找表）基础知识

近年来，影片的剪辑包装工作完成后还需要调色已经成为很多影视制作人的共识。调色软件和调色教程接触多了之后，你会不可避免地接触到一个东西——LUT。LUT似乎拥有神奇的魔力，一个原本灰暗无光的画面通过加载LUT之后立即焕发光彩。一个个LUT就像一个个滤镜一样，可以让你快速得到多种调色风格。似乎只要拥有了LUT就可以调出随心所欲的影调风格了。事实果真如此吗？

实际上，国内的很多调色爱好者甚至是在职的调色师对LUT都存在或多或少的误解或错误认识。本文将为读者细数LUT的前世今生，廓清一些混乱的认识，帮助读者建立正确的LUT调色理念。当然，限于本人学识，疏漏错误之处难免，敬请不吝赐教。

9.1.1 LUT到底是什么

按照字面意思理解，LUT是Look-Up Table的简称，Look-Up Table的意思是查找表。所以在一些软件的中文版本中，LUT被翻译为"查找表"或"查色表"。LUT被广泛应用于图像处理软件，例如DaVinci Resolve、Final Cut Pro X、Adobe Photoshop、Adobe After Effects、Adobe Premiere、Avid Media Composer、SpeedGrade、Motion、Nuke和Fusion等。

很多人会把LUT看成是一种"黑魔法"，将其神秘化，然而LUT在影视制作流程中是再正常不过的东西，并不神秘。LUT文件就是一个包含了可以改变输入颜色信息的矩阵数据。从本质上可以将LUT视为函数，就是能在其中通过一个对象查到另一个对象，呈现一一对应的关系。LUT中的两个对象往往具有等价性，譬如摩斯电码与英文字母的关系，摩斯电码长短信号的排列等同于与之对应的英文字母。LUT本身并不进行运算，只需在其中列举一系列输入与输出数据即可，这些数据呈现一一对应的关系，系统按照此对应关系为每一个输入值查找到与其对应的输出值，这样即可完成转换。

上面这一段话可能把一些人看晕了，这种极端数学化的描述会造成理解障碍。不要慌，我们找一个LUT文件看看它到底写了些什么。达芬奇调色软件中自带了FilmLooks系列LUT，可以用来模拟富士胶片和柯达胶片的洗印风格。

下面我们在硬盘上找到这些LUT文件。进入达芬奇的"项目设置"面板，在"色彩管理"标签面板中找到"查找表"面板，然后点击"打开LUT文件夹"按钮。如图9-1所示。

进入Film Looks文件夹，可以看到其中有12个文件，6个以DCI-P3开头，另外6个以Rec709开头。Fujifilm代表的是富士胶片，Kodak代表的是柯达胶片。如图9-2所示。

找到"Rec709 Kodak 2383 D65.cube"文件，将其以缩略图的形式显示，可以看到它的后缀是.cube，这个文件格式不是每一个程序都可以打开的。如图9-3所示。

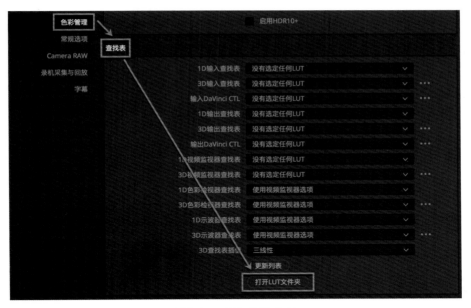

图9-1　项目设置面板

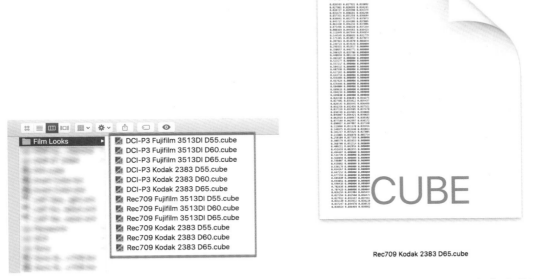

图9-2　打开Film Looks文件夹

图9-3　"Rec709 Kodak 2383 D65.cube"文件缩略图

好在它和文本文件类似，我们可以使用文本编辑工具将其打开。打开之后，可以看到这个文件一开始是一堆注解，下方的就是一大串数据。在文件中下方的数据还有很多，截图中没有完全截出来。我们可以看到这些数据的小数点精度已经达到了小数点后六位。数据呈现为三列N行，三列代表的是红绿蓝三个通道的信息。如图9-4所示。

```
                                      Rec709 Kodak 2383 D65.cube — 已编辑

# Resolve Film Look LUT
#   Input: Cineon Log
#        : floating point data (range 0.0 - 1.0)
#  Output: Kodak 2383 film stock 'look' with D65 White Point
#        : floating point data (range 0.0 - 1.0)
# Display: ITU-Rec.709, Gamma 2.4

LUT_3D_SIZE 33
LUT_3D_INPUT_RANGE 0.0 1.0

0.026593 0.027922 0.033092
0.027961 0.028699 0.034241
0.028727 0.029390 0.035374
0.031679 0.030281 0.036298
0.037351 0.031358 0.036684
0.038841 0.032775 0.037073
0.045727 0.034209 0.037005
0.061430 0.036216 0.037006
0.075496 0.040320 0.037264
0.088369 0.044361 0.036423
0.111849 0.047844 0.034954
0.144545 0.050433 0.031779
0.175301 0.053057 0.027073
```

图9-4　以文本方式打开LUT

　　这样一个表格有点像我们熟悉的九九乘法表，假设计算机的内存里已经加载了乘法表，当我们输入4和8，并点击等号的时候，计算机并不用CPU去直接计算4*8，而是在内存里查找九九乘法表中4和8相交时的数值。所以这个原理告诉我们，使用LUT文件来调色的时候，软件并不进行特别复杂的数学运算，而是根据输入颜色的数值通过LUT文件直接查找到输出颜色的数值。这样就容易明白了，查找表（LUT）确实是个"表格"。这个表格可以是一维的也可以是三维的，也就是常说的1D LUT和3D LUT。

9.1.2　1D LUT和3D LUT的区别

　　LUT可以从结构上分为两种类型，一种是1D LUT，另一种是3D LUT，即俗称的一维查找表和三维查找表。两者在结构上有着本质的区别，应用的领域也不同。如图9-5所示。

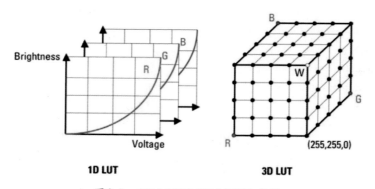

图9-5　1D LUT与3D LUT示意图

　　1D LUT的输入与输出关系如以下公式：

$$Rout=LUT（Rin）$$

$$Gout=LUT（Gin）$$

$$Bout=LUT（Bin）$$

该LUT输出的三个色彩分量仅与自身分量的输入有关，而与另外两个分量的输入无关，这种分量之间一一对应的关系就是1D LUT。对于10比特系统来说，一个1D LUT包含1 024×3个10比特数据，总的数据量为1 024×3×10=30Kbit，可见一个1D LUT的文件量是相当小的。1D LUT具有数据量小、查找速度快的特点。

3D LUT输入与输出关系如以下公式：

$$Rout=LUT（Rin，Gin，Bin）$$
$$Gout=LUT（Rin，Gin，Bin）$$
$$Bout=LUT（Rin，Gin，Bin）$$

以上公式表达的是3D LUT的对应关系，从中可以看到转换后色彩空间的每一种色彩与转换前的RGB三色均相关，这也是3D LUT区别于1D LUT最本质的特点。对于10比特系统，显示器的色彩空间有10 243≈1G种色彩，转换成胶片之后也有大约1G种，要精确地列举它们之间的这种对应关系，我们需要1G×3×10bit=30Gbit的数据量，对于如此大的一个LUT，不论存储还是计算都是不现实的，所以必须找到更加简单的手段。3D LUT在实际应用中使用节点的概念，由于不可能将不同的色彩空间中的每一种色彩都一一对应地列举出来，那么可以采取某种简化手段，每间隔一定的距离做一次列举，而两次列举之间的色彩值采用插值的方式计算，列举出来的对应值叫作节点，节点的数目是衡量3D LUT精度的重要标志。通常所说的17个节点的3D LUT是指在每个色彩通道上等间距地取17个点，而该3D LUT具有173=4 913个节点，它的数据量为4 913×3×10bit=147.39Kbit，显然比不做简化处理的30Gbit小得多。3DLUT的节点数目一般是2n+1，譬如17、33、65、129、257等，目前市面上的色彩管理系统可支持最高的单色彩通道节点数目为257。

3D LUT主要用于校正数字配光所用的显示器画面与最终胶片影像之间的差距。理论上讲，如果最终影像仍然在普通显示器上播放，譬如DVD和广播影像，1D LUT完全可以胜任。如果最终影像在数字影院播放，要看使用什么类型的数字放映机，如果放映机使用DCI标准，理论上讲应该使用3D LUT进行校正，因为DCI标准采用CIE XYZ色彩空间，并不是RGB色彩空间，但是在实际工作中使用ID LUT也能使DCI模式的数字放映达到不错的效果；如果不是DCI标准的数字放映机，1D LUT就足够了。

1D LUT与3D LUT的本质区别就是转换后的色彩空间的RGB三通道是否与转换前的RGB三通道单独关联，如果单独关联，1D LUT即可适用，如果不单独关联，则需要使用3D LUT。在实际应用中3D LUT被广泛应用。理论上讲，3D LUT可以代替1D LUT，反过来，1D LUT不能代替3D LUT。

9.2 LUT的功能分类

一般而言，LUT从功能上可以分为三类，第一类是色彩管理LUT，确保影像在各个不同系统中保持视觉上的一致；第二类是技术转换LUT，多用于不同色彩空间不同特性曲线下的转换，例如从Log映射到Rec709的LUT就属于技术LUT；第三类是影像风格LUT，用于制作特殊的影调风格。

9.2.1 色彩管理

在电影技术数字化的今天，影像在拍摄、后期处理以及最终放映的过程中会由不同的系统处理，会以不同的形式出现，电影的色彩管理就是要确保影像在各个不同系统中保持视觉上的一致。而LUT（查找表）在色彩管理的过程中起了非常重要的作用，它是统一不同系统、不同设备的色彩空间的重要工具。

从影像的获取到最终放映，影像会经历不同的系统，比如用数字摄影机拍摄下来的画面，需要经过调色系统来调色，然后需要通过胶片记录仪将影像记录到胶片上，最后通过放映系统投射到银幕上。每一个系统都有其独特的色彩空间，也就是说同样的影像在不同系统中的表现是不一样的，色彩管理的任务就是要了解这些系统色彩空间的特点，使不同系统的色彩空间统一起来。简单的讲就是需要保证制作过程中监看画面与最终的银幕效果一致。

我们可以把色彩管理的过程看作是色彩在不同色彩空间之间转换的过程，如果不做校正，同一画面在不同色彩空间下的表现是完全不同的，在监视器上的画面与胶片复制投到银幕上的画面会有很大差别；不同的监视器之间以及不同的投影环境都会出现视觉上明显的差别。从绝对意义上讲，世界上没有两个色彩空间体系是完全相同的。

LUT在色彩管理系统中的应用有很多种，比较常见的有以下几种：校正监视器、校正监视器与胶片之间的差距、白平衡处理以及调色。LUT的特点之一就是它可以在不改变原始文件的情况下对不同的显示设备进行色彩校正，这样做的好处是不对原始影像处理，也就不会带来任何损失，而且不改变原始影像，意味着节省了大量的渲染时间。

监视器的校正可以使用1DLUT，在一个工作组中，不同系统不同组员使用不同的监视器，我们必须把这些监视器的效果调整到尽可能统一。所谓统一就是我们给这些监视器设定一个目标，将各个监视器调整到尽量与这个目标接近。一般情况下我们可以找一个工作组中性能最弱的监视器，比如它的色域最小，亮度最低，其他的监视器都以这个监视器为基准来调整，这样可以保证所有监视器都能达到该基准性能。但是选取最弱的监视器为基准，也是某种程度上的浪费，那些性能优秀的监视器将发挥不出其优势，所以在基准监视器的选择上要依据项目的具体情况而定。

一般来讲，监视器的色温、最高亮度和最低亮度以及GAMMA都有规定。按照一定的标准对监视器进行校正即可获得相应的LUT[1]。但是如何将得到的LUT作用于该监视器上，可以有几种不同的方法。一种方式就是调色软件或其他的应用程序可以识别该LUT，比如达芬奇软件就可以读取1DLUT和3DLUT。有一些调色或应用软件并不能读取LUT，或者不支持特定的LUT的格式。这种情况下就需要使用色彩空间转换器。

9.2.2 技术转换

理论上，符合Rec.709标准的视频信号只能在同样标准的显示器上正常还原，我们工作和生活中接触到的电脑显示器、电视机以及手机、Pad等的颜色标准与Rec.709很接近。某些

1　关于监视器或显示器校准的内容请参阅相关资料，本书不涉及校准的具体操作。

设备的颜色还可以校准成Rec.709。所以，我们把这些设备笼统地成为Rec.709设备。

几年前，大多数的摄影机和照相机所拍摄的影像还都是Rec.709标准的，所以在Rec.709设备上观看的话，看到的就是正常的影像。而如今，大量摄影机甚至单反都可以拍摄对数（Log）影像了。如果将对数（Log）影像送给Rec.709标准显示器监看的话，你看到的效果如图9-6所示。

图9-6　对数曝光（LogC）的图像在709显示器上的效果

可以看到，此时的影调不能得到正常还原。对数影像在Rec.709视频监视器上显示，其影调具有如下特征：

（1）影调、色调还原失真。

（2）画面反差大幅度降低，画面整体偏灰。

（3）画面色彩饱和度降低。

对数（Log）影像在标准Rec.709显示器上不能够正常还原，其根本原因在于二者的伽马差异很大。理论上，对数（Log）影像必须在具有电影伽马[1]的显示系统中才能够正常还原。但是没有任何一种显示器的自身伽马是电影伽马，所以要人为地将其校正为电影伽马。最常见的改变显示系统伽马的方法是使用LUT。经过LUT转换后，你就能在Rec.709显示器上看到正常的效果了。如图9-7所示。

图9-7　添加LUT后的对数图像在709显示器上的效果

既然使用LUT能够把Log转换为709，那么能否把709转换为Log呢？答案是肯定的。不

1　电影伽马是指按照对数分布光线的一种编码方式。例如Arri的LogC就是一种电影伽马。

225

过要注意，709素材在拍摄的时候就没有记录到足够的宽容度，即使将其转换为Log也不会增加宽容度。但是这种转换还是有意义的，例如施加一些电影感的LUT，往往需要先把709素材转换为Log素材，然后再添加相应的LUT。

9.2.3 影像风格

LUT的另外一类用途就是对影像进行创造性和艺术化的处理，这类LUT也被称为艺术LUT或风格化LUT。达芬奇软件自带了"Film Looks"（胶片风格）系列LUT。其作用就是把符合对数色彩空间的素材转换成富士胶片或柯达胶片的效果。其中的D55、D60和D65代表白点的色温。D55偏暖，D65是中性的，D60介于二者之间。如图9-8所示。

图9-8　Filmlooks胶片影调风格

★提示

风格化LUT被很多用户喜欢，因为很容易"出效果"。但是作为职业调色师不可因为一时之利而忘记基本功的训练和职业素养的修炼。

9.3 第三方品牌LUT

除了达芬奇自带的LUT之外，用户还可以给达芬奇安装第三方的LUT文件。安装LUT文件的方法和给操作系统安装字体文件的方法差不多，用户只需把LUT文件（甚至连同文件夹）粘贴到达芬奇的LUT文件夹中并刷新列表或者重启达芬奇软件即可。下面介绍几种第三方品牌LUT。

9.3.1 OSIRIS胶片模拟LUT

OSIRIS LUT包含九款高品质的胶片模拟LUT，这些LUT可以把你的普通视频转化为具有强烈胶片感的画面。本套LUT适合电影制作人、摄影师和调色师选用。OSIRIS LUT是基于对胶片的扫描而创建的，具有工业级的颜色精准度。整个制作过程由James Dilworth先生领导，James Dilworth在圣弗朗西斯科的Light Works工作，他拥有丰富的胶片配光经验。

图9-9　OSIRIS LUT宣传图

OSIRIS LUT所包含的LUT列表如下：

（1）Delta（Rec.709 & LOG）。

（2）Vision 4（Rec.709 & LOG）。

（3）Vision 6（Rec.709 & LOG）。

（4）Prismo（Rec.709 & LOG）。

（5）KDX（Rec.709 & LOG）。

（6）Jugo（Rec.709 & LOG）。

（7）DK79（Rec.709 & LOG）。

（8）M31（Rec.709 & LOG）。

（9）Vision X（Rec.709 & LOG）。

图9-10　OSIRIS LUT效果图

官方网站——http://www.vision-color.com/osiris/。

9.3.2 ImpulZ

ImpulZ是一套按照胶片洗印流程设计的数字视频模拟胶片色彩的LUT解决方案。ImpulZ所提供的负片LUT可以用来把数字视频模拟成胶片负片，然后再应用印片LUT模拟柯达或富士的印片色彩。如图9-11所示。

图9-11　ImpulZ LUTs

其中负片模拟被称之为NFE（Negitive Film Emulation），正片模拟被称之为PFE（Print Film Emulation）。如图9-12所示。

图9-12　NFE和PFE

官方网站——https://vision-color.com/products/impulz/

★提示

非常有必要强调一下LUT模拟胶片色彩的局限性：用LUT来模拟胶片的效果就好比用水彩颜料来画油画，虽然也能获得"油画效果"，但水彩画永远也不能成为油画，甚至连以假乱真都很难。我们只能得到"看上去像"的效果，不可能得到绝对一致的效果。

9.3.3 Koji LUT

Koji LUT来自于对电影胶片的精确模拟，是由曾经为著名导演斯皮尔伯格和弗朗西斯·福特·科波拉（Francis Ford Coppola）服务的配光师Dale Grahn先生开发的。

图9-13　Dale Grahn

Dale Grahn拥有丰富的胶片知识，因此，这一套Koji LUT包括了柯达胶片印片的主要型号。应用了Koji Lut的效果如图9-14所示。

图9-14　Koji LUT模拟不同的胶片风格

官方网站——http://www.kojicolor.com

9.3.4 FilmConvert

　　FilmConvert是把数字视频模拟成胶片色彩的工具，其内核就是LUT文件。FilmConvert可以作为独立的软件运行，也可以作为插件安装到其他软件中。对于达芬奇来说，要选择OFX插件类型的插件。如图9-15所示。

图9-15　FilmConvert插件

官方网站——https://www.filmconvert.com/plugin/ofx

9.3.5 其他品牌LUT

　　目前，各方出品的LUT文件数量庞大，并且有泛滥的态势。但是高品质的LUT文件仍然极少。很多LUT产品都提供下载试用，所以读者也可以"先尝后买"。如果你对LUT感兴趣的话，也可以通过搜索引擎了解更多信息。

9.4 应用LUT

　　在达芬奇中使用LUT是方便而灵活的。你既可以为整个时间线上的所有片段应用LUT，也可以为单个片段应用LUT。你甚至可以在达芬奇中把自己制作的调色风格导出为LUT文件。

9.4.1 为项目应用LUT

　　在"项目设置"面板中找到"色彩管理"标签页，然后找到"查找表"面板，其中的输入查找表和输出查找表都是作用于整个项目中的所有素材片段的。输入查找表的作用顺序靠前，输出查找表的作用顺序靠后，如果输入和输出查找表都使用的话，那么两个LUT的作用会叠加在一起。如图9-16所示。

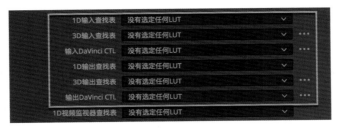
图9-16 输入查找表和输出查找表

9.4.2 为监视器应用LUT

你可以为监视器应用风格化LUT或校准LUT。如果是校准LUT的话，首先使用专业的软硬件校准监视器，这会生成一个LUT文件，按照前面介绍的方法安装到达芬奇之中。然后在"1D视频监视器查找表"和"3D视频监视器查找表"的下拉菜单根据LUT类型，选择合适的校准LUT即可。风格化LUT的使用方法是一样的。如图9-17所示。

图9-17 为监视器应用LUT

9.4.3 为检视器应用LUT

在达芬奇中也可以给检视器应用LUT，这种LUT会影响显示器上达芬奇检视器窗口的颜色。在"1D色彩检视器查找表"或"3D色彩检视器查找表"下拉菜单中找到合适的LUT文件即可。如图9-18所示。

图9-18 为检视器应用LUT

9.4.4 为示波器应用LUT

在达芬奇中还可以为示波器应用LUT，在"1D 示波器查找表"和"3D 示波器查找表"中选择相应的LUT即可。如图9-19所示。

图9-19 为示波器应用LUT

9.4.5 为片段应用LUT

如果你想给每个片段单独应用LUT的话，有两种方法。第一种方法是选中片段后在"节点编辑器"面板中找到相应的节点，保证节点处于"片段"模式，然后在其上右击。在右键菜单中选择你想要的1D LUT或3D LUT文件。如图9-20所示。一个节点只能添加一个LUT，要想添加多个LUT需要创建额外的节点。

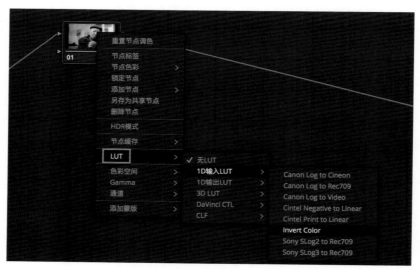

图9-20　为节点添加LUT

另一种办法是在片段缩略图上直接右击，然后在弹出的菜单中选择想要的LUT文件。如图9-21所示。这种情况下添加的LUT不会出现在节点上。

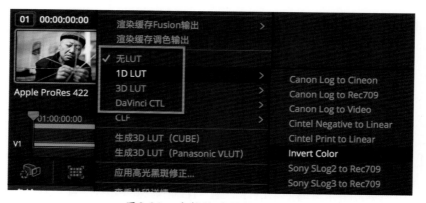

图9-21　直接给片段添加LUT

9.4.6 为时间线应用LUT

要给时间线上的所有片段应用LUT，可以在"节点编辑器"面板中把"片段"模式切换为"时间线"模式。然后创建新的节点并添加LUT。如图9-22所示。

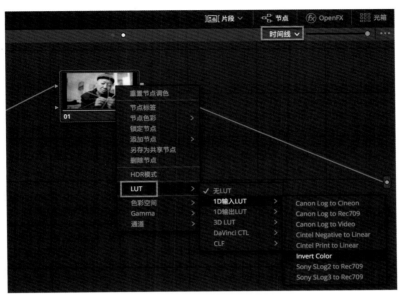

图9-22　为整个时间线添加LUT

9.5 LUT画廊

　　前文讲到了应用LUT的多种方法，以往在给节点应用LUT的时候，只能在节点上右击，然后在弹出的菜单中找到想要的LUT，有些LUT的文件层级比较深，来回切换不同LUT的时候会非常不便。现在，在达芬奇15版本中新增了LUT画廊面板，在达芬奇中应用LUT就变得非常便捷。

　　在"调色"页面的左上角可以找到LUT按钮，点击LUT按钮即可打开LUT画廊。LUT画廊面板的左侧边栏中显示了LUT文件夹中分类的LUT文件。当前打开的是Film Looks目录，以缩略图的形式显示了胶片风格的LUT文件，当然也可以切换为列表显示。如图9-23所示。

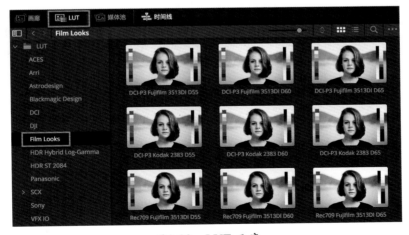

图9-23　LUT 画廊

如果仔细查看LUT缩略图的话，会发现缩略图显示了当前LUT加载到样本图像上的样子，左侧的色块显示了常见的颜色，右侧色块显示了灰阶图，便于用户评估该LUT的影调及色彩。如图9-24所示。

在"实时预览"模式开启的情况下，把鼠标指针放到LUT缩略图上就可以在检视器中预览到图像加载LUT后的效果，但是此时LUT还没有被应用给片段。注意在LUT画廊中，LUT的缩略图暂时变成了检视器中的图像。如图9-25所示。

图9-24　LUT 缩略图

图9-25　预览LUT

LUT缩略图左上角还出现了一个五角星图标，点击五角星图标可以把该LUT添加到收藏夹。在收藏夹中可以查看收藏的LUT。如图9-26所示。

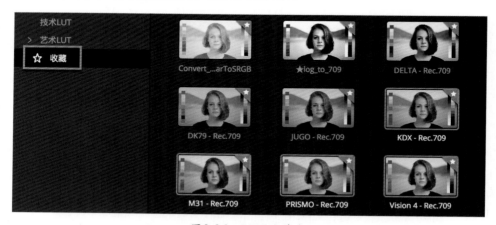

图9-26　LUT收藏夹

预览LUT的时候可以一次预览多个LUT，方法是在LUT画廊中点击一个LUT文件夹，然后在检视器中开启"分屏"并将分屏模式修改为"所选静帧集"，如图9-27所示。

图9-27　以分屏模式预览LUT文件夹

　　想要把LUT应用给片段，可以直接把LUT缩略图拖动给检视器画面或者节点编辑器中的节点，如图9-28所示。

图9-28　通过拖动应用LUT

　　在LUT缩略图上还有多个右键菜单命令可供选择，"在当前节点上应用LUT"可以把LUT文件应用给激活的节点。"从收藏夹移除"可以把收藏的LUT移出收藏夹。"将缩略图更新为时间线上的帧"可以用时间线的片段的截图替换默认的样本图像。"重置缩略图"会把LUT缩略图还原为默认的样本图像。如果安装了新的LUT，可以直接点击"刷新"而不必重启达芬奇软件。"在Finder中显示"可以在Mac电脑的Finder中查看所选的LUT文件。如图9-29所示。

　　有了LUT画廊之后，在达芬奇中预览和应用LUT就成为一种享受。用户可以根据自己的工作需要收集整理LUT文件，然后在LUT画廊中可以高效地预览和应用LUT，进而提高工作效率。对于频繁使用LUT的用户来说，LUT画廊的出现无疑是达芬奇15升级的一个亮点。

图9-29　LUT缩略图上的右键菜单

9.6 制作LUT

在工作中，使用LUT的情况居多，但是也有一些情况下需要制作LUT。例如调色师想把初步的调色结果发给合成师使用，就可以输出一个LUT文件，合成师把这个LUT文件应用在合成软件中就可以看到调色结果了。还比如想要让摄影机直接带着风格拍摄，就可以把一级调色的结果生成一个LUT文件（或者类似的文件），然后把LUT文件安装到摄影机内部即可。

9.6.1 利用达芬奇软件制作LUT

无须借助其他软件，达芬奇自己就可以把施加在节点上的调色结果导出为LUT文件，只是要注意不能包含窗口遮罩、跟踪和动画信息。为了便于比较曲线形态，笔者首先使用达芬奇的自定义曲线工具对画面进行了调色处理。如图9-30所示。

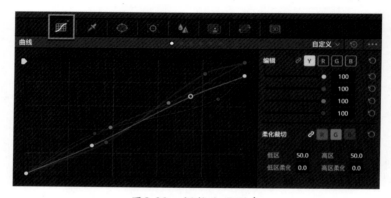

图9-30　调整曲线形态

该曲线将高光调整为暖黄色，阴影调整为蓝绿色，调色的结果如图9-31所示。

图9-31　调色结果

在缩略图时间线上找到该片段的缩略图，右击并在弹出的菜单中执行菜单命令"生成3D LUT（CUBE）"，如图9-32所示。

使用Lattice软件打开这个LUT文件，可以看到其曲线形态与达芬奇中自定义曲线的形态一致，说明LUT确实可以把达芬奇的调色信息转换为LUT文件。

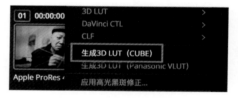

图9-32　生成LUT文件

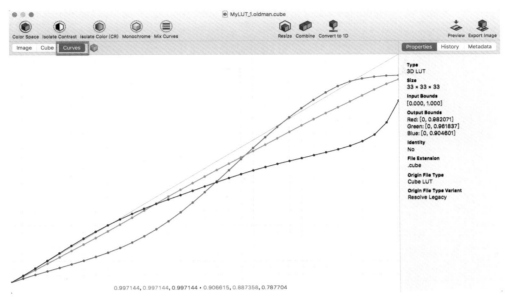

0.997144, 0.997144, 0.997144 · 0.906615, 0.887358, 0.787704

图9-33　Lattice所显示的LUT曲线

　　接着查看一下该LUT文件的色彩，可以看到采样点不再呈现横平竖直的效果，而是在空间中有所偏转，不仅说明了色彩的变化规律，而且也说明达芬奇所导出的LUT确实是3D LUT。如图9-34所示。

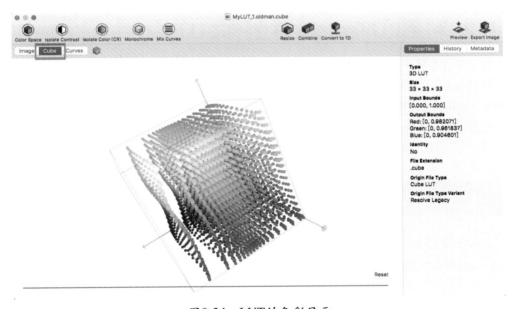

图9-34　LUT的色彩显示

　　如果把这个LUT切换为1D LUT，会发现采样点呈现出横平竖直的规则性排列。如图9-35所示。

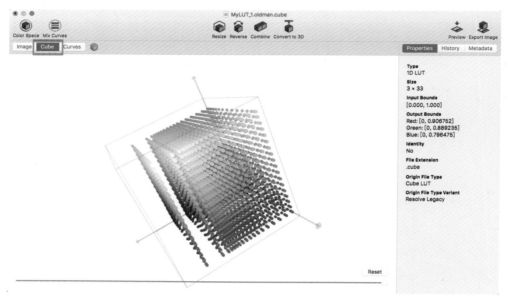

图9-35　1D LUT的采样点显示

达芬奇制作的LUT可以给合成软件或者剪辑软件使用，主要的目的是便于各部门之间的调色风格的传递。当然，达芬奇不仅可以制作出风格化的LUT文件，也可以制作技术LUT文件。

9.6.2　利用LUTcalc软件制作LUT

除了达芬奇之外，还有多款软件可以制作LUT文件，例如LUT Calculate（简称LUTcalc），该软件有网页版可供免费使用，其网址为：

https://cameramanben.github.io/LUTCalc/LUTCalc/index.html

当然也可以在ApplStore购买独立版的LUTcalc。该软件主要用来制作技术LUT，便于不同色彩空间不同Gamma之间的相互转换。

9.7 Lattice——查看、编辑与创建LUT

本文将带领读者对LUT进行深入地学习和研究，我们将学习一款名为Lattice的软件。Lattice是在影视调色领域处理LUT相关事项的有力工具之一。

9.7.1　如何获取Lattice软件

想要使用Lattice软件需要进行购买。你可以登录以下网址完成购买：https://lattice.videovillage.co，或者登录shopFSI.com进行购买。购买完成后你会收到软件的序列号以及软件的下载地址。如图9-36所示。

图9-36 Lattice软件

▌ 9.7.2 利用Lattice查看与分析LUT

Lattice目前只能在Mac电脑上运行。使用Lattice可以对LUT进行打开、预览、变换以及导出等操作。软件界面简洁而实用。当你第一次打开Lattice以后，会看到一个欢迎界面，面板左下角有两个按钮"New LUT"和"Open LUT"。如果我们想要打开一个LUT的话可以点击Open LUT按钮。如图9-37所示。

图9-37 打开一个LUT

下面我们用Lattice打开达芬奇自带的Film Looks目录当中的Rec 709 Kodak 2383 D65.cube。然后点击"Open"按钮。如图9-38所示。

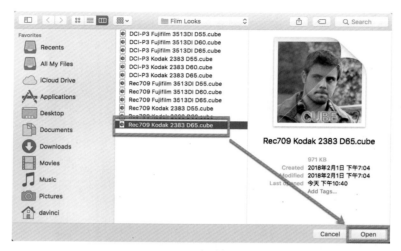

图9-38　找到LUT文件

这时软件就会打开LUT文件。在Lattice软件界面当中我们会看到一张样本图像。图像的左侧显示的是原始的色彩，图像的右侧显示的是加载了LUT以后的颜色。所以，使用Lattice软件可以非常方便地进行LUT的预览。你也可以一次打开多个LUT文件。如图9-39所示。

图9-39　Lattice软件默认界面

下面我们看一下如何去查看和分析一个LUT文件，在软件界面的左上角会发现三个按钮，这三个按钮上面分别写着Image、Cube和Curves。Image就是图像的意思。在这个标签页当中我们看到的是图像加载LUT前后的对比效果。如图9-40所示。

下面点击"Cube"按钮进入点阵图标签页。在这里面可以非常形象直观地去观察LUT的形态。

图9-40　Lattice软件显示LUT的三个模式

可以看到三个坐标轴，坐标轴的颜色分为红色、绿色和蓝色，也就是RGB三原色。坐标轴的一侧是一个由灰色的线框组成的立方体，彩色的点阵云分布在立方体当中。拖动底部的滑块可以看到点阵云的变化，我们分析这些变化就可以明白LUT对颜色做了哪些改变。如图9-41所示。

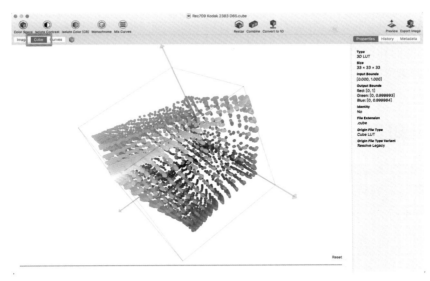

图9-41　以晶格方式显示LUT

接着点击Curves按钮进入曲线标签页。在这个界面当中，我们可以看到RGB三条曲线的形态。目前可以看到这些曲线都呈现为S形，说明这个LUT增大了画面的反差。在中间位置，RGB交汇为一点。在交汇点的上部，曲线呈现出分离的状态。在高光区域，曲线的绿色和红色的曲线位置比较高，说明高光偏黄。在交汇点下部曲线也是分离的。阴影区域蓝色和绿色的曲线位置比较高，说明阴影偏蓝。如图9-42所示。

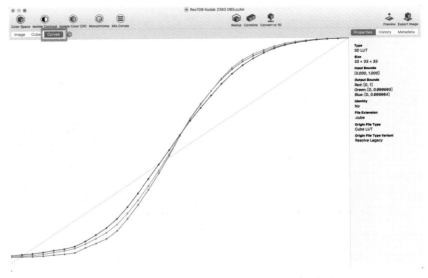

图9-42　以曲线形式查看LUT的三个通道

在界面的右侧可以看到Properties（属性）面板。通过查看属性面板上面的参数可以知道这个LUT的详细信息。可以看到它的Type（类型）是3D LUT，Size（插值）是33个点，Input Bounds（输入边界）是0到1。Properties面板上还有其他信息，在这里就不一一介绍了。如图9-43所示。

通过以上的介绍大家可以看到Lattice软件可以查看并分析LUT文件。我们可以用图像、点阵图和曲线的形式对LUT进行分析。下面我们来看一下如何使用Lattice软件来编辑和修改LUT文件。

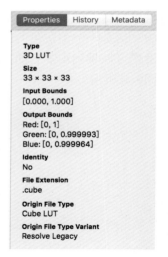

图9-43　LUT的属性

9.7.3　利用Lattice编辑与修改LUT

在Lattice软件界面的上方可以看到一些工具的图标，这些工具可以帮助我们来编辑和修改LUT。其中的Color Space工具是用来做色彩空间转换的。如图9-44所示。

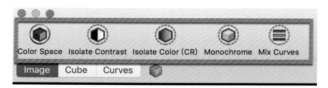

图9-44　Lattice工具栏

点击Color Space图标会弹出一个对话框，在里面可以设置Source（源）色彩空间和Destination（目标）色彩空间。如图9-45所示。

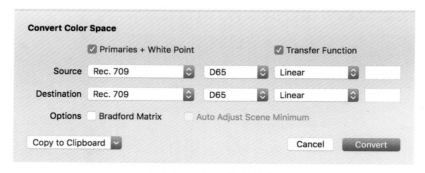

图9-45　色彩空间转换

Mono Chrome工具可以把LUT修改为单色模式。也就是说当你拿到一个彩色LUT文件以后，通过Lattice软件可以把这个LUT修改为黑白的效果，然后再导出这个LUT就可以给其他软件使用了。如图9-46所示。

Lattice软件还可以对查找表进行插值点缩放，合并两个单独的LUT文件，还可以把3D LUT转换为1D LUT。如图9-47所示。

图9-46　单色模式

当我们在转换插值点的时候，可以在弹出的面板当中输入这个点就可以了。3D LUT的数据量是非常大的，因此需要采用插值的方式计算，也就是进行一定节点的采样，节点的数目是衡量3D LUT精度的重要标志。3D LUT的节点数目一般是2n+1，譬如17、33、65、129、257等，目前市面上的色彩管理系统可支持最高的单色彩通道节点数目为257。如图9-48所示。

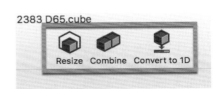

图9-47　改变LUT插值、合并LUT和把3D LUT转换为1D LUT

在界面的最右侧有两个按钮，一个是Preview（预览）工具，另外一个是Export Image（导出图像）工具。预览工具可以让我们选择一张图片来查看加载LUT文件以后的效果。导出图像工具就是把当前添加完LUT查找表以后的图像进行输出，便于在其他的图片浏览器当中进行查看。如图9-49所示。

图9-48　LUT插值点数

图9-49　预览图像和导出图像

9.7.4　利用Lattice制作LUT

最后，我们来学习一下如何使用Lattice软件来制作LUT。很多调色师以及调色学习者都知道达芬奇软件可以加载LUT文件，但是却并不知道如何修改和制作LUT。下面我们就来讲解一下。首先使用Lattice新建一个LUT，参数如图9-50所示。

接着我们把这个LUT导出，选择菜单FIle（文件）→Export LUT（导出LUT）。如图9-51所示。

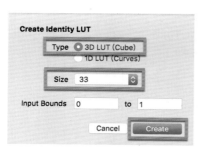

图9-50　新建LUT

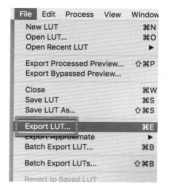

图9-51　导出LUT

导出的LUT设置其格式为CMS Test Pattern Image 3D LUT，位深度设置为16bit。这时输出了一张TIFF图片。如图9-52所示。

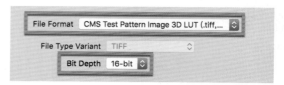

图9-52　设置LUT格式

现在把这个文件打开，可以看到它就是由一堆像素组成的文件，每一个像素代表了LUT立方体当中的一个像素点。LUT的像素是立体分布的，现在这张图片是平面分布的。如图9-53所示。

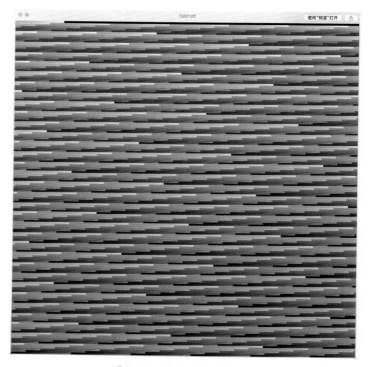

图9-53　导出的图片LUT

然后我们把这张图像用Lightroom软件打开。打开之后看到是调色前的状态。现在使用Lightroom软件当中的调色工具或者是调色预设来修改这张图像。如图9-54所示。

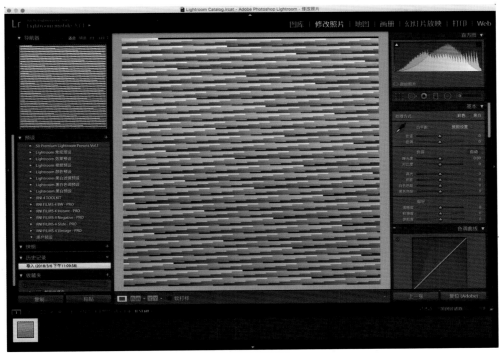

图9-54　将图片导入Lightroom

例如，使用RNI FILMS 4 Negtive - Pro这一组预设中的Agfa Optima 100 - 10 - Old&Faded来调整图片。如图9-55所示。

现在就得到了画面被做旧的效果。然后我们需要把这张图片导出。如图9-56所示。

注意把图像格式设置为TIFF，位深度设置为16位。因为图像的原始位深度就是16bit。然后设置好文件名称和其他属性就可以输出了。如图9-57所示。

输出后看到的就是这样一张做旧的图像了。每一个像素的位置都没有变化，但是颜色发生了变化。如图9-58所示。

想要获得达芬奇能够识别的LUT文件，需要使用Lattice软件打开这张图片。打开后就可以看到做旧的效果了。如图9-59所示。

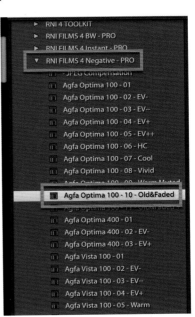

图9-55　选择Lightroom调色预设

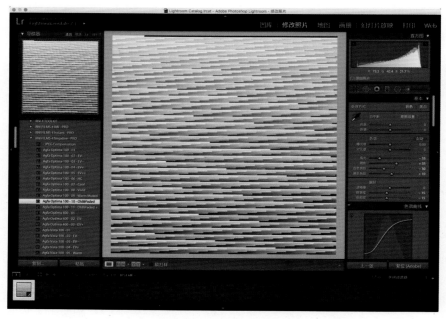

图9-56　调色后的图像

图9-57　导出TIFF文件

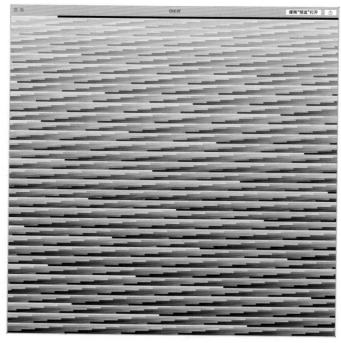

图9-58　导出后的TIFF文件

图9-59　读入LUT

在点阵图中可以看到这个做旧风格的LUT对颜色进行了修改，把RGB的饱和度进行了大幅度的降低处理。并且色彩也进行了偏移。如图9-60所示。

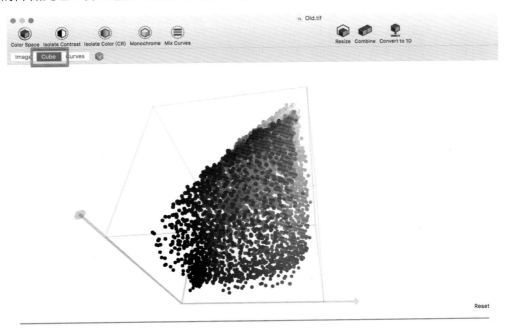

图9-60　以晶格方式查看LUT

如果打开曲线面板的话，可以看到高光部分的亮度得到了提升。但是我们也发现曲线不够平坦，这会造成色阶断裂。如图9-61所示。

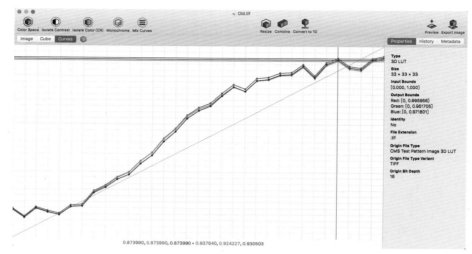

图9-61　曲线不连续

★提示

使用Lattice 1.7版本中的L- Path Smooth工具可以让抖动的曲线变光滑。

　　然后选择菜单FIle（文件）→Export LUT（导出LUT）。这一次的导出格式选择Cube LUT（.cube）。如图9-62所示。

　　现在打开达芬奇软件，把制作好的LUT安装进去，再次重启达芬奇就可以使用我们自己制作的LUT了。在达芬奇软件的节点编辑器面板上新增节点，然后套上自己制作的LUT。如图9-63所示。

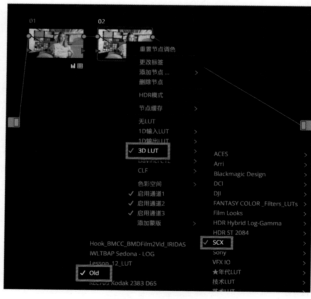

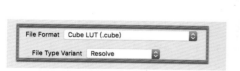

图9-62　导出LUT

图9-63　套用LUT

现在就可以看到套上LUT之后的效果了。图像的左侧是原始图像，右侧是加上LUT之后的效果，可以看到画面的高光亮度提升，层次减少，画面的饱和度降低。整体呈现出做旧的效果。如图9-64所示。

图9-64　套用LUT后的画面

通过以上的讲解，可以看到Lattice软件确实是调色师的好帮手。我们无须打开达芬奇软件就可以实时预览到图像套上LUT之后的效果，还可以对LUT进行色彩分析，甚至修改LUT文件。最后向大家介绍的制作LUT的方法可以帮助调色师去复制其他调色软件中的色彩风格。例如手机App上面就有很多不错的照片调色软件，这些软件自带了不少调色风格，我们完全可以使用Lattice把这些风格制作为LUT文件。这就给调色师的创作提供了更多的自由。

9.8 利用3D LUT Creator插件完成风格化制作

达芬奇调色软件已经发展了将近四十年了，四十年来达芬奇内部的调色工具并没有得到很大的改进。有很多调色工具已经持续使用了三四十年之久。这些老工具能够经久不衰当然有它不可撼动的优势。但是在某些情况下，这些老工具就没有那么好用了。好在有一些软件开发者已经在做新的尝试，例如一位俄罗斯程序员开发的3D LUT Creator软件就开辟了一条调色的新路子。

9.8.1 3D LUT Creator简介

顾名思义，3D LUT Creator是一个3D LUT文件生成器。该程序由Oleg Sharonov开发，他同时也是一名摄影师。3D LUT Creator使用了一种独创的网格式调色工具对图像或视频进行调色处理。调色后除了导出图片之外还可以生成LUT文件，并且LUT文件能够给Adobe Photoshop、DaVinci Resolve、Adobe Premiere Pro、FinalCut Pro以及Adobe After Effects调色使用。如图9-65所示。

3D LUT Creator 的工具主要有Channels、Volume、AB、CL、Curves、2DCurves以及Mask。如图9-66所示。

图9-65　3D LUT Creator界面

图9-66　常用工具栏

　　Channels工具就是RGB通道混合器，使用这个工具可以方便地对通道颜色进行混合处理。例如把红色通道和蓝色通道的颜色信息互换，或者把红色通道的信息复制给蓝色通道等。如图9-67所示。

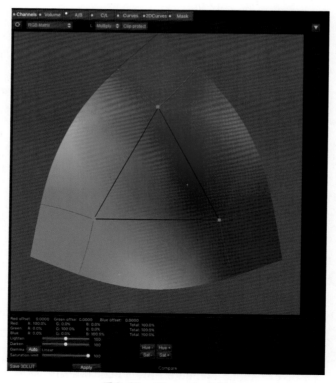

图9-67　Channels面板

　　Volume工具可以把RGB单通道的亮度信息和RGB整体混合的亮度信息进行再次混合，所以可以制作出更加细腻的亮度变化效果。如图9-68所示。

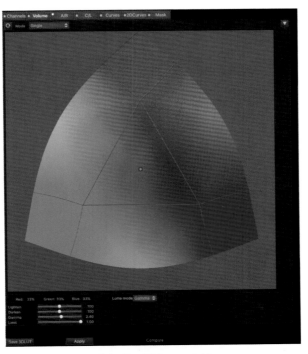

图9-68　Volume面板

　　A/B网格工具是使用最为广泛的工具，也是3D LUT Creator独创的调色工具。用户只需拖动网格上的控制点就可以调整像素的色相、饱和度和亮度信息。使用起来直观而便捷，可以说刷新了多数人对调色工具的认知。如图9-69所示。

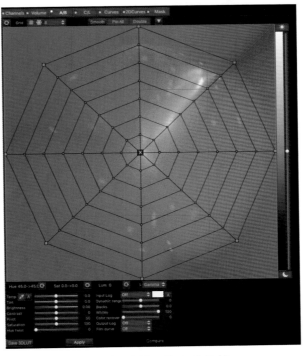

图9-69　A/B网格工具面板

C/L工具可以调整图像的颜色和亮度，C代表颜色，L代表亮度。让用户在YUV色彩空间中对图像进行自由调整。如图9-70所示。

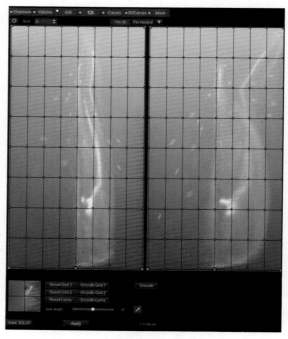

图9-70　C/L工具面板

Curves工具就是曲线调色工具了，这些工具和达芬奇内置的曲线工具非常类似，如果你熟悉达芬奇操作的话，这些工具可以无师自通。如图9-71所示。

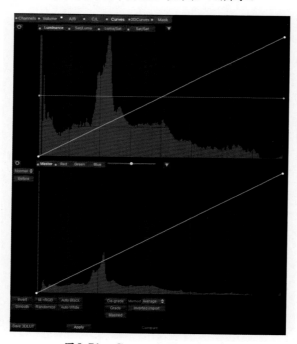

图9-71　Curves曲线工具面板

2DCurves工具也是3D LUT Creator独创的调色工具。图中的三个菱形是3D LUT波形在三个面上的投影。通过这个工具你可以直观地控制LUT的结构。如图9-72所示。

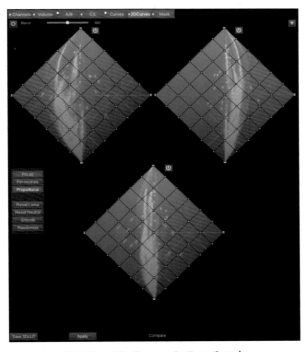

图9-72　2D Curves曲线工具面板

最后一个Mask工具是用来制作蒙版的。前面的工具既可以作用于画面整体，也可以作用于蒙版所限定的区域。Mask工具有多种方法来制作蒙版，例如使用亮度通道或者颜色通道等。如图9-73所示。

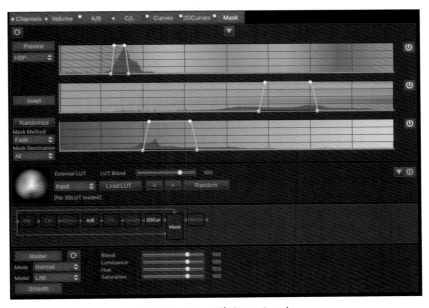

图9-73　Mask蒙版工具面板

本文将主要围绕3D LUT Creator和达芬奇的相互协作而展开。建议用户先安装3D LUT Creator和达芬奇的桥接插件来提高工作效率。

9.8.2 利用插件桥接3D LUT Creator和达芬奇

2018年11月份，3D LUT Creator官网推出了针对达芬奇的插件，这样就可以方便地桥接两个软件了。3D LUT Creator软件是可以独立运行的，所以它不能算是达芬奇的插件。在之前的流程中，用户需要先从达芬奇软件中导出单帧图，然后再用3D LUT Creator打开这张图进行调整，调整后输出LUT文件，把LUT安装给达芬奇软件才可以把调整的风格应用到达芬奇中的镜头上。这个流程降低了效率，修改起来也不方便。好在桥接插件出现了，有了这个插件之后，用户无须截图，只要在节点上添加插件，然后点击打开3D LUT Creator即可对画面进行调色，调整后也无须导出LUT，只要点击3D LUT Creator的Apply（应用）按钮就可以传回调色信息！下面详细介绍一下下载与安装插件的方法。

01 登录官网https://3dlutcreator.com/index.html下载对应的OFX插件。

02 对于Windows电脑来说，需要把3DLUTCreatorOFX.ofx.bundle文件复制到以下目录。C:\Program Files\Common Files\OFX\Plugins\。对于Windows电脑来说，需要将3DLUTCreatorOFX.ofx.bundle文件复制到以下目录。/Library/OFX/Plugins。如果系统中没有这个文件夹的话，需要用户自己创建文件夹。

03 打开达芬奇软件，然后就可以在OpenFX面板的最底部发现刚才安装的插件了。如图9-74所示。

图9-74　在OpenFX面板找到插件

用户把这个插件拖动给达芬奇节点就可以使用了。如图9-75所示。

插件中有五个按钮，Open 3D LUT Creator按钮可以打开3D LUT Creator程序。Open File可以让用户选择LUT文件。Previous按钮是切换到上一个LUT，Next按钮可以切换到下一个LUT，这对于文件夹中有多个LUT的情况时比较有用。Reset按钮可以重置LUT信息。如图9-76所示。

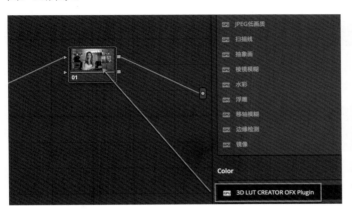

图9-75 把插件拖动到节点上 　　　　图9-76 插件的参数面板

9.8.3 3D LUT Creator使用匹配色卡

图中所示的是一段Red摄影机拍摄的r3d素材，其画面中含有色卡图像。可以使用3D LUT Creator的色卡匹配工具对图像进行色彩校正。如图9-77所示。

图9-77 找到色卡

将3D LUT Creator插件添加到节点01上然后点击Open 3D LUT Creator按钮。将会打开3D LUT Creator软件。如图9-78所示。

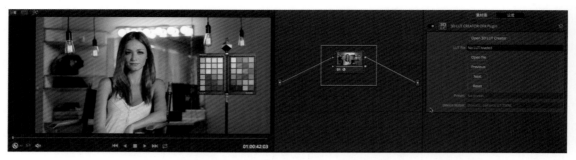

图9-78　打开3D LUT Creator软件

在3D LUT Creator的工具栏中点击色卡按钮，这样就可以激活色卡工具了。如图9-79所示。

图9-79　激活色卡工具

在视图中会看到一个色卡样本网格覆盖在画面上。如果仔细观察的话，会发现当前的色卡样本网格和画面中的色卡并不一致。因为3D LUT Creator默认的色卡是Xrite的24色色卡。如图9-80所示。

图9-80　色卡采样网格

在下拉菜单中将色卡修改为DataColor SpyderChecker 24，这样就可以看到正确的色卡样本了。如图9-81所示。

但是此时色卡的方向不对，因此需要对其进行旋转，在工具栏中找到对应的旋转图标即可调整出正确的方向。如图9-82所示。

调整后可以看到色卡样本网格已经和图像中的色卡样本的位置都对上了。这个时候就可以点击Match（匹配）按钮了。如图9-83所示。

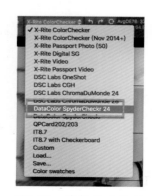

图9-81　选择色卡类别

图9-82　调整色卡网格方向

图9-83　匹配色卡颜色

可以看到画面的反差和饱和度都得到加强，并且画面的色彩也被调整到比较自然的状态。如图9-84所示。

使用色卡匹配工具可以加速调色流程，相比于达芬奇自带的色卡匹配工具来说，3D LUT Creator的色卡匹配工具也有自身的优点，可调参数更多，兼容性更好。

图9-84　匹配后的画面

▍9.8.4　特艺色风格制作

　　所谓特艺色是该公司一种早期彩色胶片技术，分为双色系统和三色系统两种方式。在1915年至1916年间，特艺色公司研制出特艺色1号彩色加工工艺，之后又分别在1921年和1926年研制了特艺色2号和3号彩色工艺。所有这些工艺被称为特艺色双色工艺系统。笔者曾经在之前的文章中介绍过特艺色的历史和制作方法。那些方法都是基于达芬奇自带的节点或者使用LUT来实现的。下面笔者将介绍使用3D LUT Creator制作特艺色的方法。如图9-85所示。

图9-85　添加插件

进入3D LUT Creator之后可以找到Channels工具，这个工具可以对颜色通道进行混合。默认情况下的三角形是不进行混合的意思。如图9-86所示。

图9-86　找到Channels工具

如果把蓝色控制点拉向绿色控制点的话，就相当于让绿色的数值替代了蓝色的数值。如图9-87所示。

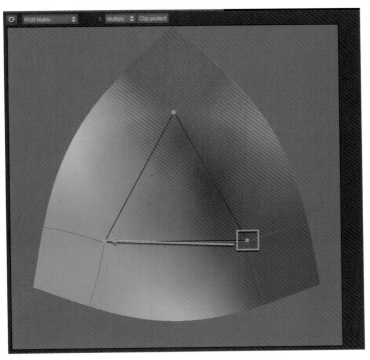

图9-87　调整蓝色控制点

这时候你就会发现画面仅剩下了红色和青色这两种颜色，实现了特艺色二色带效果。如图9-88所示。

图9-88　实现二色带效果

如果把绿色控制点拉向蓝色控制点位置的话，也会出现类似的效果，只是画面的对比度、饱和度和上面的图像有区别。如图9-89所示。

图9-89　另一种二色带效果

检查一下示波器可以看到，波形已经从立体的形状变成了一个薄片，这表明画面中只存在红色和青色的颜色信息，其他颜色的信息都被压缩掉了。如图9-90所示。

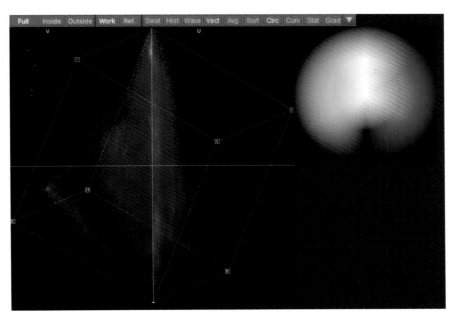

图9-90 仅留下红色和青色

这就是在3D LUT Creator软件中制作特艺色的方法，方便快捷，并且变化多端。制作完成后就可以把结果传回达芬奇软件。如图9-91所示。

图9-91 传回调色结果

9.8.5 OrangeTeal风格制作

在常见的好莱坞大片当中普遍使用了一种被称为OrangeTeal的配色方案。OrangeTeal需要有良好的前期美术和摄影作为支撑，如果原素材有问题的话，即使做出了OrangeTeal风格也会感觉颜色是浮在上面的，不是原生的。因此，本文仅从技术上讨论3D LUT Creator模拟OrangeTeal调色风格的技巧。首先打开一段素材，然后为其添加3D LUT Creator插件。如图9-92所示。

DaVinci Resolve 15中文版达芬奇影视调色密码

图9-92　添加插件

OrangeTeal风格中，Orange通常是肤色，Teal是环境色。我们需要把环境色拉向Teal的颜色，也就是青色。但是又想保留肤色的Orange不变。因此先要在画面中找到皮肤的颜色，点击一下，这样可以将对应的网格控制点钉住。如图9-93所示。

图9-93　找到皮肤的颜色

接着找到画面中的中性色，例如白墙和金属盾牌，将其控制点向青色方向拖动。环境开始向冷调偏移。如图9-94所示。

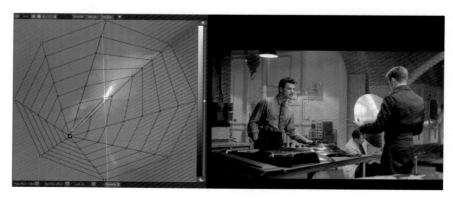

图9-94　调整白色墙壁的颜色

但是环境的颜色还是有些亮，因此可以调整一下墙壁的亮度，按住【Shift】键的同时向下拖动控制点就可以调整墙壁的亮度了。本例中降低数值为-32。如图9-95所示。

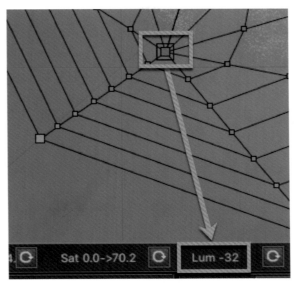

图9-95　调整亮度

接着将肤色的控制点拉向Orange色，也就是橘黄色。如图9-96所示。

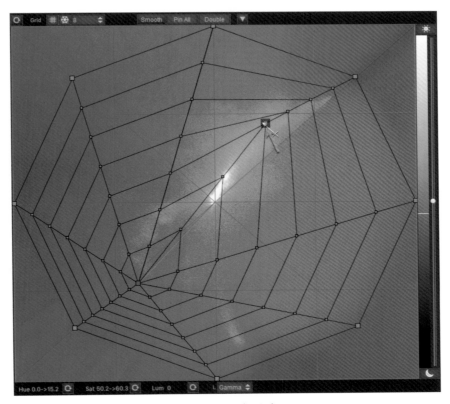

图9-96　调整肤色

仔细观察会发现图像高光的颜色也变青了，为了保留住高光的颜色，可以点击小太阳图标将其关闭，这样就不会影响高光区域了，滑块可以控制高光区域和阴影区域的分界线。如图9-97所示。

图9-97　调整高光区和阴影区的比例

　　继续调整画面中的其他颜色，将杂色进行合并或者去除，让画面的整体性增强。可以看到使用3D LUT Creator在不进行抠像的情况下也可以方便地进行OrangTeal风格的制作。如图9-98所示。

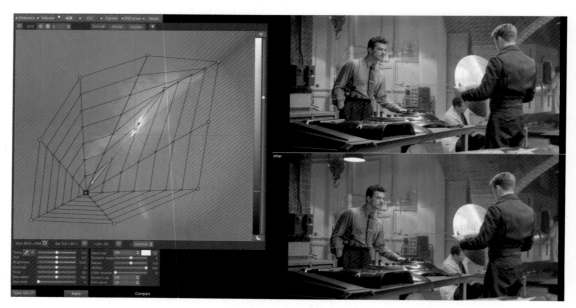

图9-98　去除杂色

在达芬奇调色过程中制作OrangeTeal风格往往需要借助于第三方LUT文件，这些LUT文件未必适用于所有的场景。而3D LUT Creator可以根据具体场景进行单独的修改和调整，这就比LUT文件要方便多了。

9.8.6 局部留色风格制作

在之前的文章中，笔者曾经介绍过使用达芬奇进行局部留色风格的制作方法，那么这样的风格能否使用3D LUT Creator软件来制作呢？答案是肯定的。打开一段素材并为其添加3D LUT Creator插件。如图9-99所示。

图9-99　添加插件

在3D LUT Creator软件中的A/B工具中将图像的饱和度调整为0，这样整个图像就变成黑白色了。如图9-100所示。

图9-100　调整为黑白色画面

但是我们想要保留画面中的红色，这就需要使用3D LUT Creator进行蒙版制作。进入Mask面板，将制作蒙版的方法修改为3D HSL。如图9-101所示。

图9-101　进入Mask面板

使用吸管点击画面中的红色部分，这时会发现红色裤子变成黑白色了，说明选区的方向是反的。因此可以激活Mask面板中的Invert按钮，将选区反向。如图9-102所示。

图9-102　制作蒙版

不断使用吸管吸取红色区域，让选区更加精确。在右侧还可以对选区进行多种修改，例如Expand可以扩展蒙版，Contract可以收缩蒙版。Smooth可以柔化蒙版，Sharpen可以锐化蒙版。如图9-103所示。

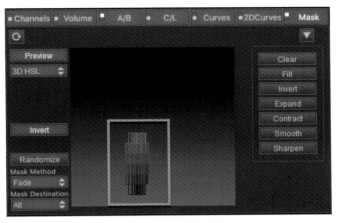

图9-103　调整蒙版

最终制作出来的效果如图可以看到除了红色之外，其他的颜色都变为黑白了。如图9-104所示。

图9-104　获得最终结果

3D LUT Creator拥有多种制作蒙版的工具，让不同的调色工具可以作用于画面的不同区域，让调色工作变得更加细腻。

作为一款独立的软件，3D LUT Creator可以对图片进行调色处理，也可以和Photoshop、Lightroom以及达芬奇软件进行配合。尤其是3D LUT Creator和达芬奇相配合的情况下，达芬奇的风格化塑造能力得到极大提升。使用达芬奇的常规调色方法无法完成的调色风格在3D LUT Creator中却可以轻松完成。如果你对3D LUT Creator感兴趣，不妨试试看！

9.9 本章小结

　　LUT是连接不同色彩空间的桥梁，在影像数字化的今天，LUT在后期处理特别是在色彩管理过程中发挥着重要的作用，利用LUT可以在后期系统中校准不同显示媒介的差别，进行白平衡的调整，进行线性空间与对数空间的转换，进行GAMMA校正等。LUT在调色过程中也可以发挥作用，它可以将调色效果记录下来应用到其他素材上，从而获得统一的影调。本章还介绍了使用LUT的具体操作。

第10章

OFX特效

10.1 特效插件的基础知识

达芬奇调色面板的工具用来调色自然是得心应手，但是面对不断变化的市场需求，旧有的调色工具就可能会难以应付。比如说客户可能要求调色师对人物进行磨皮、瘦脸和祛痘处理，如果不借助插件就难以完成。

10.1.1 Resolve FX与OpenFX

达芬奇支持的特效插件分为两大类，一类是内置的特效插件，名为ResolveFX，另一类是第三方的外部插件，被称为OpenFX。OpenFX（简称OFX）是一种便捷的跨平台、跨软件的视觉特效插件开发标准。内置的ResolveFX插件也是基于OpenFX标准的，之所以叫ResolveFX是为了区别于外置插件。本书所讲解的达芬奇15.2内置的插件数量有57个（随着新版本发布，插件数量可能会有变化）。这些插件大多数都进行过性能优化以得到较好的实时性能，但是如果你处理的是高分辨率的RAW文件或者一次添加了多个高消耗的特效插件，那么达芬奇的实时性能就会降低，这就需要你进行渲染缓存或者降级显示了。

10.1.2 特效插件操作基础

ResolveFX插件和OpenFX插件的基础操作方法是类似的。下面为大家介绍一下在达芬奇软件中如何使用这些插件。

1. 添加、修改和移除插件

在"调色"页面中想要添加插件可以打开OpenFX面板，然后在"素材库"中找到想要的插件，将插件（例如高斯模糊）拖动给节点。如图10-1所示。

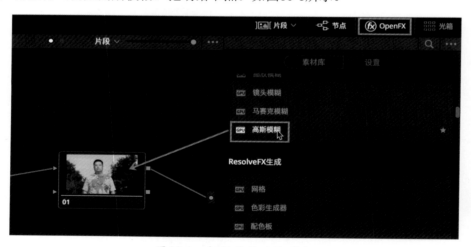

图10-1　把插件拖动给节点

释放鼠标后，在检视器中就可以看到模糊效果了，被添加了插件的节点上也出现了一个"fx"字样的小图标，OpenFX面板中也会自动跳到"设置"子面板上。在这个面板上就可以对插件进行参数调整了。如图10-2所示。

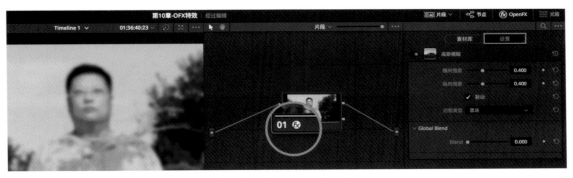

图10-2　节点上出现fx图标

想要删除插件，可以在节点上右击，从弹出的菜单中执行命令"移除OFX插件"。如图10-3所示。

图10-3　移除OFX插件

你也可以将插件直接拖动给节点连线，当鼠标附近出现一个绿色加号的时候释放鼠标，插件就会变成一个独立的节点。如图10-4所示。

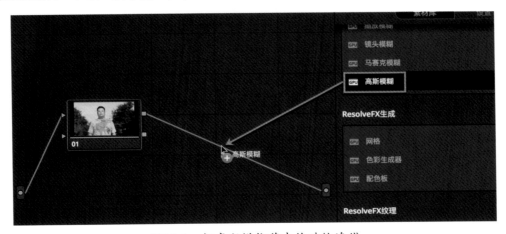

图10-4　把高斯模糊节点拖动给连线

271

插件节点的标签就是该插件的名字，节点左侧有四个三角图标，两绿两蓝，针对不同的插件类型，这些图标的用途也会有所不同。如图10-5所示。

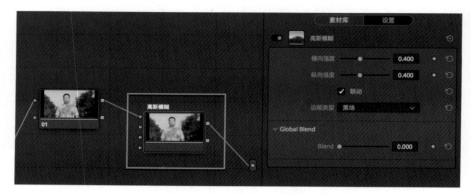

图10-5　独立的插件节点

　　在"剪辑"页面也可以使用特效插件，打开"特效库"面板，找到OpenFX标签面板，然后找到想要的插件并将其拖动给时间线上的片段。如图10-6所示。

　　添加了插件的片段上会出现一个标记为"fx"字样的图标。如图10-7所示。

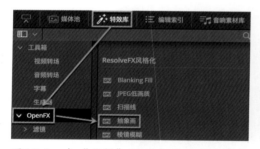

图10-6　在"剪辑"页面中添加OFX插件

图10-7　片段左下角出现fx图标

　　在检查器面板中，进入"OpenFX"子面板就可以修改插件的参数了。如图10-8所示。

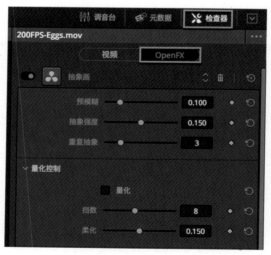

图10-8　在检查器面板中修改OpenFX参数

有些插件的参数还可以通过界面控制器进行修改，例如通过拖动图10-9中的白色圆圈就可以调整镜头光斑的大小。不是每一个插件都拥有界面控制器。如果某个插件有界面控制器但是在检视器中不显示的话，就需要检查检视器面板左下角的工具是否切换到了"fx"。

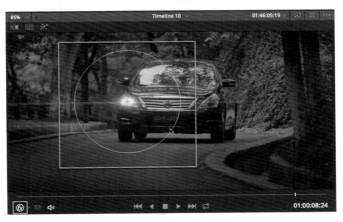

图10-9　界面控制器

2. 插件的跟踪

有些特效插件需要进行跟踪，例如镜头光斑和变形器等。对插件进行跟踪也需要进入跟踪器面板并且将跟踪器的类型修改为FX，然后点击跟踪器面板左下角的"添加跟踪点"图标，如图10-10所示。

图10-10　FX跟踪器面板

在检视器中会看到一个蓝色的加号，移动这个蓝色的加号到想要跟踪的特征区域上。如图10-11所示。

图10-11　移动跟踪点

在移动的瞬间，蓝色加号会变成红色加号。要跟踪的特征区域也要进行选择，尽量选择在时间段内始终处于画面内部、变化不大并且特征明确的区域。如图10-12所示。

图10-12　跟踪点变为红色

点击跟踪器面板上的跟踪按钮即可完成跟踪。如图10-13所示。跟踪完成后还可能需要对插件进行参数修改以获得满意的效果。

图10-13　跟踪器面板

★提示

特效跟踪所使用的是点跟踪，点跟踪有很多局限性，最大的问题在于不含有透视属性。例如在使用变形器瘦脸的过程中，当人物扭脸的时候就会造成错误的结果。

10.2 内置ResolveFX特效介绍

下面将简明扼要地介绍达芬奇自带的ResolveFX特效的相关知识。ResolveFX共分为11个类型，可以对画面进行修复、优化、变形、变换、模糊、锐化以及风格化等操作。熟练掌握这些插件的用法将能够在某些情况下起到事半功倍的作用。

10.2.1　ResolveFX Revival（修复）

素材在采集和加工过程中可能会造成一些瑕疵，例如画面闪烁、色阶断裂或者含有灰尘和污渍等。为了保证影片的品质，需要对这些画面进行修复。

1. 去闪烁（Deflicker）

使用延时拍摄或者升格拍摄的视频可能会出现光线忽明忽暗的情况，也就是光线闪烁。"去闪烁（Deflicker）"插件可以解决这种问题。在"去闪烁设置"中可以选择"延时"来去除延时摄影的闪烁问题，选择"荧光灯"来去除升格拍摄的闪烁问题。另外还可以使用"高级控制"来进行自定义调整。如图10-14所示。

图10-14　去闪烁（Deflicker）面板

2. 去除色带（Deband）

压缩比高的图像可能会出现色阶断裂的情况，原本连续的渐变色可能会出现绷带一样的效果。使用"去除色带（Deband）"工具可以去除这种色带。如果只是局部图像出现了色带，那么可以使用二级调色技术隔离该区域然后再为该区域去除色带。如图10-15所示。

图10-15　右侧为去除色带后的效果

3. 坏点修复（Dead Pixel Fixer）

如果使用有坏点的传感器拍摄影片，那么所拍摄的影像中就会在固定位置出现黑点、白点或者彩色点——统称为坏点。"坏点修复（Dead Pixel Fixer）"工具可以修复这些坏点。如图10-16所示。

图10-16　坏点修复

4. 局部替换工具（Patch Replacer）

有些情况下需要在画面中复制或者删除部分画面元素，例如去除穿帮的道具或者人物面部的痘痕。如图10-17所示的画面中去除了画面中的路灯。

图10-17　右侧画面显示了路灯被去除后的效果

添加局部替换工具后画面中会出现界面控制器。带有方框的椭圆是目标区域，另一个椭圆是源区域。该工具从源区域复制图像到目标区域，复制过来的像素会和周围像素进行融合处理。如图10-18所示。

图10-18　局部替换工具

局部替换工具的区域形状可以是椭圆、矩形或Alpha通道。用户可以根据具体需要进行设置。局部替换工具可以进行跟踪操作。

5. 自动除尘（Automatic Dirt Removal）

自动除尘工具使用光流技术来去除持续一两帧长度后突然消失的灰尘、发丝、磁头痕迹或者其他不需要的瑕疵。如图10-19所示。

图10-19　自动除尘

对于持续时间较长的竖向的刮痕或者镜头上固定位置的灰尘，自动除尘插件的效果较差或者无效。

6. 除尘（Dust Buster）

如果"自动除尘"难以获得满意的效果，则可以使用"除尘"工具。用户只需使用鼠标框选灰尘或瑕疵所在区域，剩下的工作交给插件完成即可。如图10-20所示。

图10-20　除尘后的画面

10.2.2　ResolveFX优化

ResolveFX优化群组中提供了对Alpha蒙版进行优化处理的插件和对人物面部进行优化处理的插件。

1. Alpha蒙版收缩与扩展（Alpha Matte Shrink and Grow）

使用限定器工具制作的蒙版可以使用"蒙版优化"工具进行精细处理，但是使用窗口工具绘制的蒙版如果使用传统的工具就难以进行更加精细地处理了。达芬奇提供了"Alpha蒙版收缩与扩展（Alpha Matte Shrink and Grow）"工具，可以对蒙版进行进一步的处理。如图10-21所示。

图10-21　右侧为进行蒙版处理后的画面

要想对蒙版进行二次处理，可以按照以下方式搭建节点树。新建一个校正器节点，编号为03，将节点01的蒙版输出给节点03，给节点03添加"Alpha蒙版收缩与扩展（Alpha Matte Shrink and Grow）"工具，然后把蒙版输出给节点02。在节点03中就可以对蒙版进行二次调整了。如图10-22所示。

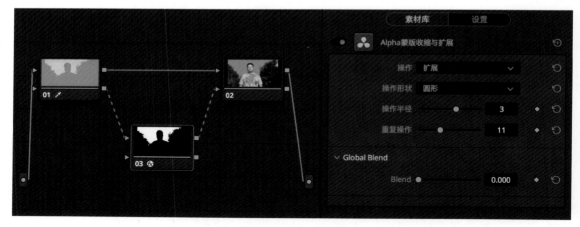

图10-22　节点结构

2. 磨皮美化（Beauty）

达芬奇15.2.2版本新增了磨皮美化（Beauty）工具。该工具可以简便地对画面进行磨皮处理，同时为了防止磨皮过度，还可以恢复画面的细节。当然，该工具的局限性是功能比较简单并且磨皮效果一般。如图10-23所示。

图10-23　右侧画面为磨皮后的效果

3. 面部修饰（Face Refinement）

　　"面部修饰（Face Refinement）"工具是一个智能化的美颜工具，可以对人物面部进行磨皮、亮眼、去眼袋、加腮红等处理。如图10-24所示。

图10-24　右侧为面部修饰后的画面

　　"面部修饰（Face Refinement）"工具可以智能识别人脸，只需点击"分析"按钮，一个绿色的人脸轮廓线就会出现在人物面部并跟随人物面部的运动而运动。如图10-25所示。

图10-25　智能识别人脸

跟踪完成后还可以对皮肤遮罩进行细致调整。如图10-26所示。

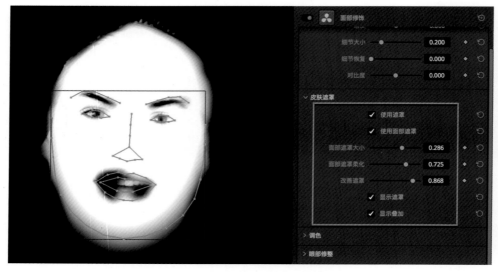

图10-26　对皮肤进行遮罩调整

"面部修饰（Face Refinement）"工具包含"调色"、"眼部修整"、"唇部修整"、"腮红修整"、"前额修整"、"双颊修整"和"下巴修整"几个功能。如图10-27所示。

10.2.3　ResolveFX光线

ResolveFX光线群组中提供了多种光学效果和光线效果插件。这些插件可以弥补前期拍摄的不足甚至可以让一些素材脱胎换骨。

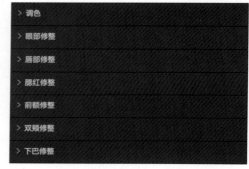

图10-27　"面部修饰（Face Refinement）"
工具面板

1. 光圈衍射（Aperture Diffraction）

光线通过较小的光圈时会产生光圈衍射现象，这种现象会产生一种"星芒"效果，"光圈衍射（Aperture Diffraction）"插件可以模拟这种效果。如图10-28所示。

图10-28　光圈衍射（Aperture Diffraction）效果

2. 发光（Glow）

"发光（Glow）"是一款功能丰富的可以自定义的辉光插件。如图10-29所示。

图10-29　"发光（Glow）"效果

3. 射光（Light Rays）

"射光（Light Rays）"制作的是带有方向性的体积光效果，可以用来模拟"上帝之光"或者其他方向性很强的光线效果。如图10-30所示。

图10-30　"射光（Light Rays）"制作的穿透树叶的体积光

4. 镜头光斑（Lens Flare）

镜头光斑是光线在镜头内部多次反射而造成的一种光斑效果。"镜头光斑（Lens Flare）"插件可以模拟出多种多样的光斑效果。如图10-31所示。

图10-31　模拟穿透树叶的镜头光斑效果

"镜头光斑（Lens Flare）"有多种预设可供选择，用户也可以对光斑元素进行自定义设计。如图10-32所示的是"现代科幻片"光斑效果。

5. 镜头反射（Lens Reflections）

"镜头反射（Lens Reflections）"可以模拟场景中高光区域反射在镜头前的效果。该插件有多种预设可供选择，也支持用户自定义。如图10-33所示。

图10-32　现代科幻片光斑

图10-33　镜头反射效果

10.2.4　ResolveFX变形

ResolveFX变形群组中提供了多款可以制作出程序化的或者自定义的画面扭曲效果的插件。在工作中，变形器插件的使用频率较高，因为该工具可以对人物进行瘦脸处理。

1. 凹痕（Dent）

凹痕（Dent）工具可以制作出多种画面凹陷变形的效果。如图10-34所示。

图10-34　不同的凹痕（Dent）效果

2. 变形器（Warper）

变形器（Warper）是一款基于控制点的变形工具，你可以把整幅图像想象为一张橡胶薄膜，移动控制点就可以让这张薄膜变形。如果我们想要给一个人瘦脸，可以先在人物的面部轮廓线上打上一圈白色的控制点，然后按住【Shift】键再打上一圈红色的控制点，红色控制点是不变形的区域。如图10-35所示。

然后拖动白色的控制点以得到想要的效果。如图10-36所示。可以给变形器（Warper）插件进行跟踪操作让跟踪点跟随人物面部的运动而运动。

 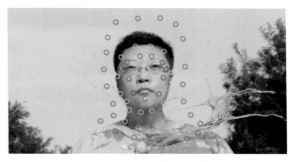

图10-35　添加控制点　　　　　　　图10-36　移动控制点

★提示

在达芬奇15中仅可以对"变形器（Warper）"插件进行点跟踪而不能进行面跟踪和透视跟踪，所以当人物运动范围较大的时候就会造成错误的变形效果，并且变形器的控制点无法制作动画。总体而言，变形器（Warper）插件的功能有着很大的局限性，还有许多需要改进之处。

3. 波状（Waviness）

波状（Waviness）工具可以制作出波浪变形的效果，波浪方向可以修改为垂直或者水平，也可以修改波浪的大小、强度、相位和速度等参数。如图10-37所示。

图10-37　不同类型的波浪效果

4. 涟漪（Ripples）

涟漪（Ripples）工具可以制作出涟漪和波纹效果，该工具有多种参数可供调节。如图10-38所示。

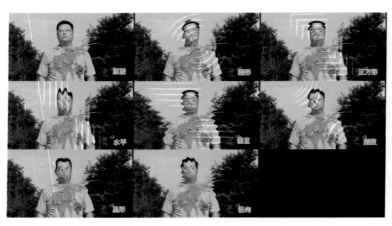

图10-38　多种类型的涟漪效果

5. 漩涡（Vortex）

漩涡（Vortex）工具可以制作出正向或者反向的漩涡效果。如图10-39所示。

图10-39　漩涡效果

6. 镜头畸变（Lens Distortion）

"镜头畸变（Lens Distortion）"工具可以添加或者去除镜头畸变效果。常见的镜头畸变分为桶形畸变和枕形畸变两种。如图10-40所示。

图10-40　左侧为桶形畸变画面，右侧为校正后的画面

★提示

使用该插件可能给画面四周带来黑边，想要去除黑边可以使用调整节点大小工具来进行处理。

10.2.5 ResolveFX变换

"变换"指的是对图像进行平移、竖移、缩放和旋转等操作的统称。ResolveFX变换插件提供了一种不同于"剪辑"页面的检查器变换和"调色"页面调整大小面板的变换效果。

1. 摄影机晃动（Camera Shake）

达芬奇的稳定器面板是用来去除摄影机晃动的。反过来思考一下，为什么不能给稳定的画面添加晃动效果呢？按照这个思路开发，摄影机晃动插件就诞生了。"摄影机晃动（Camera Shake）"工具可以模拟摄影机晃动的多种效果。如图10-41所示。

2. 添加闪烁（Flicker Addition）

"去闪烁（Deflicker）"插件可以去除闪烁效果，而添加闪烁（Flicker Addition）效果是反其道而行之，用来给画面添加闪烁。如图10-42所示。

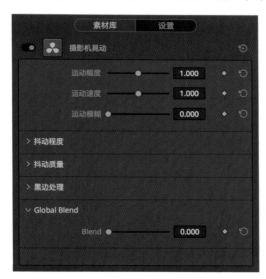

图10-41　摄影机晃动参数面板

图10-42　添加闪烁面板

3. 运动匹配（Match Move）

运动匹配（Match Move）工具可以把A画面贴到B画面上并且让A画面的运动匹配B画面的运动。如图10-43所示。

图10-43　运动匹配

要想制作运动匹配效果，需要把运动匹配插件作为独立节点添加到节点树中，然后还需要引入一个新的片段。节点结构如图10-44所示。

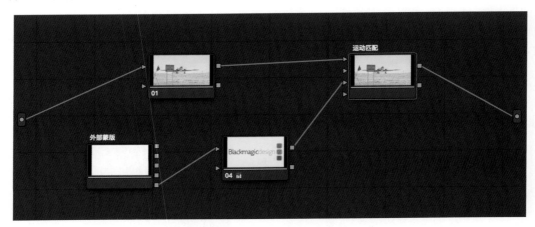

图10-44　运动匹配节点结构

10.2.6　ResolveFX模糊

ResolveFX模糊群组中提供了一系列的模糊制作工具，可以弥补调色页面中"模糊、锐化和雾化"工具的不足之处。

1.四方形模糊（Box Blur）

四方形模糊（Box Blur）是一种快速的节省资源的模糊算法。如图10-45所示。

图10-45　四方形模糊

2. 径向模糊（Radial Blur）

径向模糊的模糊方向是沿着圆周方向的，可以用来模拟物体围绕圆心旋转而产生的运动模糊效果。如图10-46所示。

图10-46　径向模糊

3. 方向性模糊（Directional Blur）

方向性模糊可以把模糊限制在某个方向上。传统的模糊效果只能设定横向模糊或者纵向模糊，而方向性模糊的方向可以自由设置。如图10-47所示。

图10-47　方向性模糊

4. 缩放模糊（Zoom Blur）

当摄影机朝向所摄画面快速运动的时候会产生放射状的模糊效果，"缩放模糊"插件可以模拟这种模糊效果。如图10-48所示。

图10-48　缩放模糊

5. 镜头模糊（Lens Blur）

镜头模糊（Lens Blur）插件可以模拟浅景深效果，在添加本插件之前需要先把前景隔离出来。如图10-49所示。

图10-49　使用镜头模糊插件制作浅景深效果

6. 马赛克模糊（Mosaic Blur）

马赛克模糊（Mosaic Blur）插件可以制作出马赛克形状的模糊效果，可以用来保护车牌或人物的隐私。如图10-50所示。

图10-50　使用马赛克模糊遮蔽人物面部

7. 高斯模糊（Gaussian Blur）

高斯模糊（Gaussian Blur）是一种常见的模糊效果，达芬奇调色页面的"模糊、锐化和雾化"工具中的模糊就是高斯模糊。如图10-51所示。

图10-51　高斯模糊

10.2.7　ResolveFX生成

ResolveFX生成群组中提供了生成网格、纯色以及配色板的工具。

1. 网格（Grid）

网格（Grid）工具可以在画面上生成网格线，网格的形态可以自由定义。如图10-52所示。

图10-52　生成网格

2. 色彩生成器（Color Generator）

色彩生成器（Color Generator）可以让一个节点变成纯色画面。使用纯色节点和背景图进行叠加可以制作出老照片效果。如图10-53所示。

图10-53　老照片效果

制作老照片效果的节点树如图10-54所示。

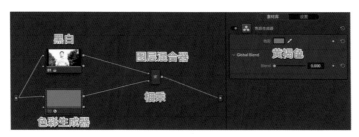

图10-54　节点树

3. 配色板（Color Palette）

想要分析画面的配色可以使用"配色板（Color Palette）"节点。该节点会把配色结果以配色板的形式进行展示。如图10-55所示。

图10-55　配色板效果

在"配色板"面板中可以进行参数修改，用户可以指定暗部区域、中间调区域和亮部区域的范围。也可以对色块的数量进行设置。如图10-56所示。

10.2.8　ResolveFX纹理

ResolveFX纹理群组中提供了胶片受损和胶片颗粒两款工具。

图10-56　配色板参数设置

1. 胶片受损（Film Damage）

"胶片受损（Film Damage）"插件可以用来模拟胶片损坏或被污染的效果。如图10-57所示。

图10-57　胶片受损效果

2. 胶片颗粒（Film Grain）

"胶片颗粒（Film Grain）"工具可以为画面添加多种参数化的颗粒效果。如图10-58所示。

图10-58　胶片颗粒效果

10.2.9 ResolveFX色彩

ResolveFX色彩群组中提供了多种色彩转换和处理插件。

1. ACES Transform（ACES变换）

ACES Transform（ACES变换）插件可以修改ACES版本以及输入转换和输出转换。如图10-59所示。

2. DCTL

DCTL是DaVinci Color Transform Language（达芬奇颜色变换语言）的简称。DCTL可以像LUT文件那样套在节点上。DCTL插件可以快速调取已经安装的DCTL文件。如图10-60所示。

3. Gamut Limiter（色域限制器）

Gamut Limiter（色域限制器）插件可以把当前色域限定到新的色域之中。如图10-61所示。

图10-59　ACES变换面板

图10-60　DCTL面板

图10-61　色域限制器面板

4. 突出反差（Contrast Pop）

突出反差（Contrast Pop）插件可以通过简单的参数设置提升画面的反差。如图10-62所示。

图10-62　突出反差效果

5. 色域映射（Gamut Mapping）

色域映射（Gamut Mapping）插件主要用来解决HDR视频和SDR视频之间的亮度映射和饱和度映射的问题。如图10-63所示。

6. 色彩压缩器（Color Compressor）

色彩压缩器（Color Compressor）插件可以对色彩进行色相压缩、亮度压缩和饱和度压缩。例如把绿色的树叶选取出来并将其色相压缩为紫色，如图10-64所示。

图10-63　色域映射面板

图10-64　色彩压缩器效果

在色彩压缩器面板中可以设置目标色彩，如图10-65所示。

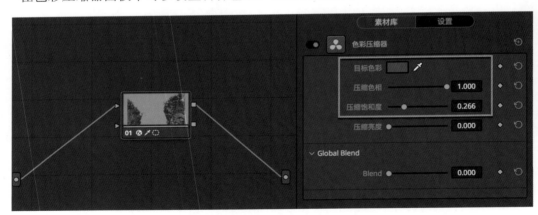

图10-65　设置目标色彩

> ★提示
>
> 色彩压缩器可以用来把杂乱的颜色进行合并处理，起到消除杂色的作用。

7. 色彩稳定器（Color Stabilizer）

色彩稳定器（Color Stabilizer）插件可以用来消除视频中亮度和颜色的抖动问题。其面板如图10-66所示。

图10-66　色彩稳定器面板

8. 色彩空间转换（Color Space Transform）

色彩空间转换（Color Space Transform）插件是通过数学运算的方法来自由转换图像色彩空间的工具。例如把Rec.709色彩空间转换为Arri LogC色彩空间。如图10-67所示。

图10-67　把图像由Rec.709色彩空间转换为Arri LogC色彩空间

在色彩空间转换面板中可以设置输入色彩空间、输入Gamma和输出色彩空间、输出Gamma等参数。如图10-68所示。

图10-68　色彩空间转换面板

9. 除霾（Dehaze）

除霾（Dehaze）插件可以一键去除画面中的雾霾。如图10-69所示。

图10-69　右侧为去除雾霾的效果

在除霾插件面板中可以设置除霾强度，还可以选择或设定雾霾的颜色。如图10-70所示。

图10-70　除霾插件面板

10.2.10　ResolveFX锐化

ResolveFX锐化群组中提供了三种锐化插件，用来制作不同的锐化效果。

1. 柔化与锐化（Soften & Sharpen）

柔化与锐化（Soften & Sharpen）插件既可以柔化画面也可以锐化画面。如图10-71所示。

图10-71　柔化与锐化插件的效果

2. 锐化（Sharpen）

锐化（Sharpen）插件可以为画面进行锐化处理。和调色页面的"模糊、锐化和雾化"工具相比，锐化（Sharpen）插件对画面细节的控制力更好。如图10-72所示。

图10-72　锐化工具

3. 锐化边缘（Sharpen Edegs）

锐化边缘（Sharpen Edegs）插件可以识别画面中的边缘部分并对边缘进行锐化处理。如图10-73所示。

图10-73　锐化边缘效果

10.2.11　ResolveFX风格化

ResolveFX风格化群组中提供了多种风格化制作插件，便于用户快速获得风格化效果。

1. 空白填充（Blanking Fill）

空白填充（Blanking Fill）插件是达芬奇15.2.2版本中新增的，可以用来快速解决手机竖屏拍摄的画面在横屏播放的问题。画面的空白区会被进行智能填充，填充的画面也可以进行自定义。如图10-74所示。

图10-74　空白填充效果

2. JPEG低画质（JPEG Damage）

JPEG低画质（JPEG Damage）插件可以制作出使用JPEG压缩后的低画质画面。这个插件是用来降低画质的，把好素材变成差素材，以满足特定的需求。如图10-75所示。

图10-75　JPEG低画质画面

3. 扫描线（Scanlines）

扫描线（Scanlines）插件用来模拟老电视机的扫描线效果。如图10-76所示。

图10-76　扫描线插件

4. 抽象画（Abstraction）

抽象画（Abstraction）插件用来模拟抽象画艺术效果。如图10-77所示。

图10-77　抽象画效果

5. 棱镜模糊（Prism Blur）

棱镜模糊（Prism Blur）插件用来制作棱镜折射而产生的模糊效果。如图10-78所示。

图10-78　棱镜模糊效果

6. 水彩（Watercolor）

水彩（Watercolor）插件用来模拟水彩画艺术风格。如图10-79所示。

图10-79　水彩画艺术风格

7. 浮雕（Emboss）

浮雕（Emboss）工具可以用来制作浮雕艺术效果。如图10-80所示。

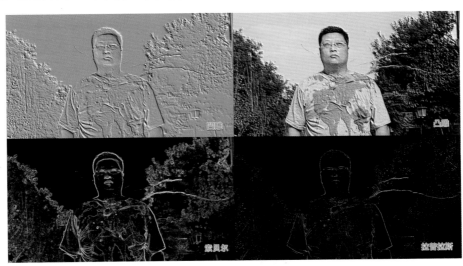

图10-80　浮雕艺术效果

8. 移轴模糊（Tilt-Shift Blur）

移轴模糊（Tilt-Shift Blur）插件可以模拟出使用移轴镜头拍摄的画面效果。如图10-81所示。

图10-81　移轴模糊效果

9. 边缘检测（EdgeDetect）

边缘检测（EdgeDetect）插件可以识别出画面的边缘部分，边缘可以使用RGB彩色也可以使用灰色，还可以设置为自定义颜色。如图10-82所示。

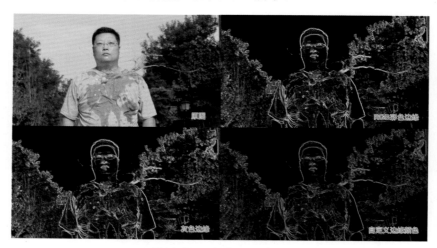

图10-82　边缘检测效果

10. 镜像（Mirrors）

镜像（Mirrors）插件可以制作出多种镜像效果甚至是万花筒效果。如图10-83所示。

图10-83　镜像效果

10.3 | 第三方OFX特效插件介绍

如果你使用过After Effects、Premiere或FinalCut之类的软件，一定知道有很多插件可以提高效率或者制作特殊的效果。达芬奇也不例外，自从达芬奇10以后，在达芬奇内部就可以使用插件来增加调色效果。达芬奇要求插件的接口是OpenFX类型的。如果你想要给达芬奇安装插件，就必须选择OpenFX类型的安装包。另外，还要注意操作系统的区别，Mac系统的安装包是不能给Windows系统使用的。

受欢迎的OpenFX插件有Sapphire（蓝宝石），Boris Continuum Complete（简称BCC），Red Giant（红巨星）以及 NewBlue TotalFX等。这些插件在影视剧特效中普遍存在。由于OpenFX被开发者们广泛接受，所以基于OpenFX的插件将会越来越多。

10.3.1 蓝宝石（sapphire）插件

蓝宝石插件是一套完整的特效系统，包括"调色"、"模糊与锐化"、"合成"、"扭曲"、"照明"、"渲染"、"风格化"、"时间"和"过渡"几个大类型，每个类型都有若干个命令，可以满足工作中的绝大多数要求。如图10-84所示。

图10-84 蓝宝石插件

想要试用或购买蓝宝石（sapphire）插件可以访问以下网址：
https://borisfx.com/products/sapphire/#overview

10.3.2 BCC插件

Boris Continuum Complete（简称BCC）插件，目前最新版本是Continuum 2019，该版本整合了Particle Illusion粒子系统，动态图形生成器，标题生成器，还拥有辉光、射线、模糊等特效插件。并且Continuum 2019内置了Mocha跟踪软件，便于为特效制作跟踪与Roto。如图10-85所示。

图10-85　BBC插件

想要试用或购买BCC插件可以访问以下网址:

https://borisfx.com/products/continuum/

10.3.3 RedGiant

RedGiant开发了大量后期插件,例如Trapcode粒子插件包,Magic Bulluet Looks调色包,Shooter前期拍摄包,Keying抠像包以及Effects特效包。其中有多款插件都可以给达芬奇使用。如图10-86所示。

图10-86　Red Giant

想要试用或购买RedGiant插件可以访问以下网址:

https://www.redgiant.com

10.4 本章小结

本章讲解了达芬奇内置的ResolveFX插件的常见用法并推荐了几款常见的OpenFX插件。插件可以制作出常规工具难以制作出的效果,巧妙使用插件可以提高工作效率,提升制作效果。但是切忌滥用插件,因为从本质上说绝大多数插件属于特效制作范畴,作为调色师还是应该把精力集中在调色本身。

第11章

调色管理

📊 **本章导读**

达芬奇拥有完善的调色管理能力，这是它和其他非专业调色工具的最大区别之一。本章将带领大家学习数据库管理的知识以及怎样迁移调色项目。让大家能够随时随地开展调色工作。另外，本章还将介绍达芬奇的画廊、静帧、版本和记忆等相关知识。

⚙ **本章学习要点**

◇ 数据库管理
◇ 迁移调色项目
◇ 画廊、版本、记忆
◇ 群组

一个调色项目，可能会涉及多家公司、多个部门、多种素材和多种要求。有些片子是短期的，时效性很强，要求能够快速交片。有些片子跨越很长的周期和经过多次的修改，甚至片子已经播出一两年之后了还要被要求重新拿出来进行修改。在本文中，公司的项目管理能力放在一边不谈，单说达芬奇软件自身的调色管理功能。和非专业调色软件相比，达芬奇有着完善而强大的调色管理功能，可以辅助调色师应对项目的压力和挑战。调色管理解决的问题是如何安全而高效地完成工作。

11.1.1 让调色更安全

首先要保证达芬奇的硬件配置足够满足达芬奇软件的运行需求，保证达芬奇顺畅运行。其次要注意的就是达芬奇软件自身的稳定性问题。在某些情况下，例如突然断电、宕机、花屏、系统升级、软件升级或者软件闪退之后，可能会发现达芬奇的数据库不能连接并且项目被清空的情况，其原因很可能是数据库受损了。如果自己不能修复数据库的话，只能去找BMD官方帮你修复数据库。如果你预先做了以下工作，那么会将你的损失降到最低。

开启实时保存和项目备份

打开"偏好设置"面板，在"用户"标签页中找到"项目保存和加载"，勾选"保存设置"中的"实时保存"和"项目备份"。如图11-1所示。

图11-1　项目保存和加载

设置了项目备份之后，可以在"项目管理器"面板中的项目缩略图上右击，在弹出的右键菜单中选择"备份项目"。如图11-2所示。

图11-2　备份项目

这样就可以看到项目备份列表了。选择其中一个项目备份，然后点击"加载"按钮就可以把之前系统自动备份的项目加载到达芬奇中了。如图11-3所示。

图11-3　加载备份项目

除此之外，你还可以通过以下方式保证调色项目的安全：

（1）手动另存项目，自动保存固然方便。但是养成手动保存和手动另存的习惯也是非常必要的。

（2）备份数据库，每隔12小时或24小时就手动备份一次数据库，放在专门的空间中。

（3）导出静帧，把调好的静帧及时保存，遇到项目丢失的时候还可以把静帧应用给片段，缺点是比较耗费时间，需要一个镜头一个镜头地应用。并且跟踪信息会丢失。

（4）输出成片，通过输出成片并保存成片的方法，如果项目实在找不到了，还可以在成片上面修改。

11.1.2 让调色更高效

现在来说一下提高效率的问题。面对4K甚至是8K的RAW文件，绝大多数电脑都难以满足流畅调色的需求，除非是在硬件上进行了专门定制和优化的电脑。但是用户也可以先降低项目的分辨率进行调色，完成后再开启高品质渲染输出。

另外，电视剧和电影的镜头数量很多，要想加快调色速度还需要掌握标记、静帧、记忆、版本和群组的用法。后续的章节中将介绍这些知识。

11.2 数据库管理

"我的电脑重装了，达芬奇项目文件丢了，还能找回来吗？"

"达芬奇15安装后，能和老版本（例如14或更早）共存吗？软件升级后原来的项目还在吗？"

"达芬奇能打包吗？怎么把公司的活拿回家里做？"

在笔者的社交应用中，这些问题时常被提及。本来这些都是达芬奇的基础问题，为什么却难倒了这么多人？究其原因，还是在于达芬奇调色系统的独特的管理模式造成的。达芬奇调色依赖于数据库，而这个默认的数据库一般是存放在系统盘的某一个位置。

因为是使用数据库来管理，所以达芬奇的每一个软件版本实际上都是一个外壳，只要数据库在，升级或者降级安装软件，都可以保证项目是完好的。在达芬奇14版本之前，旧版本软件可以打开新版本软件的数据库。

★提示

随着达芬奇14的发布，达芬奇的数据库也进行了升级，每次安装新版本的达芬奇软件之后，想要打开老版本的数据库的时候，达芬奇会提示你升级数据库，但是要切记，升级后的数据库不能降级！这就意味着老版本的软件将不能打开新版本的数据库，也就不能打开数据库中的项目文件了。

达芬奇的多个版本是不能共存的，就像手机壳一样，套了一个就不方便套第二个了。

许多新生代调色师根本不知道数据库为何物一样可以进行调色工作，这是因为达芬奇的新版本正在逐步弱化使用数据库管理项目的角色，从而让用户能够像使用常规软件那样去使用达芬奇。

★提示

达芬奇12版本在默认情况下是单用户的，而之前的版本都是使用的多用户管理模式。但是达芬奇12可以在偏好设置中激活多用户操作。从达芬奇12.5开始，偏好设置中再也不能激活多用户模式了。

数据库控制着达芬奇的调色项目如何被保存和管理。达芬奇支持"磁盘数据库"和"PostgreSQL数据库"。当使用磁盘数据库的时候，项目存储于本地磁盘，不能被共享。使用PostgreSQL数据库的时候，项目保存在网络上，可以被多个用户共同访问和编辑。要注意数据库本身并不存储用户调色的素材文件。

11.2.1 数据库的层级结构

要理解数据库为什么有用，就必须了解数据库的结构。通过以下讲解，你会明白达芬奇的数据库是怎样管理和组织数据的。以下是达芬奇数据库的层级结构：

> Database > Users > Projects > Timelines > Clips > Timecode > Versions > PTZR/Grade

翻译成中文就是：

> 数据库 > 用户 > 项目 > 时间线 > 片段 > 时间码 > 版本 > PTZR/调色

简而言之，就是每个数据库可以包含若干个用户，每个用户可以包含多个项目，每个项目可以包含若干个时间线，以此类推。PTZR就是Pan/Tilt/Zoom/Rotate（横移/竖移/缩放/旋转）。

> ★提示
>
> 从达芬奇12版本开始已经取消了用户登录模式，默认情况下所有的项目都被保存在"Guest（访客）"目录之下。

11.2.2 默认数据库的存放位置

所谓默认数据库就是指达芬奇软件初次安装后自动创建的数据库。如果使用Mac电脑的话，安装完达芬奇就会生成一个名为LocalDatabase的磁盘数据库。其位置如下：

Library/Application Support/Blackmagic Design/DaVinci Resolve/ Resolve Disk Database

如果使用的是Windows电脑，则默认数据库存储的位置如下：

C:\ProgramData\Blackmagic Design\DaVinci Resolve\Support\Resolve Disk Database

要注意，Linux系统的达芬奇不支持磁盘数据库，只支持SQL数据库。

11.2.3 数据库面板简介

在达芬奇界面的右下角点击"项目管理器"按钮（小房子图标），在弹出的项目管理器面板的左上角点击"显示/隐藏数据库"按钮即可打开数据库面板。如图11-4所示。

"数据库管理器"面板的主体位置显示了达芬奇已经连接的数据库列表，分为磁盘数据库和PostgreSQL数据库。单击哪个数据库名称就可以把某个数据库激活，这样就可以对该数据库本身进行操作或者对数据内部的项目进行处理了。

面板顶部有两个重要的按钮"备份"和"恢复"。"备份"可以把整个数据库打包后保存起来，需要的时候可以在本电脑或在其他电脑上"恢复"数据库。如图11-5所示。

图11-4　数据库面板

备份和恢复按钮右侧是"数据库排序"按钮，可以按照一定的条件对数据库进行排序操作。如图11-6所示。

图11-5　备份和恢复按钮　　　　　　　　　　图11-6　排序按钮

"显示/隐藏数据库信息"按钮可以显示或者隐藏数据库的状态和存储路径等信息，如图11-7所示。

"搜索"按钮可以按照一定的条件对数据库进行搜索，这在数据库很多的时候就比较有用了。如图11-8所示。

图11-7　"显示/隐藏数据库信息"按钮　　　　图11-8　"搜索"按钮

11.2.4 创建磁盘数据库

在数据库面板的下方有一个大按钮"新建数据库"。下面就学习如何创建一个磁盘数据库。

01 点击数据库面板底部的"新建数据库"按钮，会弹出"新建数据库"面板。点击"创建"标签按钮，保证"类型"选择的是"磁盘"，点击"位置"文字右侧的"点击以选择一个目录…"，如图11-9所示。

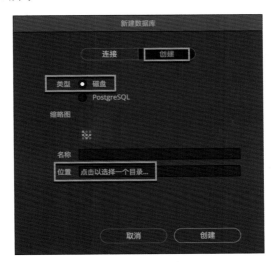

图11-9　新建数据库面板

02 弹出一个文件浏览器，你可以选择硬盘上的一个目录作为数据库的存放位置，如图11-10所示。

图11-10　选择数据库存放位置

03 在"名称"文本框内输入数据库的名称，然后点击"创建"按钮。稍等片刻，达芬奇就完成了数据库的创建。如图11-11所示。

04 数据库创建完成后，在数据库面板中会看到新创建的数据库。如图11-12所示。

图11-11　输入数据库名称

图11-12　新建的数据库出现

05 检查一下存放数据库的磁盘文件夹，你会发现里面已经新建了一个文件夹结构，随着工作的进行，这个数据库中的内容会越来越多。如图11-13所示。

图11-13　新建的数据库内容

11.3 迁移调色项目

　　工作中，有可能需要把项目文件从甲地的A电脑迁移到乙地的B电脑，有时候一次迁移一个项目，有时候一次迁移多个项目。整个项目完成后，还需要把项目和素材进行归档操作。以上这些要求，在达芬奇中都有解决方案。

▌11.3.1 导入与导出项目

　　默认情况下达芬奇的项目文件都存放在"项目管理器"面板中（实际上是保存在数据库中），这和其他软件（例如Photoshop、After Effects和Premiere）的项目存放机制是不同的。其他软件都很容易在硬盘上找到项目文件，例如Photoshop的.psd文件，After Effects的.aep文件等。要想看到达芬奇的项目文件（.drp）就需要把项目文件从项目管理器面板中导出或者存档。

01 在"项目管理器"面板中找到要导出的项目，在其上右击并在弹出的右键菜单中选择"Export Projects（导出项目）"命令。如图11-14所示。

02 如果要带着"静帧"和"LUT"一起导出，则可以选择"Export Projects with Stills and LUTs（带静帧和LUT导出项目）"。如图11-15所示。

图11-14　导出项目

图11-15　Export Projects with Stills and LUTs（带静帧和LUT导出项目）

03 这样达芬奇会把项目导出为一个后缀为drp的文件，但是不包含所需的视音频素材。这些素材需要单独复制并重新链接。如图11-16所示。

Geo.drp

图11-16　drp文件

04 这样，你就可以把导出的项目文件和调色所需的素材拿到另外一台电脑上，然后在"项目管理器"面板的空白区右击并在弹出的右键菜单中选则"Import Project（导入项目）"命令。选择相应的drp文件将其导入。如图11-17所示。在Mac电脑上，也可以在直接双击drp文件将其导入达芬奇。

★提示

如果本机上没有安装相应的LUT文件，达芬奇会弹出警告，提示你缺少相应的LUT文件并列出LUT的名称。

图11-17　Import Project（导入项目）

05 一般情况下，导入后会出现素材失"连"的情况。双击项目进入"媒体"页面，你会发现所有的素材和时间线都会显示为失"连"状态——红色的片段上有一个叹号。你需要手动链接素材，在媒体池的Master文件夹上面右击，在弹出的菜单中选择"更改源文件夹"命令。如图11-18所示。

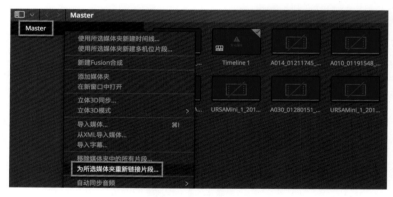

图11-18　为所选媒体夹重新链接片段

★提示

想要链接素材也可以尝试使用"更改源文件夹"命令。重新链接素材后，在"调色"页面中，如果片段的缩略图仍然显示为失"连"状态，则可以在任何片段上右击，并在弹出的菜单中选择"更新所有的缩略图"命令。

11.3.2　存档与恢复项目

　　"存档项目"就是对项目进行"打包"，打包后的档案不仅包括项目文件还包括所需的素材。该功能在达芬奇12版本中推出，可以便于用户整体迁移项目，或者当调色工作完成后对项目进行存档。

01 在"项目管理器"面板中找到需要存档的项目，在其上右击并在弹出的右键菜单中选择"Export Project Archive（导出项目档案）"命令。达芬奇会把项目文件连同所需媒体素材一并保存，根据项目大小，存档所需的时间也不同。项目文件保留了时间线、静帧等数据。不过所需的LUT文件不会被保存，需要单独复制。如图11-19所示。

图11-19　存档项目

★提示

存档项目会把调色所需素材复制一份，所以会占用更多的存储空间。

02 要导入并恢复已经存档的项目，请在"项目管理器"面板的空白区右击并在弹出的右键菜单中选择"Restore Project Archive（恢复项目档案）"命令。如图11-20所示。

图11-20　恢复项目

达芬奇会把整个项目完整加载进来，包括时间线、静帧以及调色信息等。在恢复过程中，缺失的LUT文件会弹出警告。存档和恢复可以说是迁移项目最省心的工具，不过，这还是针对单个项目的，如果要一次迁移多个项目的话，还是要使用备份与还原数据库的方法。

11.3.3　备份与还原数据库

01 在"数据库"面板中选中想要备份的数据库，然后点击"备份按钮"，如图11-21所示。

02 此时会弹出对话框要求指定数据库的存放路径，还可以修改数据库的名字。

03 要还原数据库，在"数据库管理器"面板中点击"恢复"按钮，并在弹出的对话框中找到相应的数据库文件，将其打开。此时会弹出"新建还原的数据库"对话框，你可以修改数据库名称，然后点击"点击以选择一个目录…"的文字，然后选择数据库在硬盘上的存放目录，你可以自己创建一个文件夹用来存放数据库，前提是要保证达芬奇对这个文件夹拥有写权限。然后点击"新建数据库"按钮并等待这个过程完成。如图11-22所示。

图11-21　备份数据库

图11-22　恢复数据库

★提示

数据库中不包含调色所需的素材，有可能你还需要重新链接素材文件。

11.4 画廊与静帧

　　"画廊"是管理和组织静帧的地方，静帧不仅可以用作参考画面还可以保存调色信息，在达芬奇调色工作中扮演着重要的角色。"画廊"还提供了在不同数据库、不同项目间复制静帧和记忆的方法。另外，达芬奇还自带了一些调色静帧。如图11-23所示。

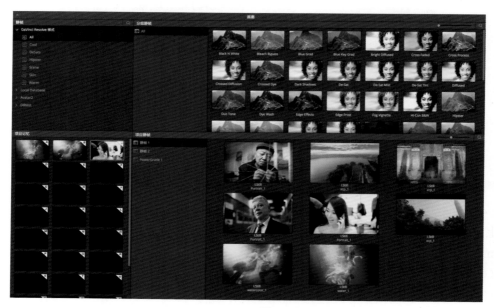

图11-23　画廊面板

11.4.1 抓取与删除静帧

抓取静帧的方法如下：

（1）选择菜单"显示"→"静帧"→"抓取静帧"命令，快捷键为【Option+Command+G】。

（2）在"检视器"上右击，并选择"抓取静帧"命令。

（3）你也可以使用调色台抓取静帧，按下"Grab Still"键。

（4）在"检视器"上右击，并选择"抓取所有静帧"命令。

（5）在"检视器"上右击，并选择"抓取缺失的静帧"命令。

删除静帧的方法如下：

在"画廊"中选择想要删除的静帧，然后按【Delete】键删除，或者右击，并选择"删除所选的项目"命令。

11.4.2 播放静帧与划像模式

有多种方法可以播放静帧。播放静帧的时候可以在"检视器"或"监视器"上比较当前画面与静帧画面。如图11-24所示。

图11-24　静帧划像

以下方法都可以播放静帧：

（1）在"画廊"中双击静帧。

（2）在"画廊"中选中静帧，然后点击"监视器"面板左上角的"图像划像"图标。

（3）在"画廊"中选中静帧，右击，然后选择"切换划像模式"命令。

（4）在"显示"菜单中，选择"静帧"→"下一个静帧"【Option+Command+N】或"上一个静帧"【Option+ Command+P】以选择一个静帧，然后选择"显示参考划像"【Command+W】命令以播放静帧。

（5）在调色台上也可以播放静帧，按下"Play Still"键。

静帧划像可以进行反向处理。静帧划像的分割线可以拖动，这样便于你左右移动划像来细致地比较画面的不同位置。静帧划像的样式有四种——"水平"、"垂直"、"混合"

和"Alpha"，你可以通过菜单或者按钮来切换。切换划像样式的按钮如图11-25所示。

图11-25　切换划像样式的按钮

11.4.3　利用静帧集组织静帧

所有的静帧默认情况下都保存在"静帧1"当中，然而你可以创建额外的静帧集，以组织和管理你的静帧。在"画廊"面板中可以创建和删除静帧集。如图11-26所示。可以对静帧集重命名，或者在不同的静帧集之间移动静帧，只需拖动静帧到相应的静帧集中即可。

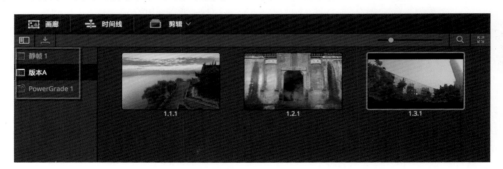

图11-26　静帧集

11.4.4　PowerGrade

PowerGrade静帧集是一种特殊的静帧集。PowerGrade静帧集是共享的，非常便于你在不同项目之间随时调取。对于一些你经常使用的静帧或者一些流行的调色风格，你可以把它们放置到PowerGrade静帧集当中。如图11-27所示。

图11-27   PowerGrade静帧集

11.4.5 导出与导入静帧

达芬奇的静帧文件除了图像信息之外还包括调色节点信息，因此你可以把所有片段都抓取静帧并导出。这样即使项目文件损坏或丢失，也能通过静帧把所有的调色信息重新加载回来。不过这种方法的缺点是：A镜头过多的话，这个过程会比较单调。B跟踪、稳定、关键帧以及LUT的信息丢失，因为静帧是不保存这些的。

01 在"画廊"面板上选择需要导出的静帧，并在其上点右键，在弹出的右键菜单中选择"导出"命令。如图11-28所示。

图11-28   导出静帧

02 在弹出的"导出静帧"对话框中设置静帧的存放位置、名称和文件格式，然后选择"导出"按钮。如图11-29所示。

图11-29 设置静帧保存模式

★提示

默认情况下导出的静帧是DPX格式的。导出静帧的时候可以选择将图像存储为TIFF、PNG或JPG图像等格式，这样可以在电脑上直接预览。

03 导入静帧的办法是在"画廊"面板的空白区右击，在弹出的右键菜单中选择"导入"命令。然后选择相应的静帧即可导入。导入的时候只能选择后缀为dpx的图像文件，后缀为drx的文件就是调色信息，会自动加载。如图11-30所示。

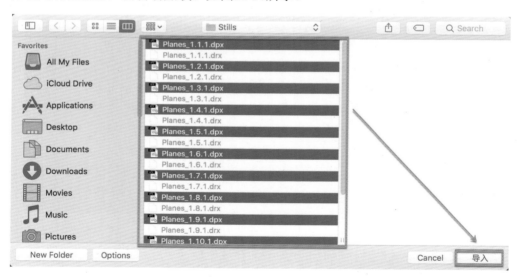

图11-30 导入静帧

★提示

如果在Options中设置导入格式为drx也可以只把drx导入，这样导入的静帧只包含调色信息而不包含静帧图片，就不能进行划像对比，因为对比的时候会显示黑场。

11.4.6 使用记忆

达芬奇的"画廊"当中还有一个"记忆"功能，"记忆"在默认情况下是隐藏的，但是你可以通过点击"记忆"按钮将其打开，如图11-31所示。这样记忆面板就会出现在静帧集的上方，一共是A到Z共26个记忆槽。你可以把静帧保存或者拖放到记忆槽当中，你也可以使用键盘上的快捷键把静帧抓取到记忆槽中。使用快捷键可以快速把记忆加载到素材片段上。

图11-31　记忆面板

使用记忆的快捷键如下："加载记忆A"是【Command+1】，以此类推，一直到"加载记忆H"是【Command+8】。"保存记忆A"是【Option+1】，"保存记忆H"是【Option+8】。使用键盘只能使用这八组快捷键。如果使用达芬奇官方调色台的话，则A到Z都可以有快捷键使用。

11.5 版本

在我们调色的时候经常会对一个素材片段进行多种调色尝试。另外，在调整电视剧的时候，其中有很多镜头所需的调色是相同的。我们希望调整一个镜头的时候，相关的其他镜头也会同样跟着变动。为此，达芬奇软件提供了"版本"功能来解决这些问题。当然，版本的功能并不仅限于此。

11.5.1 本地版本与远程版本

版本是针对于素材片段的，每一个片段都可以拥有自己的若干个版本。版本又分为本地版本和远程版本两种。达芬奇12在默认情况下使用的是本地版本。本地版本和远程版本的区别如下。

本地版本：使用本地版本的片段之间在调色上是互不相干的。所以，这些调色版本不会共享。

远程版本：如果片段在媒体池中是一段素材，但是在剪辑的时候被剪成多段的话，使用远程版本会让这些片段之间的调色共享。

你可以使用菜单命令或者快捷键来给素材片段创建版本。添加新版本的快捷键是【Command+Y】。片段上可以有多个版本，但是起作用的版本只能有一个。切换版本的快捷键是：上一个版本【Command+B】，下一个版本【Command+N】。

11.5.2 版本名称预设

在"项目设置"面板中，可以找到"常规选项"标签页，然后找到"版本"子面板，在这里面可以设置版本名称的预设。里面共有1～10共10个名称预设，如果点击下箭头的话，可以在里面找到一些系统提供的预设名。不过这些预设名字都没有翻译成中文。例如Cool代表冷调子，Foreground代表前景等。你也可以自己输入自己想要的版本名称预设。这样在新建版本的时候就便于为版本命名了。如图11-32所示。

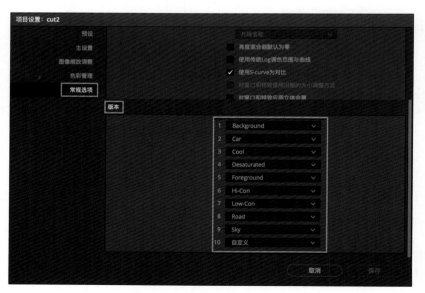

图11-32　版本名称预设

11.5.3 版本与分屏

当一个素材片段拥有多个"版本"的时候，如果你开启"检视器"面板上方的"分屏"

按钮的话，那么在"检视器"上就会显示出所有的调色版本。在分屏模式下，导演和摄影师就可以看到你所调整的所有的调色方案，便于你和他们沟通以确定最终的调色方案。如图11-33所示。

图11-33　分屏显示版本

11.6 群组

　　群组是达芬奇调色软件中的一种非常有效的组织调色的工具。你可以把若干片段做成一个群组，在调色的时候，达芬奇可以把群组看作是一个素材片段进行调色。当然，你也可以对这个群组当中的单个片段进行独立的调色处理。创建群组的方法是选择多个片段，然后右击，选择"添加到新群组"命令。如图11-34所示。

图11-34　创建群组

在对群组进行调色的时候，在节点编辑器面板中有两个关于群组的模式可选，那就是"片段前群组"和"片段后群组"。如图11-35所示。

　　在"片段前群组"和"片段后群组"模式下，对任何片段调色都会影响其他片段。要想对群组中的某个片段再单独调整，就需要切换到"片段"模式下。图11-36解释了"片段前群组"、"片段"、"片段后群组"和"时间线"这四种模式的区别。

图11-35　群组模式

图11-36　不同节点模式的区别

11.7 本章小结

　　本章讲解了达芬奇当中管理调色的大部分功能。例如数据库的管理，项目的导入与导出，项目的迁移。另外还讲解了复制调色的常用工具。例如，画廊、静帧、版本和记忆等。熟练掌握这些功能可以提高调色效率，保障调色安全。大家在调色工作中可能还会遇到很多关于调色管理的问题，希望能够举一反三。

第12章
输出交付

本章导读

当影片制作完成后就需要输出成片并进行交付了。本章将介绍达芬奇交付页面的布局以及常用的渲染预设，带领读者认识常用的文件格式与编码。输出交付是调色工作的最后环节，里面涉及大量的技术问题，并且容不得粗心大意，需要每一位从业者慎重对待。

本章学习要点

◇ 常用的渲染设置预设
◇ 格式与编码的知识
◇ 电影DCP打包
◇ 使用商业工作流程
◇ 输出带有Alpha通道的文件

12.1 交付页面简介

　　交付页面可以分为五个主要面板，渲染设置面板中有多种渲染预设可供选择，用户也完全可以对各种参数进行自定义设置。检视器面板用来查看要渲染的影片画面。缩略图时间线便于选择素材片段并设定出入点，在剪辑轨道上可以设置更加精确的渲染范围。渲染队列中存放着渲染任务。在交付页面中还有一个磁带面板，如果你有磁带录机的话，还可以把影片"吐"到磁带上。如图12-1所示。

图12-1　交付页面

12.2 常用的渲染设置

　　根据不同的工作流程会有不同的渲染设置。有时候要把素材交付给合成部门用于合成，有时候要把音乐交付给音频部门用于混音，有时候要把成片交付给网站、电视台和影院，还有时候需要把调色后的时间线回批给剪辑部门。面对名目繁多的交付需求，调色师应该掌握对应的渲染设置。

12.2.1 渲染设置的预设

　　如果每一次渲染都需要从头设置渲染参数，那么不仅工作效率会降低而且出错概率也会上升。因此达芬奇为我们提供了多种预设，使用预设来工作将会让你事半功倍。如图12-2所示。

图12-2 达芬奇渲染预设

1. 自定义

自定义模板把主动权完全交给了用户，渲染设置面板中的任何一个参数都可以被修改。当设置完成后还可以把自定义的参数存储为自己的预设。如图12-3所示。

图12-3 另存为新预设

2. YouTube

YouTube预设包含三个不同的分辨率：720P、1080P和2160P。视频格式使用QuickTime，编码为H.264，质量被限制于10 000KB/s。其他视频设置如图12-4所示。

图12-4 YouTube预设的视频设置

323

音频编解码器使用的是AAC，固定比特率，码流为320 KB/s，位深为16比特。如图12-5所示。

图12-5　音频设置

3. Vimeo

Vimeo预设和YouTube预设是一样的，不再赘述。如果想把影片输出给网络平台，可以启用这两个预设中的任何一个。如果网络平台对视频的码率和分辨率有特殊要求，则需要另行修改参数。

4. ProRes Master

ProRes Master预设用来将影片输出为ProRes编码的母版文件。视频格式使用QuickTime，编码为Apple ProRes 422 HQ（如果想要获得更佳品质可以选择Apple ProRes 4444）。如图12-6所示。

图12-6　ProRes Master预设的视频设置

音频编解码器使用的是线性PCM（无损音频），位深为16比特。如图12-7所示。

图12-7　音频设置

5. H.264 Master

H.264 Master预设用来将影片输出为H.264编码的母版文件。视频格式使用QuickTime，编码为H.264，质量为"自动"，该品质比YouTube预设的品质高。如图12-8所示。

图12-8　H.264 Master预设的视频设置

音频编解码器使用的是线性PCM（无损音频），位深为16比特。如图12-9所示。

6. IMF

IMF是Interoperable Mastering Format（可互操作式母版格式）的简称，适用于影片网络母版的交付。和DCP（数字电影数据包）相同的是，IMF也采用了JPEG2000编码。如图12-10所示。

图12-9　H.264 Master预设的音频设置

图12-10　IMF预设的视频设置

音频编解码器使用的是线性PCM（无损音频），位深为24比特。相比其他预设，IMF音频设置中的参数更多。如图12-11所示。

图12-11　IMF音频设置

7. Final Cut Pro预设

有些影片套底到达芬奇中完成调色后还需要回批到剪辑软件中再进行修改,如果想回批到Final CUT剪辑软件中就可以选择Final Cut Pro预设。如果想回批给Final Cut Pro 7,那么就应该选择Final Cut Pro 7预设。想回批给Final Cut Pro X,就要点击下拉菜单将预设修改为Final Cut Pro X。因为二者产生的XML文件格式不同。

Final Cut Pro预设中,时间线上零碎的片段依然会被渲染为零碎的片段,不过视频已经被调过色了。另外该预设还会同时导出一个XML文件便于回批。在Final Cut Pro剪辑软件中导入XML文件即可重建调色后的时间线。

视频格式使用QuickTime,编码为Apple ProRes 422 HQ(如果想要获得更佳品质可以选择Apple ProRes 4444)。如图12-12所示。

图12-12 视频设置

音频编解码器使用的是线性PCM(无损音频),位深为24比特。如图12-13所示。

图12-13 音频设置

在"文件"标签页中,使用独特文件名被勾选,并且会被添加为前缀。如图12-14所示。

图12-14 文件名设置

8. Premiere XML

Premiere XML预设和Final Cut Pro 7的预设相同,只不过输出的XML文件适合于Premiere软件使用。在Premiere剪辑软件中导入XML文件即可重建调色后的时间线。

9. AVID AAF

如果想把达芬奇调色后的时间线回批到Avid Media Composer剪辑软件中,可以选择AVID AAF预设。视频格式为MXF OP-Atom,编解码器为DNxHR,类型为DNxHR 444 12bit。如图12-15所示。

图12-15 视频设置

音频编解码器使用的是线性PCM(无损音频),位深为24比特。如图12-16所示。

图12-16 音频设置

在"文件"标签页中，使用独特文件名被勾选，并且会被添加为前缀。如图12-17所示。

图12-17　文件名设置

渲染完成后，在Avid Media Composer剪辑软件中导入XML文件即可重建调色后的时间线。

10. Pro Tools

Pro Tools预设会把达芬奇时间线中的零碎的视频片段渲染为单个MXF文件，把零碎的音频文件仍然渲染为零碎的MXF文件。同时还会导出一个AAF文件。在Pro Tools软件中导入AAF文件即可重建音视频时间线，便于音频制作者使用Pro Tools进行音频处理。

11. 纯音频

纯音频预设会把时间线中的所有音频渲染为一条音频文件。该预设不会输出视频文件。如图12-18所示。

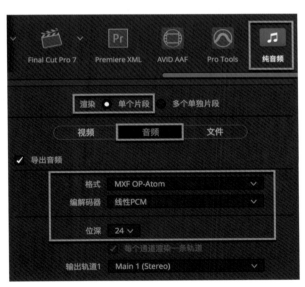

图12-18　纯音频预设

12.2.2　创建附加视频输出

达芬奇还支持在同一个渲染任务中把影片渲染为多种视频格式。在渲染设置面板中点击快捷菜单按钮，执行菜单命令"创建附加视频输出"。如图12-19所示。

图12-19　创建附加视频输出

在下方的面板中会发现出现了一个新的标签面板，其编号为2。在这个面板中设置想要的视频格式即可。如果再按一次创建附件输出按钮，则会出现编号为3的标签面板，以此类推。如图12-20所示。

图12-20　附加视频输出面板

12.3　常用格式与编码简介

达芬奇支持读入多种文件格式与编码，也支持渲染多种文件格式与编码。本节将介绍达芬奇渲染面板中常见的格式与编码的相关知识。

12.3.1　文件格式简介

1. QuickTime

QuickTime影片格式（MOV格式）是Apple公司开发的一种音频、视频文件格式，用于存储常用的数字媒体。很多摄影机可以拍摄MOV格式的影片，绝大多数后期软件都支持MOV格式。建议使用Mac版达芬奇的用户使用QuickTime格式输出。

2. AVI

AVI的英文全称为Audio Video Interleaved，即音频视频交错格式，是微软公司于1992年11月推出，作为其Windows视频软件一部分的一种多媒体容器格式。AVI文件将音频和视频数据包含在一个文件容器中，允许音视频同步回放。如果你使用的是Windows版的达芬奇，可以考虑使用AVI格式。

3. Cineon

1993年，柯达公司研发出一套数字电影系统并将其命名为Cineon。这套系统可以把胶片转换为10bit的RGB数字文件，数字文件的存储格式就是Cineon，简写为CIN。经过合成和调色处理的Cineon文件还可以被记录回胶片。

4. DPX

DPX是在柯达公司的Cineon文件格式上发展出的基于位图（bitmap）的文件格式。它是数字电影和DI工作中最重要的文件格式之一。未压缩，每通道10位。DPX是用来存储和表达运动图画或视频流的每一个完整帧而发展出的格式。多个DPX文件可以表示运动图画的片段和序列，用于在多种电子和计算机设备上交换和处理这些以完整帧为单位的运动视频。

5. DCP

DCP是Digital Cinema Package（数字电影数据包）的简称，是指发行至数字影院的包含影片画面、声音、字幕等内容及相关信息的数据包，作用相当于胶片电影中的复制。数字电影母版的制作过程，就是将DSM根据数字电影的技术要求转换成标准格式的DCDM；随后对DCDM进行图像压缩、数据加密、封装打包等处理，生成最终用于数字影院发行放映的DCP。

6. IMF

IMF是Interoperable Mastering Format（可互操作式母版格式）的简称，是为了简化母版文件交付工序而建立的，主要用于影片增值应用。和DCP（数字电影数据包）相同的是，IMF也采用了JPEG2000编码。

7. EXR

OpenEXR格式由Industrial Light and Magic（工业光魔）开发，支持多种无损或有损压缩方法，适用于高动态范围图像。OpenEXR文件可以包含任意数量的通道，并且该格式同时支持16位图像和32位图像。OpenEXR已经成为视效行业使用的一种重要的文件格式。

8. MJ2

2002年Joint Photographic Experts Group（联合图像专家小组JPEG）制订了基于JPEG2000的运动图像标准：Motion JPEG2000（即JPEG2000 part III，简称为MJ2或MJ2K）。该标准对视频序列帧独立采用JPEG2000编码，各帧编码数据完全独立，编码得到的视频序列具有可分级性。与其他视频编码标准相比，Motion JPEG2000抗干扰能力强，生成的编码序列易于编辑，因此目前越来越多地应用于数码相机、数字摄像机、数字影院、视频编辑、监控和远程医疗等领域。2005年好莱坞七大影业巨头联合确定Motion JPEG2000为未来数字影院标准，得到了工业界和娱乐界的支持。

9. MP4

MP4是一套用于音频、视频信息的压缩编码标准，由国际标准化组织（ISO）和国际电工委员会（IEC）下属的"动态图像专家组"（Moving Picture Experts Group，即MPEG）制定。MPEG-4包含了MPEG-1及MPEG-2的绝大部分功能及其他格式的长处，并加入及扩充对虚拟现实模型语言（VRML，Virtual Reality Modeling Language）的支持，面向对象的合成档案（包括音效，视讯及VRML对象），以及数字版权管理（DRM）及其他互动功能。

10. MXF

MXF是Material eXchange Format（素材交换格式）的缩写。MXF是SMPTE（美国电影与电视工程师学会）组织定义的一种专业音视频媒体文件格式。MXF主要应用于影视行业媒体制作、编辑、发行和存储等环节。

11. TIFF

TIFF是一种比较灵活的图像格式，全称是Tagged Image File Format（标记图像文件格式），支持256色、24位真彩色、32位色、48位色等多种色彩位，同时支持RGB、CMYK以及YCBCR等多种色彩模式，支持多平台，文件体积大。在数字电影母版制作中，通常采用符合TIFF6.0技术规范的长度为16位的无压缩TIFF文件作为数字电影发行母版的图像文件格式。

12.3.2 编码简介

1. Apple ProRes

Apple ProRes编解码器提供独一无二的多码流实时编辑性能、卓越图像质量和降低的存储率组合。Apple ProRes 编解码器充分利用多核处理，并具有快速、降低分辨率的解码模式。所有 Apple ProRes 编解码器都支持全分辨率的所有帧尺寸（包括 SD、HD、2K、4K和 5K）。数据速率有所不同，具体取决于编解码器类型、图像内容、帧尺寸以及帧速率。Apple ProRes 包括以下格式。

（1）Apple ProRes 4444 XQ

Apple ProRes 4444 XQ是用于4:4:4:4图像源的最高品质的Apple ProRes版本（包含alpha通道）。此格式具有非常高的数据速率，可以保留目前最高质量数字图像传感器生成的高动态范围图像中的详细信息。Apple ProRes 4444 XQ可以保留大于Rec.709图像的动态范围数倍的动态范围。即使在经过极端的视觉效果处理之后也是如此，这种处理过程会使色阶的暗部或亮部都得到显著延伸。像标准Apple ProRes 4444一样，此编解码器支持每图像通道高达12位，Alpha通道高达16位。对于1920×1080和29.97 fps的4:4:4源，Apple ProRes 4444 XQ具有大约500 Mbit/s的目标数据速率。ProRes 4444 XQ在OS X Mountain Lion v10.8或更高版本上受支持。

（2）Apple ProRes 4444

Apple ProRes 4444是用于4:4:4:4图像源的最高品质的Apple ProRes版本（包含alpha通道）。此编解码器具有全分辨率、高质量4:4:4:4 RGBA颜色和与原始材料没有视觉区别的视觉保真度。Apple ProRes 4444是一项高质量解决方案，用于存储和交换动态图形和复合视频，具有出色的多次编码性能和数学无损Alpha通道（最高达16位）。与未压缩的4:4:4 HD相比，此编解码器具有卓越的低数据速率。对于1920×1080和29.97fps的4:4:4源，具有大约330Mbit/s的目标数据速率。它还提供到RGB和Y'CBCR像素格式的直接编码和解码。

（3）Apple ProRes 422 HQ

Apple ProRes 422 HQ是较高数据速率版本的Apple ProRes 422，它可对4:2:2图像源保留

与Apple ProRes 4444相同等级的视觉质量。随着视频后期制作行业广泛地采用Apple ProRes 422 HQ，这种格式能在视觉上无损保留一个单链路HD-SDI信号可携带的最高质量专业HD视频。此编解码器支持全宽度、10位像素深度的4:2:2视频源，同时通过多次解码和重编码保持了视觉无损状态。目标数据速率在1 920×1 080和29.97 fps时约为220Mbit/s。

（4）Apple ProRes 422

Apple ProRes 422是高质量的压缩编解码器，提供几乎所有Apple ProRes 422 HQ的优势，但是提供66%的数据速率，可实现更好的多码流实时编辑性能。目标数据速率在1 920×1 080和29.97 fps时约为147Mbit/s。

（5）Apple ProRes 422 LT

Apple ProRes 422 LT是比Apple ProRes 422更高度压缩的编解码器，数据速率大概为70%，文件约为30%。该编解码器非常适合追求最佳储存容量和数据速率的环境。目标数据速率在1 920×1 080和29.97fps时约为102Mbit/s。

（6）Apple ProRes 422 Proxy

Apple ProRes 422 Proxy是比Apple ProRes 422 LT更高度压缩的编解码器，适用于需要低数据速率和全分辨率视频的离线工作流程。目标数据速率在1 920×1 080和29.97fps时约为45Mbit/s。

★提示

Apple ProRes 4444和Apple ProRes 4444 XQ非常适合动态图形媒体的交换，因为它们几乎是无损的。它们也是仅有的支持Alpha通道的Apple ProRes编解码器。

2. H.264

H.264是由ITU-T视频编码专家组（VCEG）和ISO/IEC动态图像专家组（MPEG）联合组成的联合视频组（JVT，Joint Video Team）提出的高度压缩数字视频编解码器标准。H.264具有低码率、高质量、容错能力强和网络适应性强的优点。但是由于压缩比很高，H.264编码的视频在调色环节的自由度比较低。

3. DNxHD/DNxHR

DNxHD是面向高清视频的编码方案，DNxHR则是面向2K、4K分辨率视频的编码方案。DNxHD/DNxHR编码有多种封装格式可以选择，例如MOV和MXF等。

4. GoPro CineForm

CienForm编解码器被设计用于高清及更高分辨率的数字中间片流程。2011年CineForm公司被GoPro公司收购，因此收购后该编码名称被更改为GoPro CineForm。

5. Grass Valley

Grass Valley（草谷公司）推出的编码。Grass Valley HQ用于编码高清视频，Grass Valley HQX用于编码更高分辨率的视频。

6. Kakadu JPEG2000

JPEG2000是新一代静止图像压缩编码国际标准，由JPEG标准发展而来。Kakadu JPEG2000在达芬奇15版本中被引入。

7. Photo JPEG

Photo JPEG编码使用JPEG算法对图像进行压缩，可以用来存储静态图像也可以存储高品质的视频文件。在QuickTime中有三种基于JPEG的编码：Photo JPEG、MJPEG-A 和 MJPEG-B。

8. Uncompressed

Uncompressed是一种未压缩编码，可以输出未经压缩处理的视频文件。

9. VP9

VP9是一个由Google开发的视频压缩标准。VP9在开发初期曾被命名为Next Gen Open Video（NGOV，下一代开放视频）与VP-Next。VP9相比VP8有着很多的提升。在比特率方面，VP9比VP8提高2倍图像画质，H265的画质也比H264高2倍。VP9的一大优势是没有版税，和H.264（2013年cisco已将H.264开源）、H.265不同，它可以免费使用。VP9标准支持两种编码格式设定（Profiles）：profile 0和profile 1。Profile 0支持4:2:0的色度抽样，Profile 1支持4:2:0、4:2:2和4:4:4色度抽样，并支持Alpha通道和depth通道，另外Google也在考虑新增一个支持10位色彩深度的编码格式设定。

12.4 电影DCP打包

数字电影数据包Digital Cinema Package（DCP）是指发行至数字影院的包含影片画面、声音、字幕等内容及相关信息的数据包，作用相当于胶片电影中的复制。达芬奇15中新增了输出DCP的功能，因此可以在完成调色后直接交付数字电影数据包（DCP）。

01 检查影片图像、音频和字幕无误后进入"交付"页面。将导出格式设置为"DCP"，将编解码器设置为"kakadu JPEG 2000"，根据项目需求自行设置影片分辨率为2K或4K，最大比特率一般设置为250Mbit/s。然后点击"工程名称"后的"浏览"按钮，如图12-21所示。

02 在弹出的"DCP工程名称生成器"面板中根据具体项目设置工程名称。该名称不同于DCP数据包的文件名称。如图12-22所示。

图12-21　DCP格式设置

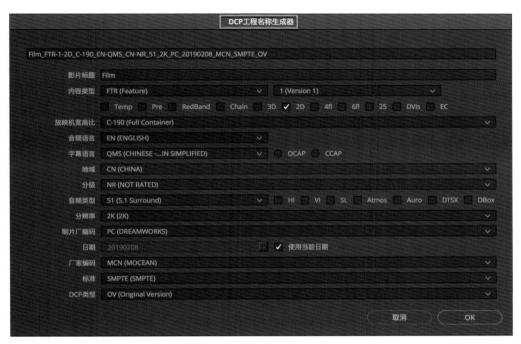

图12-22　DCP工程名称生成器

03 将项目添加到渲染队列中进行渲染，就可以得到数字电影数据包（DCP）。如图12-23
所示。

图12-23　渲染队列

导出的DCP是一种结构化的文件，由CPL（合成播放列表）、PKL（打包列表）、

AssetMap（资产映射表）和KDM（密钥传送消息）四部分构成。DCP文件可以由专门的播放器来播放检查，也可以导入到达芬奇内部进行播放。

★提示

目前使用达芬奇内置的kakadu JPEG 2000编解码器输出DCP文件还有不少局限性。想要获得更加丰富的功能，可以使用DaVinci Resolve Studio版携带的easyDCP软件进行DCP输出。注意，easyDCP是收费软件，需要单独进行授权。

12.5 利用商业工作流程

在给影片定调的过程中，调色师会给一个片段调整多个调色版本供客户选择。但是在渲染影片的时候却只能渲染一个版本出去。"使用商业工作流程"可以把一个片段的多个调色版本同时渲染出去。

★实操演示

本节案例请观看随书配套视频教程。

12.6 输出带有Alpha通道的文件

达芬奇能够导入自身包含Alpha通道的文件，也能够导出带有Alpha通道的文件。想要把Alpha通道嵌入到文件中，可以使用下文介绍的方法。

01 使用抠像或ROTO的办法为图像制作出蒙版，然后在节点编辑器中，将节点的Alpha输出连接给节点编辑器右侧的Alpha输出图标上。如图12-24所示。

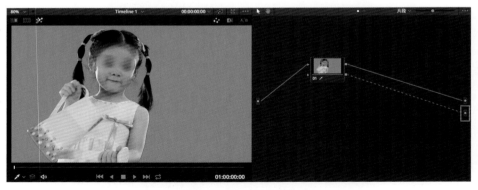

图12-24　添加Alpha输出

02 进入"交付"页面，选择输出模板为"自定义"，选择"多个单独片段"，视频格式设置为QuickTime，编解码器为Prores4444，并且勾选"导出Alpha"。这时已经完成了影片带Alpha导出的关键设置，其他参数可自行设置。如图12-25所示。

图12-25 导出设置

03 将导出的视频文件再次导入到达芬奇并放置到时间线上，可以看到，小女孩素材的蓝色背景已经变成透明的。如图12-26所示。

图12-26 素材背景已经透明

12.7 本章小结

　　时至今日，影片的交付平台主要分为网络、电视和影院三种。网络交付通常使用的是H.264编码的视频文件，如果需要交付网络母版文件可以使用IMF格式。给电视台交付节目建议使用Apple ProRes 422 HQ编码，当然也可以根据电视台的需求进行调整，因为HDR节目要求的文件格式和编码不同于常规节目。给影院交付需要使用DCP格式。当然，调色部门还可能需要和其他部门之间交互数据，这就需要具体问题、具体分析了。

第13章

色彩美学

- ○

📊 **本章导读**

- ○

　　对调色师而言,掌握达芬奇软件的使用犹如学习
绘画的人掌握了画笔的使用,这是基本功不可
或缺。但是达芬奇调色肯定不是会用软件那么简
单。要想在调色能力上更进一步,就必须研究光
影造型和视听语言,进而能够有目的地通过调色
来控制影片情绪。

- ○

⚙️ **本章学习要点**

- -

　　◇ 色彩构成
　　◇ 广告片色彩规律
　　◇ 胶片质感模拟

13.1 色彩基础

　　色彩是人眼感受可见光刺激后的产物。有了光才能看到世界万物，感受到色彩的丰富。色彩有三种原色，即红、黄、蓝。三原色给人的感受截然不同。一般情况下，首先被视觉注意到的是黄色，因为它最明亮、最醒目；然后是红色，其鲜艳度最高，显得比较扩张和突出；蓝色相对比较冷静，容易使人产生距离和收缩的感觉。如图13-1所示。

图13-1　原色、间色和复色

　　由三原色互相混合可派生出其他丰富的色彩，如橙、绿、紫等。凡色彩都会同时具有三种属性，即明度、色相、纯度，又称为色彩的三要素。明度是指色彩的明暗差别；色相是指色彩的相貌、名称；纯度则是指各种色彩中包含的标准色成分的多少。由于色彩对人们生理和心理所造成的不同感觉，也就形成了色彩的冷暖、胀缩等视觉效果。通过对色彩三要素在不同广告中的组合变化，可以形成色彩对比与调和的不同搭配，进而形成不同的广告色调。

13.2 色彩的对比

　　色彩的对比形式是多样的，如色相对比、纯度对比、明度对比、冷暖对比和补色对比等。

13.2.1 色相对比

　　在色相环中任何两种以上色相的配置都会产生对比作用，因色相差异而产生的对比称为色相对比。色相对比的强弱与色彩的相对位置和距离有关，在色相环中邻近色相对比较弱。反之，色相对比最强的应是色相环中180度对应的补色对比，如黄色与紫色、红色与绿色以及蓝色与橙红色的对比等。如图13-2所示。

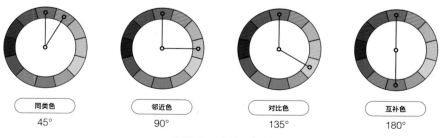

同类色	邻近色	对比色	互补色
45°	90°	135°	180°

图13-2　色相对比

如图13-3所示的画面中背景墙壁是蓝色的，人物的上衣是黄色的，裙子是红色的。蓝和黄、红之间形成了鲜明对比。红和黄属于邻近色，没有蓝和黄之间的对比那么强烈。

图13-3　对比配色

13.2.2　纯度对比

人们的眼睛在感觉不同色相时，所能区分的色彩纯度是不同的，因纯度差异而产生的对比称为纯度对比。高纯度的色相明确、鲜艳、纯净。而低纯度的色相则往往给人以含蓄、柔和、雅致的感觉。通常对比与调和是同时并存的。在广告色彩的搭配中，高纯度色彩的搭配用同类色系或低纯度无彩色系来调和，低纯度色彩之间的对比用高纯度且明视度也较高的色彩进行点缀，两者互相衬托，相辅相成，纯度的鲜明性和柔和性才能显示出来。如图13-4所示。

图13-4　高纯度气球和低纯度墙壁的对比

13.2.3　明度对比

明度反差的强弱决定画面的主题基调和布局风格。在以明度为基准的配色中，明度对比强时视觉灵敏度高，画面清晰、明朗、强烈。明度对比弱时视觉灵敏度低，画面较为柔和、含蓄。如图13-5所示。

图13-5　明度对比

13.2.4　冷暖对比

　　色彩的冷暖是人们的知觉和审美感受所产生的一种心理体验。如人们看到红色、橙色时会产生温暖和喜庆的感觉，因为红色、橙色总是和火、太阳等联系在一起。而看到蓝色、紫色时就会产生宁静和理性的感觉，因为蓝色、紫色往往和天空、大海等联系在一起。在一般情况下，人们以红、橙色系代表暖色系列，以蓝、紫色系代表冷色系列。但在实际广告色彩搭配中，情况往往会复杂得多，因为在一定的色彩基调与相互关系中，色彩的冷暖关系也是相对而言的。如图13-6所示。

图13-6　冷暖对比

13.2.5　补色对比

　　在色相环中，任何一种颜色与其180度对应的补色对比都是最为强烈的，极易产生强烈的视觉冲击力。它的好处是能鲜明地突出广告传达的主题和个性，视觉冲击力强。如红与绿、黄与紫、蓝与橙等。在所有的补色对比关系中，以黄与紫组合的视觉冲击力最为强烈醒目。如图13-7所示。

图13-7　红绿互补对比

13.3 色彩的象征

　　每一种颜色都有其象征意义，例如红色是热烈冲动的色彩，象征着热情、勇敢；橙色象征着秋天，是一种富足快乐而幸福的颜色；黄色有金色的光芒，象征着权力与财富；绿色优雅而美丽，无论掺入黄色还是蓝色仍旧很好看；蓝色是永恒的象征；紫色给人以神秘感，等等。象征是由联想并经过概念的转换后形成的思维方式，世界各民族、国家、地区都有各自的象征色彩，并随之形成一定的使用规范。在色彩心理学中，借助和视觉经验相一致的色彩，可以传达人们的思想感情或者精神。色彩的象征效果也源于经验，它流传千百年，作用于全体人或者某个群体。

13.3.1 红色的象征意义

　　由于红色容易引起注意，一般被用来传达有活力、积极、热诚、温暖、前进等含义，另外红色也常作为警告、危险、禁止、防火等标示用色。无论红色有多少种象征意义，它们的共性是激情、是强烈，所以在电影里表达的情绪总是与极端幸福或者极端痛苦相关。如图13-8所示。

图13-8　电影《红高粱》截图

13.3.2 粉红的象征意义

　　粉红给人的感受是柔和。如果说红色是强大的，那么粉红就是弱小和娇嫩的。其效果非常依赖周围环境，和黑色在一起显得鲜艳，而和白色在一起就显得比较苍白，和蓝色在一起显得冰冷，和黄色在一起则显得温暖。粉红是春天桃花开时的颜色，具有典型的女性特征：温柔、温暖、亲近、舒适、甜蜜，人们看见粉红色时会反映它的口味为甜蜜与柔和。如图13-9所示。

图13-9　电影《布达佩斯大饭店》截图

13.3.3 蓝色的象征意义

　　蓝色是一种典型的冷色调，由于色相的纯粹性和光波较短，震动频率快，所以给人的色彩视觉以稳定的印象。视觉上给大部分人的感受是退缩的，具有深远的空间感。不同蓝色产生的感觉差异很大，明亮的蓝色很容易联想起晴朗的蓝天和辽阔海洋，而深暗的蓝色却让人感觉阴沉和冷酷。不过总体上蓝色对心理和生理的影响是有利于平静，蓝色作用于人类的迷走神经并具有镇静功效已得到实验证实，有时蓝色也被认为是一种消极的颜色。如图13-10所示。

图13-10　电影《蓝》截图

13.3.4 绿色的象征意义

人们对绿色光的反应最平静，人失去绿色或缺少绿色会感觉情绪枯燥。绿色不向四周扩张，也不具有向外扩张的感染力，不会引起快乐、悲伤和激情。绿色有宽泛的适应力，加白、加黑都可以运用自由，趋暖、趋冷都随心所欲。绿色传达肃静、安全、纯真、信任、公平、亲情的意念。纯正的绿色是一种中性色，具有独立的品格。绿色是生命的象征，这象征缘于植物。如图13-11所示。

图13-11 电影《青木瓜之味》截图

13.3.5 黄色的象征意义

作为纯色中最富有光线感觉的色彩，黄色是可见光光谱中最明亮的颜色，它能够在最大的明度下显示其饱和度，在其他色彩的背景前，其色彩表现非常抢眼，具有强烈的注目效果。由于黄色的明视度高，因此常被用于醒目的标志上。在暗色的背景上，黄色像嘹亮的号角被突显。暗蓝色背景前的黄色，对比最为强烈。表情与象征意义：明朗、快活、自信、希望、高贵、贵重、进取向上、德高望重、富于心计、警惕、注意、猜疑、背叛、年老。如图13-12所示。

图13-12 电影《杀死比尔》截图

13.3.6 橙色的象征意义

黄色与红色混合形成温暖的橙色，橙色明视度高，在工业安全用色中，橙色即是警戒色，如火车头、登山服装、背包、救生衣等，而由于橙色非常明亮刺眼，有时会使人有负面低俗的印象。各种色彩中，橙色是最具有热量感的色彩，它同时具有红色和黄色的品质，具有强大的活力和充沛的热量。愉快、合群的色彩是橙色积极的一面，在此效果中它总和黄色和红色共同出现。如图13-13所示。

图13-13　电影《变形金刚》截图

13.3.7 紫色的象征意义

在可见光光谱中，紫色位于边缘处，与之相邻就是肉眼看不到的紫外线。因此，紫色与黄色相反，是明视度最低的色彩，注目性弱，属中性色之一。紫色的稳定性差，容易受其他色相的影响。紫色代表了迷惑和不忠实。紫色是冷却的红，是从注目性强烈的黄色、红色转向逐渐淹没的颜色，正是基于这一点，紫色又带有几分哀怨、忧伤的意味。紫色易引起心理上的忧郁和不安，但紫色又给人以高贵、庄严之感，所以女性对紫色的嗜好性很高。如图13-14所示。

图13-14　电影《大红灯笼高高挂》截图

13.3.8 灰色的象征意义

灰色是介于黑与白之间的颜色。中性灰色是一种无特点、无彩的平淡色，非常容易被明暗与色相的对比所影响。不显眼、不自信、沉默寡言是灰色的表情。灰色在象征学上引申为矛盾的感情，灰色的感情便是逃避一切事物，保持虚幻的阴影、幻觉和幻影。年老、过去、贫穷、秘密、非法、谦虚也是它的象征意义。如图13-15所示。

图13-15　电影《末代皇帝》截图

13.4 广告片的色彩规律

影视广告是借助于光波和声波，将商业广告信息通过动态的影像以及说话的声音和音乐传递出来，加深广告印象并形成记忆的一种广告媒介形式。影视广告与人类的生活息息相关，是现代广告重要的手段之一。影视广告包含了两个方面的含义：一是运用影视制作手法；二是在电影、电视或者网络视频的放映过程中播放。在英语里，一般以"CF"代表影视广告，也被译为"商业胶片"。电视广告常见的英文表达方式有三种："TVCM"专指电视商业广告（TV Commercial Message）、"VCM"（Video Commercial Message）和"TVC"（TV Commercials）都是中文"电视广告"的意思。

广告色彩是广告设计的重要构成要素之一。它不仅能直观地反映物象的外貌和特色，而且还能准确地传达广告所要表达的主题和内容，进而产生震撼心灵的视觉效果并营造出丰富多彩的审美意境，从而激发消费者的购买欲望。广告色彩的成败，对广告的视觉传达效果有着举足轻重的影响。广告的主色调就是广告色彩的总体效果。广告色彩的整体效果取决于广告主题的需要以及消费者对色彩的喜好，设计者可以此为依据决定色彩的选择与搭配。广告的色调一般由多个色彩组成，为了获得统一的整体色彩效果，需根据广告主题和视觉传达要求，选择一种处于支配地位的色彩作为主色调，并以此构成画面的整体色彩倾向，其他色彩则围绕主色调变化，形成以主色调为代表的统一的色彩风格。经验表明，不同类别的商品适于使用不同的主色调。

▌13.4.1 食品类商品

常用鲜明、丰富的色调。红色、黄色和橙色可以强调食品的美味与营养；绿色强调蔬菜、水果等的新鲜；蓝、白强调食品的卫生或说明是冷冻食品。如图13-16所示。

图13-16　食品广告图

▌13.4.2 药品类商品

常用单纯的冷或暖色调。冷灰色适宜于消炎、退热、镇痛类药品；暖色用于滋补、保健、营养、兴奋和强心类药品；大面积的黑色表示有毒药品；大面积的红、黑色并用表示剧毒药品。如图13-17所示。

图13-17　药品广告图

▌13.4.3 化妆品类商品

常用柔和、脂粉的中性色彩。具有各种色彩倾向的红灰、黄灰、绿灰等色表现女性高贵、温柔的性格特点；男性化妆品则较多用黑色或纯色，以体现男性的庄重、大方。如图13-18所示。

图13-18　化妆品图

13.4.4　五金机械类商品

常用黑色或单纯沉着的蓝色、红色等表现五金、机械产品的坚实、精密或耐用的特点。如图13-19所示。

图13-19　汽车广告图

13.4.5　儿童用品类商品

常用鲜艳的纯色或色相对比、冷暖对比强烈的各种色彩，以适应儿童天真、活泼的心理和爱好。如图13-20所示。

如果广告的背景也需要某种颜色，那么应该根据以下规则来选择背景色：为了突出主色调，广告画面背景色通常应该统一，多用柔和、相近的色彩或中间色以突出颜色；也可用统一的暗色突出明亮的主色调，背景色彩高度的高低可以视主色亮度而定；一般情况下，主色调都应该比背景色彩更为强烈、明亮、鲜艳，以利于突出主题形象，造成醒目的视觉效果。

图13-20　糖果广告图

13.4.6 广告片中的肤色处理

　　科学家对古人类头骨化石的研究揭示了人类大脑的发展，尤其是在80万年到20万年前这段时间的变化过程：为了适应新的环境和频繁的气候变化，人脑实现了令人震惊的生长。在200万年的演变过程中，人类大脑体积增加了三倍，负责计划和决策的大脑新皮层明显增加。因为这个进步，人类取得了辉煌的成就，创建了各种文明以及复杂的社会行为。在视觉进化中不可忽视的一点就是：喜欢看脸成为人类的天性。有人做过眼球运动分析，测试不同的人在观察图像的时候的眼球轨迹，结果发现绝大多数人都会把视线放到具有脸部特征的图像区域上。如图13-21所示。

图13-21　眼球运动轨迹的图像区域

　　对于调色师而言，处理脸部的曝光、反差、颜色和质感是必备技能，并且要花大量的时间进行研究、学习与工作实践。不同年龄、不同职业、不同性别的人，他们的皮肤颜色和质感有着很大的区别，图中可以看到男性的脸相对粗糙，肤色较重。如图13-22所示。

　　女性的脸相对光滑，肤色较轻。调色过程中要注意肤色的细微差别，并且注意在磨皮过程中不仅要得到皮肤的光滑感，还要保留皮肤应有的细节，避免磨皮过度。如图13-23所示。

图13-22　男性皮肤颜色、质感

图13-23　女性皮肤颜色、质感

　　色彩是广告表现的一个重要因素，色彩能使人产生联想和感情。广告色彩的功能是利用色彩感情规律更好地表达广告主题，唤起人们的情感，引起人们对广告及广告商品的兴趣，最终影响人们的选择。广告调色师应该深刻理解色彩构成的理论与应用，能够根据导演的要求完成特定风格的制作，尤其是在处理人物脸部的时候要注意利用人类的视觉特性和一定时代的审美风潮进行有的放矢的调整。

13.5　胶片美学及其模拟方法探索

　　在影视圈中，大家经常会聊一些关于"电影感"或者"胶片感"的话题。因为大多数的电影从业者们以及那些电影爱好者们都在努力营造这种感觉。几乎每个人都看过电影，也都有自己对电影感的认识。但是总结一下会发现，大家心目中的电影感有很多共同的特点。例如特殊的画幅宽高比，导演的手法、光影的布局、独特的影调、优美的音乐等。但是本文想讲解的是电影感当中的胶片感，尝试解答如何把数字视频模拟成胶片的颜色、影调和质感。

13.5.1 什么是胶片质感

数字成像使用的是RGB色光相加原理，胶片成像采用的是CMY色料相减原理。胶片的类型可以分为负片、印片和反转片，拍摄电影主要用负片，放映电影用印片。胶片的洗印过程复杂并且有着严格的规范。我们常说的胶片质感就是由这一整套物理化学的反应所得到的最终画面，它的色彩与质感具有自己独特的美学体系。数字和胶片在影调呈现上是有着很大不同的。如图13-24所示。

图13-24　柯达胶片色彩展示

13.5.2 数字视频模拟胶片质感所面临的问题

胶片负片的感光特性曲线中直线部分可以记录相当于7档光圈的亮度范围甚至更高，加上肩部及趾部区域，记录的范围可达9~10挡以上。数字电影机的CCD记录的动态范围可以达到相当于10~14挡光圈的范围，甚至有某些数字电影机标称的宽容度为16.5挡光圈，从宽容度上来说，今天的数字机已经超过了传统的胶片。

从另一个方面来说，胶片负片只是记录载体，影像最终呈现在观众面前还要经过洗印过程，在这个过程中影调的压缩与损失还是很大的。如果摄影机负片的宽容度为10挡光圈的话，那么放映复制的宽容度会降低为8挡光圈，放映到屏幕上的影像的损失就更加严重，其宽容度只相当于6.5挡光圈。数字拍摄的优势在于，影像一旦被记录下来，在整个影像的传递过程中其影调的损失是很小的，特别是如果最终使用数字放映机放映数字影像，影像没有经过数字和胶片之间的转换过程，如果不将调色的损失计算在内的话，影调在整个处理过程中几乎没有任何损失。现代数字投影的能力也要明显高于胶片的放映，所以观众最终在银幕上看到的影像所能展示的影像宽容度比胶片系统要大得多。虽然数字视频的宽容度整体表现还不错，但是数字视频也分三六九等，所以想要把数字视频模拟成胶片质感还是要面临很多严峻的挑战！

1. 有些数字视频的宽容度太低会造成廉价感

在工作中，有些宽容度很低的数字视频也被要求模拟胶片质感。这些素材通常是单反、手机或者DV拍摄的。超过数字摄影机CCD动态范围的亮度会被直接"切割"掉，这会造成画面的高光部分曝白，丢失细节，带来画面的廉价感。图中展示了单反相机拍摄的高光剪切、阴影死黑的画面。如图13-25所示。

图13-25　高光和暗部细节丢失

胶片负片在肩部的表现比CCD或者CMOS要强很多，延展性很好，能够对胶片有作用的亮度范围比实际宽容度还要大，胶片拍摄的高光区过渡会比较细腻。图中左侧可以看到头发已经过曝，而图中右侧还是可以看到头发的细节。如图13-26所示。

图13-26　细节对比

2. 不是所有的数字视频都以Log来拍摄

传统电影都是使用胶片拍摄的，其曝光特性符合对数曲线。而今天的数字摄像机和数字电影机在拍摄的时候，参数设置非常灵活。所以拍摄的素材有些是RAW格式的，有些是Log的，有些是按照709标准拍摄的，这就给模拟电影质感带来了麻烦，调色师首先要懂得每一类素材的特性，然后才可以按照标准进行色彩管理。图中展示了不同素材的转化方法。如图13-27所示。

3. 数字机拍摄的Log不等于传统胶片的Log

目前有一种模糊但很普遍的认识，认为摄影机负片由符合Cineon标准的扫描仪转换成对数数字文件后，其影调特点与直接由数字摄影机对数模式拍摄的画面相近甚至一致，因为它们都是对数影像，这种认识显然是错误的。

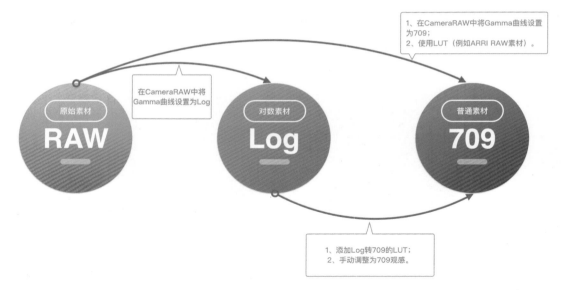

图13-27　RAW、Log和709的转化

普通摄影机负片在直线部分的斜率Gamma约为0.6，0.6的Gamma意味着相对曝光量对数每变化一个单位相当于亮度变化10倍，也就是3.5挡光圈，密度差为0.6，如果用Cineon标准扫描，相当于300个码值的差距。也就是说，只要景物亮度的差别为3.5挡光圈，反映到Cineon文件上的码值差别为300。但是数字摄影机的对数模式千差万别，如ARRI D20就有两个对数模式，采用不同的影调关系，即使是采用Cineon标准将12bit线性文件转换成10bit对数文件的Thomson Viper，其真正的光圈级数与码值之间的对应关系与胶片相比也有很大差别。这种差别是很难用具体数据比较的。如图13-28所示。

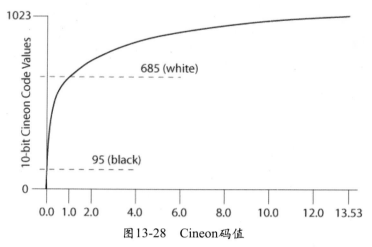

图13-28　Cineon码值

由于扫描影像符合Cineon标准，其影调的传递过程更加清晰。首先10bit对数空间完全可以记录相当于10挡光圈左右的亮度范围，在记录过程中会有一定的层次损失，但是胶片的宽容度基本上被完整地保留下来。实际上记录过程对于直线部分影调的损失是非常小的。但是在肩部和趾部，由于记录仪并没有改变这两个区域的采样间距，仍为1CV = 0.002D，数

字文件的影调在这两个区域会被很大程度地拉伸。

　　在胶片记录过程中，以Celco FireStorm 2为例，输出到中间负片上的密度范围可以达到1.5D以上，整个影调基本上记录到中间片的直线部分，原始负片影像直线部分对应的那部分影调损失仍然非常小，肩部和趾部的影调在这里被压缩回来。在整个记录和扫描过程中，肩部和趾部影调层次会有一定程度的损失，但是对影像宽容度的影响应该不大。这个过程对于宽容度的损失要远小于后期印片所造成的损失。最终反映到银幕上的宽容度应该与不做数字中间片直接印片得到的影像相差无几。

4. 数字视频缺少胶片的后期处理工艺流程

　　由于胶片成像原理的机理，拍摄好的胶片必须经过冲洗和印制加工后，才能形成目视可见的画面，以及最终用于电影放映。洗片是对已经曝光后的胶片进行一系列化学处理，使潜影成为可见画面或声迹影像的加工过程。印片则是影像复制过程的一个工序，它将冲洗后形成的画面影像或光学声迹，通过印片机的光照，透射传递给承印胶片，使之曝光而形成潜影。在这个过程中调色师发明了很多特殊的工艺处理流程，例如留银、跳漂和交叉冲印等。如图13-29所示。

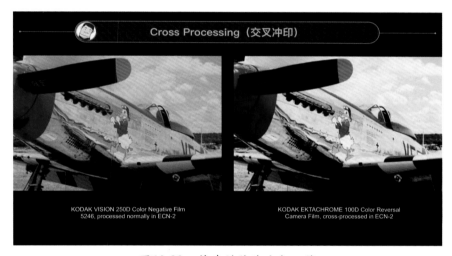

图13-29　特殊的胶片洗印工艺

5. 数字视频有Noise（噪点）但是没有Grain（颗粒）

　　噪点（Noise）主要是指CCD或CMOS将光线作为接收信号并输出的过程中所产生的图像中的粗糙部分，也指图像中不该出现的外来像素，通常由电子干扰产生。由于受到摄影机感光元件性能以及前期拍摄的种种不利条件的限制，我们拍摄的素材会不可避免地产生噪点。当我们描述数字视频的噪点的时候使用的词是Noise（噪点），而描述胶片的噪点时使用的词是Grain（颗粒）。用词的差别也体现了二者的不同。电影胶片有明显的颗粒结构，是它独特外观的一部分。很多人视它为胶片的主要优点之一。而几乎所有人都讨厌视频的噪点，因为它似乎缺少一种对"美学"追求。如图13-30所示。

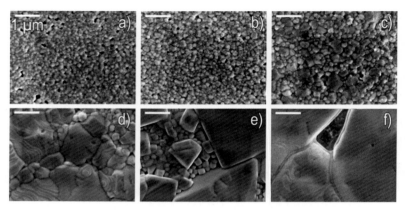

图13-30　胶片颗粒微观放大图

　　有一些情况需要去除胶片的颗粒。但是去除颗粒很困难。如果采用模糊或中值滤镜，那么图像会变柔和。行业中也有特殊的去颗粒软件，但是它们都比较昂贵而且会柔化图像，但不像简单的模糊处理那么糟糕。如果你没有复杂的去颗粒软件，有一个技巧可以帮忙。因为大多数图像的细节在红色和绿色通道，而大多数颗粒存在于蓝色通道，所以你通常可以只模糊蓝色通道来改善。

13.5.3　以调色手段模拟胶片质感的解决方案

　　之所以说模拟，是因为数字和胶片在成像原理的本质上是不同的。本文仅从调色角度出发提出模拟胶片质感的解决方案，并且这个方案也不是特别成熟，甚至是在行业内是有争议的。不过在面对一些中低端项目的时候，本文介绍的方案或许不失为一种满足项目需求的办法。

1. 将素材统一为Log

　　首先应该把媒体池中所有素材的Gamma都设置成Log或者转换成Log。图中给出了不同素材相对应的转换方法。推荐转换为主力机型的Log，如果主机位是ALexa拍摄的，那么可以把其他素材都转换为ARRI LogC这种对数曲线。如图13-31所示。

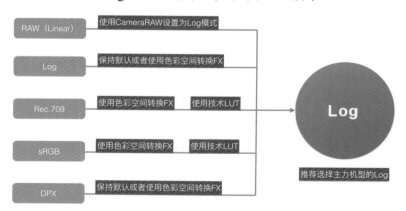

图13-31　将素材统一为Log

对于RAW素材来说，达芬奇在读取不同的RAW文件之后，会按照元数据以及达芬奇软件的设置来给出一个默认的色彩空间和Gamma曲线。这些默认设置就可能不是按照Log来设置的，例如Red素材有可能是Red Gamma4之类的曲线，为了将其修改为对数，可以选择RedlogFilm这种Gamma。

对于709素材转Log，一般有两种方案，一种是使用相对应的LUT，另一种方案是使用达芬奇自带的色彩空间转换工具。如图13-32所示。

图13-32　色彩空间转换

2. 使用LUT模拟负片

通过上一步处理可以得到Log曲线的素材，但是还没有模拟到完整的胶片流程。胶片流程是怎样的呢？第一步先拍到胶片负片，然后再印成胶片正片。那么可以先来模拟不同型号的胶片负片。这可以使用一套ImplulZ出品的LUT来模拟。如图13-33所示。

图13-33　负片模拟LUT

3. 使用LUT模拟印片

有了负片之后就可以模拟印片了，可以使用ImpulZ的印片、Koji LUT或者其他合适的LUT来模拟。

4. 进行适当的调色处理

图13-34展示了数字模拟胶片的前后对比图，左侧是一张普通的剧照，首先将其转换为Log编码，然后在节点上添加LUT模拟特定的负片效果。

图13-34　模拟战争片质感

接着对其进行调色处理并添加LUT模拟印片效果。其他节点主要用来制作一级调色和二级调色，并且使用图层节点模拟了Bleach Bypass（跳过漂白）的胶片特殊洗印效果。节点结构如图13-35所示。

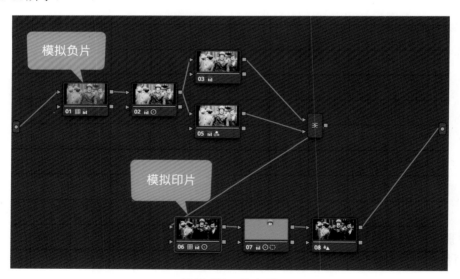

图13-35　节点图

5. 添加胶片颗粒

最后一步是添加胶片颗粒，这可以通过达芬奇自带的插件来实现。添加一个新的节点，然后在FX面板找到胶片颗粒工具，将其拖动到节点上，设置参数即可。如图13-36所示。

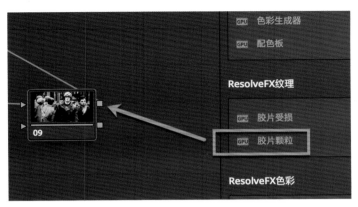

图13-36　添加胶片颗粒

　　胶片颗粒预设中有多种系统预设的颗粒可以选择，并且你完全可以对颗粒的参数进行自定义操作。达芬奇的胶片颗粒插件所得的效果是依赖显卡计算出来的，所以添加胶片颗粒会对调色的效率带来一些影响。如果系统运行变慢的话，可以考虑开启片段缓存或者节点缓存。如图13-37所示。

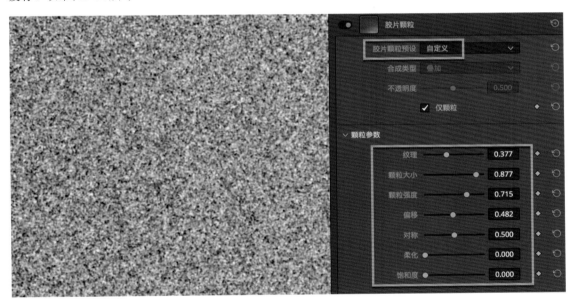

图13-37　设置参数

　　"电影感"或者"胶片感"更多的是对传统胶片美学的一种传承。时至今日，电影产业在多方面都发生了深刻的变化，影片的制作流程也已经和当年不同了，数字大行其道，拍摄方法和光影布置也有了很多新的内容，因此，除了继承之外，还要研究如何形成新时代的数字影像美学，从这一点上来说，我们还有很长的路要走。

13.6 本章小结

　　色彩也是一种视听语言，它可以让观众投入其中却浑然不觉。为了调色而调色是一种初级的做法。在影视调色过程中，需要充分掌握影视色彩的规律，通过色彩蒙太奇使画面色彩在形式上或内容上相互对应、冲击，从而产生更为丰富的含义，给观众造成强烈的视觉印象、表达情绪、表现寓意、揭示内涵。

第14章

Fusion合成

本章导读

Fusion是一款节点式的老牌后期合成软件，诞生于1987年。后期艺术家们使用Fusion制作了大量的影视特效、电视包装和动态图形项目。Fusion一直是以独立版软件的形式存在，到了2018年，Fusion有了新的存在形式——内置于DaVinci Resolve 15版本中。作为一名调色师，如果你想拓展自己的能力，为自己的调色作品增光添彩，那么可以考虑学习Fusion，它将带给你意想不到的惊喜。

本章学习要点

◇ Fusion合成简介
◇ Fusion操作基础
◇ Fusion合成案例

14.1 Fusion合成简介

Fusion软件诞生于1987年，最早被称为Digital Fusion。后来曾经被整合到Maya软件中，被称为Maya Fusion，不过这个过程非常短暂。后来Eyeon软件公司继续开发Fusion，这个阶段的Fusion被称为Eyeon Fusion。2014年Blackmagic Design公司收购了Eyeon并继续开发Fusion软件，Fusion改名为Blackmagic Fusion。2018年，在DaVinci Resolve 15版本中内置了Fusion软件，Fusion成为达芬奇软件的一个模块。当然，独立版的Fusion仍在继续开发和使用当中。

14.1.1 Fusion能做什么

无论是好莱坞大片、电视剧、商业广告还是独立电影，Fusion都将为您带来逼真的视觉特效、惊艳的动态图形和强大的片头动画，使观众犹如身临其境。Fusion现已成为DaVinci Resolve的一部分，您只需一个点击即可在剪辑、调色、音频、视觉特效和动态图形之间自由切换。

1. 视觉特效合成

丰富的特效、强大的节点和真正的3D工作区。Fusion拥有基于节点的操作界面和无比专业的3D工作区，能够将画面层层相叠，创建复杂的合成特效。节点非常强大，可以按照流程图风格把它们连接起来，从而更清晰地看到整个合成，并且更快地做出修改。在Fusion中处理节点比搜寻一堆复杂的图层和滤镜效率高得多。如图14-1所示。

图14-1　视觉特效合成

2. 高级抠像

绿屏和蓝屏合成的强大键控。为了能获得天衣无缝的合成效果，您需要将画面中的蓝色、绿色或任何色彩背景抠除干净。Fusion具备众多键控功能，其中包括全新的Delta键控，它能结合使用先进的图像处理技术和全套蒙版微调操作，在为您带来最为清晰的抠像效果的同时，依然还能原原本本地保留住图像细节。如图14-2所示。

图14-2　高级抠像

3. 矢量绘图

移除任何镜头中不想要的元素。Fusion采用独立分辨率的绘图工具，包括灵活的画笔风格、混合模式以及笔画形状等功能，并能随时进行修改。可以使用绘图工具快速移除如电线、器材装备等其他一些画面中不需要的元素。只要将某个区域克隆到另一个区域，或者使用画笔功能涂抹画面，甚至重新绘制整个元素即可。如图14-3所示。

图14-3　矢量绘图

4. 动态遮罩

跟踪和分离移动中的物体。Fusion中的贝塞尔曲线和B样条曲线工具可以快速绘制、跟踪自定义形状并进行动画操作，您可以将镜头中的演员或物体与其他元素分离开来。由于这些形状可以利用平面跟踪数据，因此您不用在画面变化的同时手动对运动、透视、位置、大小或旋转等进行动画操作。如图14-4所示。

图14-4　动态遮罩

5. 3D粒子

打造拥有发光、漩涡和闪耀效果的精彩粒子特效。有了Fusion，可以将任何物体变为粒子，然后利用回避、重力和反弹等物理特性，以自然的方式影响和改变这些粒子。粒子可以使用3D几何学，改变颜色，甚至产生其他粒子。更好的是，粒子兼容3D，它们可以形成漩涡效果，还可以围绕场景中的其他元素发生反弹。如图14-5所示。

图14-5　3D粒子

6. 2D和3D标题

专业的2D和3D文本排版控制。有了2D和3D文字工具，创作炫目动画标题易如反掌。Fusion拥有传统的文本格式控制和3D凸出功能，可添加反光、凹凸贴图、阴影等。使用跟踪工具对不同元素进行动画制作，使其产生飞入和飞出效果，或者让每个字母呈现波纹发光等效果，拥有无限制作可能。如图14-6所示。

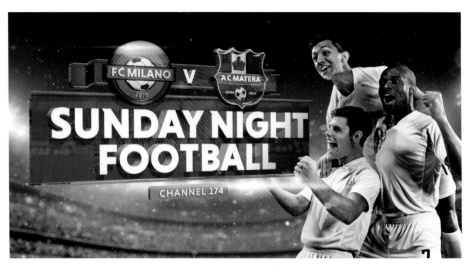

图14-6　2D和3D标题

7. 跟踪和稳定

　　内置平面、3D和摄影机跟踪。为了获得逼真的效果，不同物体的移动需要达到完美同步。Fusion可以自动跟踪、动作匹配并稳定镜头中的对象。选择平面跟踪器、传统3D跟踪器或摄影机跟踪器，分析和匹配用于拍摄该场景摄影机的实时移动。如图14-7所示。

图14-7　跟踪和稳定

8. 基于样条线的动态图形动画

　　全球领先的样条线动画工具。专业动态图形师需要强大的动画和关键帧工具。Fusion拥有强大的高级曲线编辑器，能够创建线性、贝塞尔和B样条动画曲线。专业的工具可以创建循环、倒退、乒乓、移动、拉伸和挤压等关键帧效果，快速制作出复杂的动画。如图14-8所示。

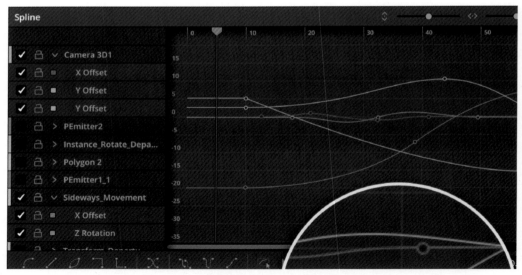

图14-8　基于样条线的动态图形动画

9. 体积效果

　　添加雾化等大气效果。使用各种雾化等大气效果时，能显著提升整个场景的真实度。Fusion使用GPU加速性能，因此可以立即查看各类效果在场景中的互动情况，无须等待渲染。此外，可以使用来自深度像素渲染通道的位置数据，让雾在3D场景中移动，令画面更加逼真。如图14-9所示。

图14-9　体积效果

10. 脚本编写和自动化

　　流程和工具，都可以自定义。Fusion页面支持Lua和Python脚本编写，可以编写脚本创建自定义工具，在Fusion和其他应用程序之间来回传输数据，将重复性的工作自动化，从而加快工作流程并节省时间。如图14-10所示。

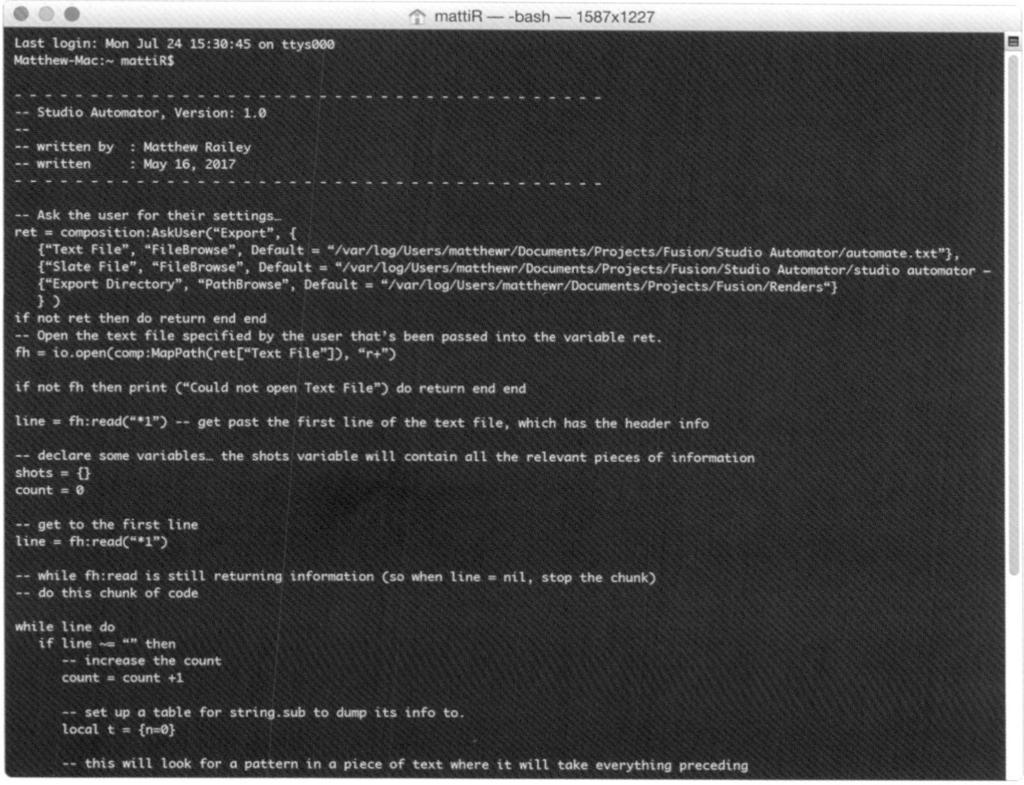

```
Last login: Mon Jul 24 15:30:45 on ttys000
Matthew-Mac:~ mattiR$

- - - - - - - - - - - - - - - - - - - - - - - - - - -
-- Studio Automator, Version: 1.0
--
-- written by  : Matthew Railey
-- written     : May 16, 2017
- - - - - - - - - - - - - - - - - - - - - - - - - - -

-- Ask the user for their settings...
ret = composition:AskUser("Export", {
    {"Text File", "FileBrowse", Default = "/var/log/Users/matthewr/Documents/Projects/Fusion/Studio Automator/automate.txt"},
    {"Slate File", "FileBrowse", Default = "/var/log/Users/matthewr/Documents/Projects/Fusion/Studio Automator/studio automator -
    {"Export Directory", "PathBrowse", Default = "/var/log/Users/matthewr/Documents/Projects/Fusion/Renders"}
    } )
if not ret then do return end end
-- Open the text file specified by the user that's been passed into the variable ret.
fh = io.open(comp:MapPath(ret["Text File"]), "r+")

if not fh then print ("Could not open Text File") do return end end

line = fh:read("*l") -- get past the first line of the text file, which has the header info

-- declare some variables... the shots variable will contain all the relevant pieces of information
shots = {}
count = 0

-- get to the first line
line = fh:read("*l")

-- while fh:read is still returning information (so when line = nil, stop the chunk)
-- do this chunk of code

while line do
    if line ~= "" then
        -- increase the count
        count = count +1

        -- set up a table for string.sub to dump its info to.
        local t = {n=0}

        -- this will look for a pattern in a piece of text where it will take everything preceding
```

图14-10　脚本编写和自动化

14.1.2　学Fusion难不难

经过几十年不间断的持续开发，Fusion的功能全面而又深入，我们不可能在几个小时内完全掌握它的所有功能。从零基础到熟练掌握Fusion的各种工具，需要1～3个月不等的职业培训，想要精通Fusion还需要1～2年的实际工作经验。每个人的知识结构和工作经历都不同，所以学习Fusion的难度自然也不同。

Fusion合成是基于节点的，达芬奇调色也是基于节点的，二者有相通之处。懂得达芬奇调色节点的用法有助于你学习Fusion节点。达芬奇调色节点只有六个，而Fusion节点的数量有上百个，远远超过达芬奇调色节点的数量。从技术上说，学习Fusion的难度是远高于学达芬奇调色的。但是如果你已经熟练掌握了Nuke（节点式合成软件）的用法，那么学习Fusion的优势就很大，因为二者可以触类旁通，轻松过渡。如果你熟悉After Effects（节点式合成软件）的使用，那么学习Fusion的难度就会增大，因为你不能用After Effects的合成逻辑去套Fusion的合成逻辑。这时候就要说服自己去接纳新事物，不要先入为主。

天下事有难易乎?为之，则难者亦易矣；不为，则易者亦难矣。既然你已经阅读到这里了，那么说明你对Fusion合成还是有兴趣的。下面即将开启的就是一段Fusion学习的旅程，希望你能坚持走下去。

14.2 Fusion操作基础

千里之行，始于足下。学习Fusion还是要从最基础的界面开始讲起。达芬奇软件的界面设计已经标准化，所以一些常见的按钮和菜单的操作方法是通用的。有一些面板，例如媒体池、元数据和检查器等，在多个页面中都能找到。

▌14.2.1 界面布局

Fusion界面由多个面板和工具栏构成。其顶部是界面工具栏，通过开关工具栏上的按钮可以显示或隐藏按钮所对应的面板。左侧是媒体池和特效库面板，中间上方是检视器、时间标尺与导航工具。中间下方是工具栏、节点编辑器、样条线编辑器和关键帧编辑器面板。最下方是缩略图时间面板。右侧是检查器和元数据面板。如图14-11所示。

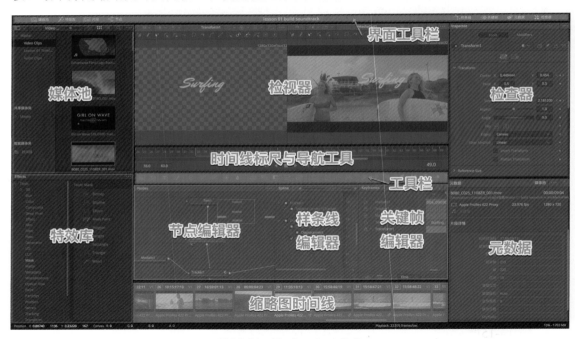

图14-11　Fusion界面布局

Fusion的用户界面可以比较拥挤也可以比较简洁，在用户界面的顶部可以看到界面工具栏，你可以使用这个工具栏显示或者隐藏某些面板，从而创建出适合特定工作需求的界面布局。如图14-12所示。

图14-12　界面工具栏

Fusion拥有独立的自定义设置面板。通过执行Fusion→Fusion Settings菜单命令即可打开Fusion Settings面板，在这个面板中可以看到多种多样的选项和参数。如图14-13所示。

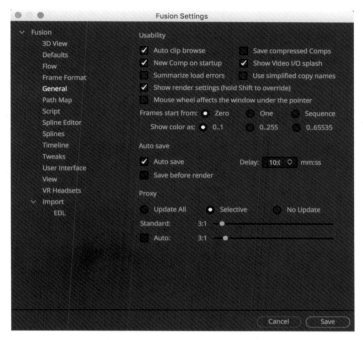

图14-13　Fusion Settings面板

可以拖动两个面板之间的连接处来手动调整面板的大小。拖动过程中两个相邻面板的大小变化是相反的，例如把媒体池面板调大，则检视器面板会变小。如图14-14所示。

14.2.2 检视器（视图）

在Fusion界面顶部的检视器区域中，可以显示

图14-14　调整媒体池和检视器面板大小

一个或者两个检视器。注意检视器标题栏最右侧的方框按钮，这个按钮可以激活或关闭双窗口显示。检视器中可以显示任何一个节点所输出的图像。使用两个检视器可以方便地对比任何两个节点所输出的图像。例如在左检视器中显示文字，在右检视器中显示合成的结果。如图14-15所示。

图14-15　Fusion的2D合成检视器

如果你进行的是二维合成,那么在检视器中看到的都是平面图像。当你进行三维合成的时候,就可以在三维检视器中查看三维节点所输出的画面了。三维检视器包含多个观察角度,便于用户进行三维合成操作。如图14-16所示。

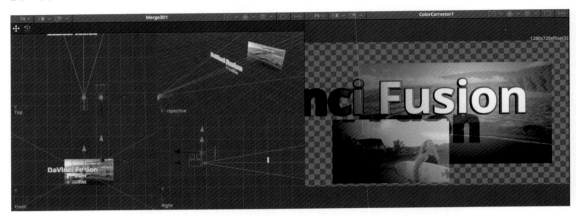

图14-16　Fusion的3D合成检视器

1. 缩放与平移检视器视图

在Fusion中有多种方式来缩放与平移检视器。以下介绍的方法同样适用于节点编辑器、样条线编辑器和关键帧编辑器。

（1）鼠标中键点击并拖动可以平移检视器视图。

（2）按住【Shift+Command】键并配合鼠标左键也可以平移检视器视图。

（3）同时按住鼠标左键和中键并拖动可以缩放检视器视图。

（4）按住Command键并滚动鼠标滚轮可以缩放检视器视图。

（5）在三维透视视图中,按住【Option】键并按住鼠标滚轮拖动可以旋转三维透视图。

2. 把节点加载到检视器中

通常情况下,当你第一次打开Fusion页面的时候,MediaOut1节点会出现在检视器2中。如果你使用双检视器模式的话,检视器1不会显示任何图像,因为你还没有给它赋予任何节点输出。要想把指定的节点加载到指定的检视器中你可以执行以下操作:

（1）把鼠标指针悬浮在节点上,可以看到节点左下角有两个小圆点,其实这两个小圆点是两个按钮。点击左侧的按钮可以把节点输出给检视器1,点击右侧的按钮可以把节点同时输出给检视器2。如图14-17所示。

（2）在选中一个节点的情况下,按下快捷键1（数字键1）可以把节点输出给检视器1,按下快捷键2（数字键2）可以把节点输出给检视器2。另外,还可以在节点上右击,然后在弹出的菜单中执行View On→None/LeftView/RightView命令实现把节点赋予给检视器的任务。

图14-17　节点左下角的小按钮

（3）最后,你还可以把节点直接拖动到检视器中来把节点输出给检视器。如果你使用手绘板来操作Fusion的话,这样操作的感觉会非常棒。

3. 检视器控制

在检视器窗口顶部有一系列的按钮与下拉菜单可以执行一些快捷方式来定义检视器的显示。如图14-18所示。

图14-18　检视器顶部的控制按钮和下拉菜单

4. 缩放菜单

当你需要进行Roto或者精细操作的时候，可以放大检视器视图。当你需要纵览全局的时候，可以缩小视图。缩放菜单提供了几个预设的比例数值，Fit（适配）命令可以让视图内容充满检视器窗口。如图14-19所示。

5. 分割划像按钮与A/B缓存菜单

你可以把两个节点同时加载到A/B缓存中。首先点击分割划像按钮，如图14-20所示。

图14-19　　　　　　　图14-20　分割划像按钮与A/B缓存菜单

然后把想要进行比较的节点拖动到对应的A或B视图中就可以看到划像对比画面了。拖动紧邻AB字母的方框可以移动划像位置，拖动绿色的线条可以旋转划像分割线的角度。如图14-21所示。

图14-21　A/B缓存划像对比

6. 子视图类型

在二维检视器视图中，可以激活子视图并且可以选择不同类型的子视图，图14-22显示的子视图是波形图示波器。

图14-22　波形图示波器子视图

打开子视图菜单可以看到其中有Navigator（导航器）、Magnifier（放大器）、2D Viewer（二维视图）、3D Histogram（三维直方图）、Color Inspector（颜色检查器）、Histogram（直方图）、Image Info（图像信息）、Metadata（元数据）、Vectorscope（矢量示波器）和Waveform（波形图示波器）十种子视图类型。按下快捷键【Shift+V】可以交换主视图和子视图。如图14-23所示。

7. 节点名称

在检视器控制栏的中央显示的是当前正在查看的节点的名称。

图14-23　子视图下拉菜单

8. RoI（兴趣区域）控制

RoI是Rigion of Interest的缩写。当激活RoI的时候，当前节点的操作结果将只显示在兴趣区域内部。你可以自动设置兴趣区域也可以手动设置兴趣区域，可以在相邻的下拉菜单中找到相应的命令。如图14-24所示。

图14-24　节点的调色结果显示在兴趣区域内

9. 颜色控制

在颜色控制菜单中，可以选择Color（彩色）、Red（红通道）、Green（绿通道）、Blue（蓝通道）和Alpha（Alpha通道）五个命令。如图14-25所示。

图14-26显示了彩色、红通道、绿通道和蓝通道的画面效果。通过彩色图像可以看出图像整体发暖，所以图像的红通道的黑白图较亮，绿通道次之，蓝通道最暗。

图14-25　颜色控制菜单

图14-26　不同通道的显示效果

10. 检视器LUT

点击检视器LUT按钮可以开启或关闭LUT显示。在下拉菜单中有大量的LUT可供选择，默认情况下，检视器中显示的是未经调色处理的画面，因为在达芬奇调色软件的图像处理流程中，Fusion页面是在调色页面之前的。也就是说，先合成、后调色。如果你在线性合成流程中工作，那么你肯定希望在正常化的视图颜色中进行合成与调色处理，这就需要为视图开启把线性图像正常化的LUT。另外，在LUT下拉菜单中还可以找到达芬奇调色自带的LUT文件以及用户自己安装的LUT文件。图14-27的右侧显示了检视器开启风格化LUT的效果。

图14-27　右侧为开启LUT后的检视器

11. 选项菜单

选项菜单图标显示为三个点，在这个菜单中包含了多个实用的命令。如图14-28所示。

例如Show Controls可以在检视器中显示控制器，便于用户进行多种操作。图14-29显示了跟踪器的控制器和路径。如果觉得画面杂乱想要看到干净的合成效果，可以取消勾选Show Controls选项。

图14-28　选项菜单

图14-29　跟踪器的控制器和跟踪路径

14.2.3 时间标尺与导航控制

在检视器下方是时间标尺和导航控制区。时间标尺显示了当前片段或者合成的帧范围。当然，帧范围的长度取决于当前选中的是什么。

如果你已经选中了一个片段，那么时间标尺显示的就是源片段的长度，入点和出点定义了渲染范围，即黄色线段所包围的范围。渲染范围之外的帧是该片段在剪辑页面所定义的余量。如图14-30所示。

图14-30　含有余量片段的渲染范围

如果你选择的是Fusion片段或者复合片段，那么渲染范围就是该片段自身的长度。如图14-31所示。

图14-31　Fusion片段或者复合片段的渲染范围

1. 播放头

在时间标尺上可以看到一条红色的线段，这条线段就是播放头。播放头在标尺上标示出当前正在查看的帧，检视器中会看到这一帧的图像。点击标尺的任何地方，播放头都会跳过去。还可以通过拖动播放头来浏览视频。

2. 当前时间数值区域

播放头所在位置的帧数会显示在时间标尺右下角的数值区域中。你也可以在这个数值区域中输入时间数值以将播放头移动到指定的位置。如图14-32所示。

图14-32　当前时间数值区域

在Fusion中，帧数可以是整数，也可以是小数。例如可以将渲染范围设置为24.25～38.78，也可以将播放头放置到32.66帧上。这在制作动画和变速的时候会非常有用，因为可以得到更加自然的动画效果。

3. 帧范围

帧范围有两个，一个是合成的开始与结束范围，另一个是渲染范围。在时间标尺上，合成的开始与结束范围就是当前合成的全部帧数，其时间标尺是深灰色。渲染范围是两条黄色线段所包围的范围，在这个范围内的所有帧被用于回放、磁盘缓存和预览，其时间标尺是浅灰色。

可以使用以下方法来设置渲染范围：

（1）按住Command键并且在时间标尺上拖动。

（2）直接拖动黄色线段来手动设定渲染范围。

（3）右击时间线标尺并在弹出的菜单中执行Set Render Range命令。

（4）在时间标尺左下角的数值框内输入渲染范围的帧数。

（5）从节点编辑器中把一个节点拖动进检视器中可以设置该节点的时长。

4. 修改时间显示格式

默认情况下，时间数值好标记点都是按照帧来计数的。当然也可以将帧修改为SMPTE时间码或者英尺+帧数。

可以通过以下方法修改时间显示格式：

01 执行菜单Fusion→Fusion Settings命令，在弹出的面板中选择Defaults面板，在Time Code区域选择想要的时间码。如图14-33所示。

02 打开Frame Format面板，如果项目带有"场"，那么需要勾选"Has Fields"。如果使用英尺与帧数，需要设置Film Size。如图14-34所示。

图14-33　Fusion Setting面板

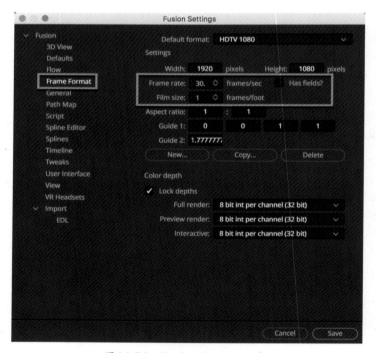

图14-34　Fusion Settings面板

5. 缩放与滚动条

在时间标尺下方有一个包含两个控制手柄的滚动条。通过拖动手柄可以缩放时间标尺，拖动滚动条可以滚动时间标尺。使用鼠标中键拖动可以滚动可见的时间标尺范围。如图14-35所示。

图14-35 缩放与滚动条

6. 导航控制

在时间标尺下方有六个导航控制按钮，分别是：首帧、倒放、停止、正放、尾帧和循环。循环播放有两个选项，一个是Playback Loop（回放循环），另一个是Pingpong Loop（乒乓循环）。如图14-36所示。

在Fusion页面中，常规的导航控制快捷键也同样有效。当然，Fusion还有一些独有的导航快捷键。

图14-36 导航控制栏

（1）空格键：正向播放开关。

（2）JKL：J是倒放，K是停止，L是正放。

（3）左箭头：倒退一帧。

（4）右箭头：前进一帧。

（5）Shift+左箭头：跳到片段的首帧。

（6）Shift+右箭头：跳到片段的尾帧。

（7）Command+左箭头：跳到片段的入点。

（8）Command+右箭头：跳到片段的出点。

因为Fusion合成需要添加大量的特效甚至是三维合成物体，所以对CPU和GPU的压力是巨大的，这可能导致Fusion不能实时回放。为了解决这个问题，可以设置渲染缓存。

你还可以设置增量帧播放，在正向播放按钮上右击就可以在弹出的菜单中选择增量播放的数值。如图14-37所示。

当制作Roto的时候，增量播放很有必要。当对含有场的视频进行Roto的时候，按照0.5帧播放很有用。

7. 关键帧显示

当选中一个已经做过关键帧动画节点的时候，时间标尺上会以白色的短线标示出关键帧所在的位置。在这种情况下，不必打开关键帧编辑器或者样条线编辑器就可以方便地在不同关键帧之间跳转。按下快捷键Optin+[跳转到上一个关键帧，按下快捷键Optin+]跳转到下一个关键帧。如图14-38所示。

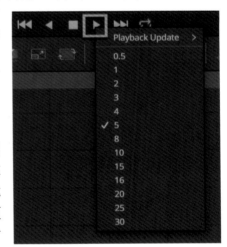

图14-37 增量播放菜单

8. Fusion检视器品质与代理选项

在导航控制区的任意地方右击即可弹出右键菜单，在其中可以设置Fusion检视器的品质与代理模式。如图14-39所示。

图14-38　关键帧显示　　　　　　　图14-39　Fusion检视器品质与代理菜单

High Quality是高品质，勾选它可以保证预览时看到的画质和最终渲染的画质相同，取消勾选则会带来更快的软件运行效率。Motion Blur意为运动模糊，勾选它会看到运动模糊效果，当然也更耗费渲染时间，取消勾选就看不到运动模糊效果了，但是渲染得更快。Proxy（代理）和Auto Proxy（自动代理）都可以按照Fusion Settings面板中设置的x像素值来进行代理运算，可以加快运算速度。

9. 为回放设置Fusion内存缓冲

在达芬奇的系统偏好设置中可以设置Fusion内存缓存的极限数值。如图14-40所示。

图14-40　在系统偏好设置中设置Fusion内存数值

在Fusion中工作时，界面右下角会显示当前所使用的内存缓存限额和已经使用的百分比。如果Fusion所使用的内存达到限额，那么Fusion就会删除那些低优先权的缓存来给新的缓存腾出空间。如图14-41所示。

图14-41　Fusion内存限额与
已使用的百分比

在Fusion中，缓存过的帧会在时间标尺的下方显示为绿色的线段，绿色线段覆盖的范围内可以实时回放。

图14-42　绿色线段覆盖的范围内可以实时回放

如果你在不同的品质之间来回切换，那么绿色的线段有可能变为红色的线段。如图14-43所示。

图14-43　红色线段标示出不同品质的缓存文件或者代理品质的文件

14.2.4 工具栏

在时间线标尺的下方是工具栏，工具栏上面有多种常用的工具可以被快速添加到节点编辑器中。这些节点可以分成六类：第一类是生成器、标题和画笔节点，第二类是调色和模糊节点，第三类是合成与变换节点，第四类是蒙版节点，第五类是粒子节点，第六类是3D节点。如图14-44所示。

图14-44　工具栏

如果在节点编辑器中选中一个节点，然后按下工具栏中的任何一个按钮就可以把这个节点添加到选中的节点之后。如果没有选中节点编辑器中的任何节点，那么工具栏上的节点会被作为孤立节点添加到节点编辑器中。

14.2.5 节点编辑器

节点编辑器是Fusion合成的核心，因为你就是在这里通过创建节点树的方式进行合成制作的。在节点编辑器中添加的每一个节点都有特定的功用，例如模糊画面、校正颜色、绘制笔触、创建蒙版、制作抠像、创建文本或者把两张图像结合在一起，等等。如图14-45所示。

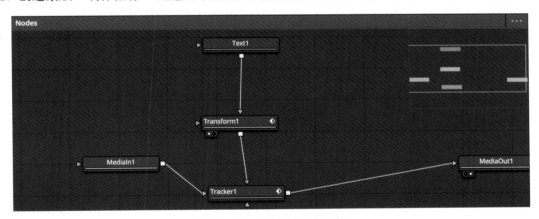

图14-45　节点编辑器面板

如果你使用过After Effects软件的话，肯定对图层式的合成方法不陌生。但是对于Fusion来说，它的合成是节点式的。你也可以简单地认为每一个节点相当于After Effects的一个图层。但是要想深入学习Fusion，还需要更加深刻地理解节点式合成的自身逻辑。节点式合成是非线性的，你可以在节点树中自由连接不同的节点输入和输出，从而创建出复杂而高效的合成效果。

1. 添加节点的方法

01 点击工具栏上的按钮。

02 打开特效库，找到相应的节点类别，然后点击所需的节点。

03 右击一个节点，然后在弹出的菜单中选择Insert Tool菜单并找到所需的节点名称。点击节点名称即可将其添加到所选的节点之后。也可以右击节点编辑器的空白区，然后在菜单中选择所需的节点名称。

04 按下快捷键Shift+空格键以打开Select Tool对话框，在文本框内输入对应于节点名称的缩写字符即可搜索到所需节点，然后点击OK按钮或者按下回车键。如果你学会了这种方法的话，这可能会成为你最常使用的添加节点的方法。

2. 删除节点的方法

删除节点的方法非常简单，在节点编辑器中选择一个或多个节点，然后按下快捷键Delete键或者Backspace键即可。

3. 节点提示

当把鼠标指针悬浮在节点输入或者输出图标上的时候，输入或者输出提示就会出现。如图14-46所示。

当把鼠标指针悬浮在节点身上并稍等片刻，就会看到当前节点的提示信息了。如图14-47所示。

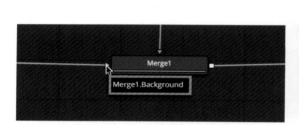

图14-46　节点输入的提示信息

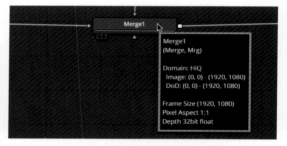

图14-47　节点自身的提示信息

4. 导航节点编辑器

如果节点的数量越来越多，那么在有限的节点编辑器空间中就难以全部展示所有的节点，这时候就需要使用位于节点编辑器右上角的导航器来帮忙了。通过拖动导航器的左下角可以对其进行缩放，在选项菜单中还以隐藏或显示导航器。如图14-48所示。

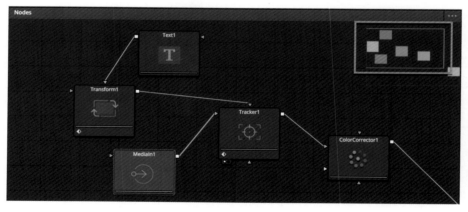

图14-48　导航器

5. 工具提示栏

工具提示栏位于Fusion页面的底部，实时显示了所选节点的信息或者整个合成的相关信息。如图14-49所示。

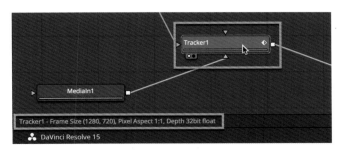

图14-49　工具提示栏

14.2.6 特效库

在特效库面板中可以看到三个根目录。一个是Tools目录，其中分门别类存放着近200个Fusion节点。OpenFX目录中存放的是达芬奇自带的特效滤镜。Templates中存放着多个Fusion合成预设。如图14-50所示。

Tools目录中存放着25个子目录，分别是3D（三维）、Blur（模糊）、Color（校色）、Composite（合成）、Deep Pixel（深度像素）、Effect（特效）、Film（胶片）、Filter（滤镜）、Flow（流程）、Generator（生成器）、I/O（输入输出）、LUT（查找表）、Mask（遮罩）、Matte（蒙版）、Metadata（元数据）、Miscellaneous（多样）、Optical Flow（光流）、Paint（绘制）、Particles（粒子）、Position（位置）、Stereo（立体）、Tracking（跟踪）、Transform（变换）、VR（虚拟现实）、Warp（扭曲）。如图14-51所示。

图14-50　特效库面板的三个根目录

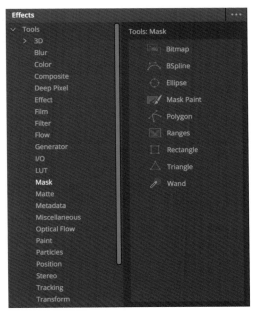

图14-51　特效库面板

Fusion合成的节点种类丰富，功能强大，参数众多，想要把这些节点完全掌握绝非易事，需要学习者花费大量的时间和精力。

14.2.7 检查器

在Fusion页面的右侧是检查器面板，这个面板可以显示并操作所选节点的参数。检查器面板分为两个子面板，一个是Tools（工具）面板，另一个是Modifiers（修改器）面板。工具自身的参数会显示在Tools（工具）面板中，而对工具上面某个参数所施加的修改器的参数会出现在Modifiers（修改器）面板上。如图14-52所示。

图14-52　检查器面板

在检查器面板的头部可以开关当前节点，设置节点的颜色，管理版本，固定检查器，锁定以及重设检查器参数。如图14-53所示。

另外在检查器上面还有参数标签面板。想要在参数标签面板之间切换，可以点击对应的图标。如图14-54所示。

图14-53　检查器面板的头部设置

图14-54　检查器面板的参数标签面板

14.2.8 关键帧编辑器

关键帧编辑器以迷你时间线堆栈的形式显示了每一个媒体输入节点和特效节点的信息。堆栈层的顺序和节点树当中的图像处理顺序相同。在关键帧编辑器中可以修剪、扩展或者滑动媒体输入与特效节点，或者调整关键帧的时间点。如图14-55所示。

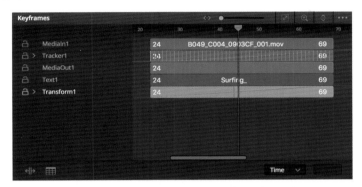

图14-55　关键帧面板

14.2.9 样条线编辑器

样条线编辑器提供了编辑关键帧的时间与数值变化的更加强大的环境。关键帧之间通过样条线（有时候也称为曲线）连接。通过拖动样条线控制点和手柄可以调节出复杂细致的动画效果。如图14-56所示。

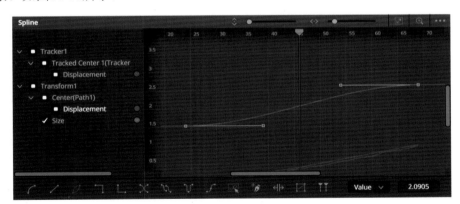

图14-56　样条线编辑器面板

14.2.10 缩略图时间线

在默认情况下，缩略图时间线是隐藏的。你可以点击Fusion界面顶部的片段按钮将其打开。打开后，缩略图时间线会显示在节点编辑器之下。缩略图时间线显示了当前时间线上的每一个片段。让你可以方便地在不同的片段之间跳转，也便于在不同的Fusion合成版本中进行切换。如图14-57所示。

图14-57　缩略图时间线面板

14.2.11　媒体池

Fusion页面中的媒体池面板和其他页面中媒体池面板的功能类似。在媒体池中可以通过多种方式管理和筛选素材片段。如图14-58所示。

图14-58　媒体池面板

你可以通过拖动的方式把媒体池中的片段加入到节点编辑器中。新加入的媒体会显示为一个新的MediaIn（媒体输入）节点。

14.2.12　控制台

在控制台窗口中可以查看错误信息、日志信息以及脚本文件。工具提示栏可能会显示一个小图标告诉你控制台里面可能有你感兴趣的信息。控制台窗口顶部是一些按钮，底部是文本输入框便于用户输入脚本命令。如图14-59所示。

本节讲解了Fusion软件的界面布局和一些必备的基础知识，只有掌握了这些基础知识才能进一步开启Fusion合成的大门，进入Fusion合成的世界。后面的内容将通过案例的形式帮助读者掌握一些常用的合成知识，掌握这些知识后可以在达芬奇软件内部完成很多之前无法完成的效果。

图14-59　控制台面板

14.3 Fusion合成案例——文本跟随

既然我们已经学习了Fusion软件的基础知识，那么不如现在就开始做一个小案例来巩固一下。本例将制作文本跟随人物运动的效果，如图14-60所示。抱着冲浪板的女孩从远处向镜头跑来，文本Surfing也跟随人物向前运动。

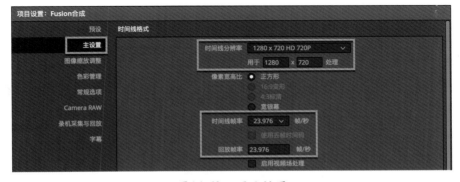

图14-60　文本跟随人物运动截图

14.3.1 新建项目并导入素材

01 打开达芬奇软件，在项目管理器面板中新建一个名为Fusion合成的项目。如图14-61所示。

02 进入项目后在项目设置面板中将时间线分辨率设置为1 280×720 HD 720P，然后将时间线帧率和回放帧率都设置为23.976。如图14-62所示。

图14-61　新建项目

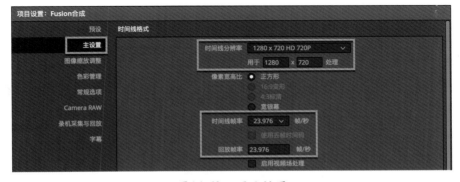

图14-62　项目设置

03 将光盘上"DaVinci_Footages/第14章"文件夹中的Surfing.mov视频文件导入到媒体池

385

中，然后新建一条时间线并且把Surfing片段放置到时间线上。如图14-63所示。

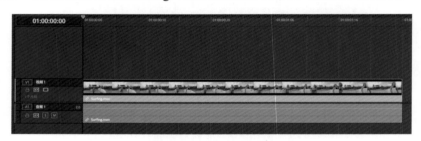

图14-63　新建时间线

04 保证播放头位于片段之上，点击界面底部的Fusion图标，这会进入Fusion页面。如图14-64所示。

图14-64　切换到Fusion页面

05 在Fusion页面中可以看到检视器2中显示了片段的图像。在节点编辑器中默认存在两个节点，一个是MediaIn1节点，另一个是MediaOut1节点。两个节点之间有一条连线。MediaIn1节点代表着从剪辑页面中引入的Surfing片段（当然，片段实际上来自于媒体池），MediaOut1可以把图像输出给达芬奇调色页面。如图14-65所示。

图14-65　进入Fusion页面的初始状态

可以看到，在剪辑页面中，只要把播放头放到想要合成的片段上，进入Fusion页面后就会发现片段已经被自动导入并且马上就可以进行合成操作。合成完成后进入达芬奇调色页面马上就可以开始调色。无须渲染，省去了导来导去的麻烦。

14.3.2 解算跟踪数据

01 想要让文本跟随人物的运动而运动，可以对右侧的人物做跟踪，这需要添加跟踪器节点。在节点编辑器中选择MediaIn1节点，然后按下快捷键Shift+空格键以打开Select Tool对话框，在其底部文本框内输入三个字母tra即可搜索到Tracker节点，点击Add按钮将Tracker节点添加到MediaIn1节点之后。如图14-66所示。

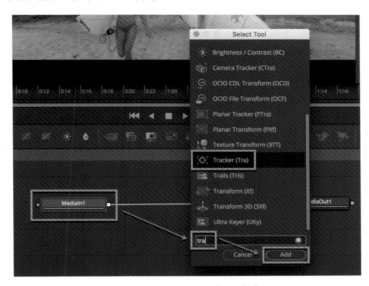

图14-66　添加跟踪器节点

02 新添加的跟踪器节点名为Tracker1，位于MediaIn1节点和MediaOut1节点之间。其结果会输出给MediaOut1节点。如图14-67所示。

图14-67　跟踪器节点位于MediaIn1节点之后

03 注意检视器中出现了一个绿色的方框，方框的右侧写着文字Tracker1。如图14-68所示。

04 点击绿色方框的左上角可以移动它，移动后方框的颜色会变为红色。实际上跟踪器方框由两部分构成，内部实线的方框是特征区，用于确定要跟踪的特征图案。外部的虚线方框是搜索区，跟踪器将会在搜索区中去搜索特征图案，这样可以有效地节省系统资源。把跟踪器的特征区放到人物面部并且扩大搜索区范围。如图14-69所示。

图14-68　绿色的跟踪器

图14-69　红色的跟踪器

05 在检查器中将Adaptive Mode设置为Every Frame，然后点击从头向前跟踪按钮。如图14-70所示。

06 检视器中的跟踪器方框开始跟随人物而运动，解算完成后Fusion会弹出一个对话框提示用户跟踪已经完成。如图14-71所示。

图14-70　修改跟踪器参数　　　　　　　图14-71　跟踪完成提示

07 在时间线标尺上出现了很多白色的短线，这是跟踪器制作的关键帧。如图14-72所示。

图14-72　跟踪后的关键帧

08 播放一下这段视频，查看跟踪的效果，可以发现前面90%的跟踪都是比较优秀的，在后面却出现了错误。之所以出错是因为人物跑出了画面，跟踪器无法找到特征图案了。如图14-73所示。

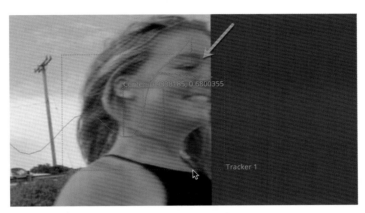

图14-73　错误的跟踪结果

09 遇到这种情况可以手动修正跟踪数据，把播放头放到出错的帧上，用鼠标拖动跟踪器到正确的位置上。使用方向键逐帧播放视频，播放一帧就修正一帧，直到把错误的帧都修正完毕。如图14-74所示。

图14-74　手动修改跟踪路径

10 循环播放视频，查看跟踪结果，有问题就继续修改，直到满意为止。经过以上操作可以获得人物面部的运动轨迹，接下来需要创建文本并且让文本也按照跟踪出来的运动轨迹运动。

14.3.3　创建文本

01 在节点编辑器中不选择任何节点，然后按下工具栏中的文本按钮，这会在节点编辑器中添加一个孤立的节点，名称为Text1。如图14-75所示。

图14-75　创建Text节点

02 把Text1节点连接到Tracker1节点的绿色三角上，绿色三角代表前景素材，黄色三角代表背景素材。如图14-76所示。

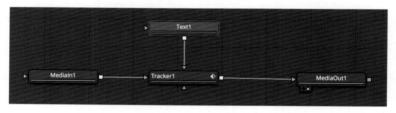

图14-76　把Text1节点连接到Tracker1节点上

03 把Text1节点拖动给检视器1，文本就会显示在检视器1当中。如图14-77所示。

图14-77　显示Text1的内容

04 可以在检视器中输入文本Surfing并且修改文本的字体、颜色与大小等信息，读者可以自行设置。如图14-78所示。

　　Fusion的文本节点非常强大，可以制作出复杂多变的文本效果。本例只是利用文本节点创建出一个简单的文字。下面就可以让文本运动起来了。

图14-78　修改文本

14.3.4 让文本跟随人物运动

01 选择Tracker1节点，在检查器中进入Operation标签页，然后把Operation修改为Match Move（匹配运动）。如图14-79所示。

图14-79　修改Operation模式

02 观看一下Tracker1节点的结果，可以看到文本已经跟随人物运动了。但是文本的位置和大小都不合适。如图14-80所示。

图14-80　默认的文本位置和大小并不合适

03 在节点编辑器中为Text1节点添加一个Transform1节点，这有多种方法实现。例如从特效库中添加，从工具栏中添加或者从Select Tool对话框中添加。建议大家仔细学习本章第二节的基础知识。如图14-81所示。

图14-81　增加Transform1节点

04 在检查器中修改Surfing文本的轴心点到字母g的右上角。如图14-82所示。

图14-82　修改文本轴心位置

05 激活Center和Size的自动关键帧按钮。将播放头放到开始和结束的位置，为文本制作位移动画和缩放动画。如图14-83所示。

06 然后来回拖放播放头以查看动画效果，如果有些时间点上的位置和大小不合适的话，就制作新的关键帧。制作完成的效果应该如图14-84所示。

图14-83　激活关键帧图标

图14-84　制作完成的效果

　　现在已经制作完成了文本跟随人物运动的效果，接下来还可以继续添加更多的节点进行更加复杂的制作，例如为左侧的人物制作跟随运动的表情图标，然后给画面整体添加光线效果等。Fusion给我们提供了非常开放的制作思路，希望读者能够举一反三。

★提示

本章配套视频教学中还提供了多个Fusion合成案例。

14.4 本章小结

　　本章讲解了Fusion软件的基础知识与合成案例。Fusion是一款节点式的合成软件，可以制作电影电视剧特效、电视包装和网络运动图形等作品。Fusion已经被内置到DaVinci Resolve 15之中，这极大拓展了达芬奇的合成能力。对于调色师而言，以往难以达到的效果如今都可以借助于Fusion实现。当然，这也提高了用户的学习成本。希望本章内容能够帮你进入Fusion合成的大门。

第15章

Fairlight混音

▌▌本章导读

声音会提升画面的情感冲击，动人的配乐，清晰的对话和精彩的特效让观众有如身临其境。而现在，专业音频后期制作软件Fairlight被完全整合在达芬奇软件当中，为音响剪辑师、调色师和视频剪辑师提供所需的一切工具，帮助他们携手制作出经典佳作。

⚙ 本章学习要点

◇ Fairlight简史
◇ Fairlight的优势
◇ 音频制作基础

15.1 Fairlight简史

Fairlight公司成立于1975年，成立44年来一直站立在数字音频发展的最前沿，首创数字音频采样技术和音序处理技术，对于引领世界最尖端数字音乐合成器发展有一定的贡献。凭着Fairlight团队对数字音频的独特知识，着手将它实用化地应用在专业音频编辑、录音、混音领域，使得Fairlight公司成为音频录音技术的数字化的先驱者之一。

在20世纪九十年代初，Fairlight公司率先推出具有编辑功能的数字硬盘录音机，当时在使用界面上设计就开始对使用者的操作方面进行优化设计，使得用户操作更简洁、方便，因此得到行业的广泛青睐。

2003年Fairlight公司推出更加先进、功能更完善的音频工作站系统——Dream Constellation。该系统在功能上更加完善，并在录音、编辑、缩混方面提供了更方便的操作方式，同时加入了录音缩混自动化功能。

2016年9月9日，在荷兰阿姆斯特丹举办的IBC 2016展会上，Blackmagic Design公司宣布收购Fairlight公司。

2017年，Fairlight被整合进DaVinci Resolve的第14个版本。从此，达芬奇拥有了高端的音频技术。如图15-1所示。

图15-1　Fairlight音频制作间

15.2 Fairlight的优势

DaVinci Resolve的Fairlight音频页面是一套完整的影视制作一体化数字音频工作站。它搭载了大量录制、剪辑、混合、美化、精编和母版制作工具。Fairlight Audio Accelerator能够实现亚毫秒级超低延迟。在后期添加音频的做法如今已成过去。

15.2.1 强劲混音

打造复杂合成效果，实现多格式交付。每个轨道都对应了调音台上的通道条。每路轨道均可提供实时6频段参量均衡器，以及扩展器/门控、压缩器和限制器动态处理。此外，您还能利用片段时间伸缩功能来拉伸或者压缩音频，并且无须变调。所有处理都精确到子帧级别，实现绝对完美的同步效果。其强大的母线结构拥有多个主声道、子混音和辅助母线，可同时准备多种交付格式。如图15-2所示。

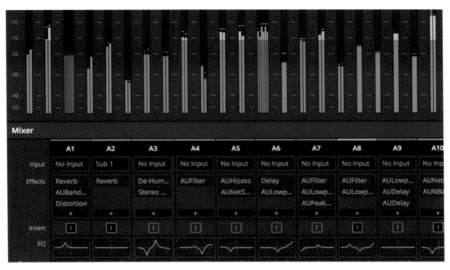

图15-2　混音通道条

15.2.2　全面自动化

自动记录各类参数甚至插件的操作。复杂的片段自动化控制，包括修图、修剪、慢动作、预览和填充模式。除了对声像、电平以及均衡器等传统参数进行自动化控制之外，Fairlight音频还能在实时回放的同时将每项参数的更改记录下来。甚至可以自动进行原生和VST插件参数更改。如图15-3所示。

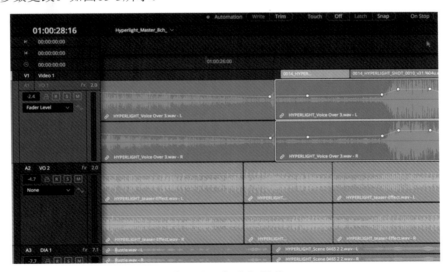

图15-3　自动化调整

15.2.3 录音、旁白与ADR

录音方面，DaVinci Resolve的Fairlight音频页面能快速制作出多层录音。可以在回放的任何时刻通过实时插入式录音来进行记录，并且还能获得全套复杂的ADR工具来替换对话。如图15-4所示。

图15-4　配音场景

15.2.4 Fairlight音频加速器

高性能、低延迟。想要获得最佳表现，不妨为系统添加Fairlight Audio Accelerator。将获得多达几百个具备闪速性能和亚毫秒级超低延迟的轨道，以及拥有真正实时处理能力的均衡器、扩展器/门控、压缩器和限制器动态处理，每个通道配备多达6个实时插件。如图15-5所示。

图15-5　Fairlight音频加速卡

15.2.5 高级监听工具

无比灵活的监听方案，带来众多扬声器的绝佳选择。先进的Fairlight监看系统能处理多达24个通道母线。可从内部母线或外部输入选择信号源，并输出到16个不同的扬声器上。在不同格式间渐变时，还能自定义上混或下混功能。例如，当通过一对立体声扬声器监听5.1声道时，系统会自动进行下混输出2通道音频。如果用于影院环境设定，可以选择添加B-Chain处理器来实现多达64个扬声器的安装。如图15-6所示。

图15-6　高级监听环境

15.2.6 3D音频

使用先进的空间音频格式。Fairlight音频设有内置3D音频支持，可使用5.1、7.1、DTS多维环绕音效、杜比音响甚至22.2声道在内的空间音频格式。能使用其中的3D声像移位器放置音频在空间内的位置，3D B-Chain处理和3D Spaceview™可视化功能则能为每个物体在空间中的具体位置提供清晰的视图。如图15-7所示。

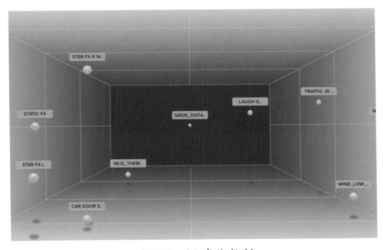

图15-7　3D声像控制

15.2.7 Fairlight专业调音台

采用模块化可升级设计的独立式调音台。Fairlight调音台几乎为软件中的所有参数和功能都设立了高品质轻触式控制。它有着独特的用户界面和动态配置更改设置，提供了快速的按钮使用方式和控制选项等优化设计，获得更快捷的Fairlight音频任务操控，带来远胜业界其他工具的高效控制。如图15-8所示。

图15-8　Fairlight调音台

15.2.8 全方位技监

所有输入/输出皆能一目了然。DaVinci Resolve 15中的Fairlight音频页面能提供非常广泛的技监选项，项目中的所有信号源都能清楚查看。除了信号源之外，还可以对子混音和辅助总线输出进行技监，并且查看相位和响度的复合视图。如图15-9所示。

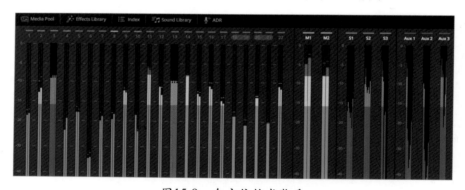

图15-9　全方位技术监看

15.3 音频制作流程[1]

曾经有句广告语说"没声音，再好的戏也出不来"。对于电影来说，画面和声音同样重

1　引自《DaVinci Resolve 15权威指南》（中文版）第7章。作者Paul Saccone，Dion Scoppettuolo。为了更加适合读者阅读理解，本书作者对引文有所修改。

要。声音好了，画面就能更有感染力，情感就更具张力，从而为观众带来犹如身临其境般的震撼感受。相反，糟糕的声音则会拒观众于千里之外，不仅令人分心，还会让影片制作和演员表演的瑕疵以及故事情节的漏洞暴露无遗。

音频后期制作远不止调整音量和混合声轨这么简单。要将现场录音、后期录音及音效、音乐等音频资料转化成为极具震撼力的影视原声带，需要投入大量的时间、专业技能、创造力和执行力，以及一套完善的专业音频制作工具。所幸，DaVinci Resolve 15包含了专业的创意工具，能胜任原声带制作从头到尾的所有环节。

需要记住的是，所采用的工作流程会受到诸多因素的影响，这包括项目类型、项目预算、文件格式、影片长度、成片交付和发行方式等，这些都会影响到音频后期制作团队的规模以及制作所需要的时间和工具。接下来的内容将介绍音频后期制作中的不同分工和阶段。

15.3.1 什么是音频后期制作

让我们先来熟悉几个基本术语。音频后期制作指的是为动态画面制作原声带的过程。请注意，"动态画面"一词覆盖面较广，它涵盖了包括院线影片到网络视频流媒体在内的所有大小项目。原声带指的是项目完成后所携带的音频。

观众对于成品的观影体验会在很大程度上受到原声带的影响。事实上，工艺精良的影视原声带往往会和画面融为一体，令人观影许久却丝毫不觉得唐突。相反，制作粗糙的原声带不用几秒便会令人产生不悦的观影体验，不仅和故事本身的发展南辕北辙，还会令观众失去兴趣。

如果以前拍过或者看过家庭影片，尤其是那些在海边或公园这样热闹的公共场所拍摄的，就多少能体会到现场录音的挑战性。这些环境音和令人分心的声音的存在，充分说明了音频后期制作的必要性，因为它可以将未经加工的原始声音雕琢打磨成为原声带，呈现出清晰的对话、真实的音效、丰富的音景（soundscape），令影片加分不少。

15.3.2 什么是音频后期制作工作流程

自从电影行业出现同期录音技术后，音频后期制作的基本原则就是"剪辑不定，音频不动"。理论上，画面锁定就意味着从这一环节开始不会再对画面进行任何修改。

但实际操作时，很难做到零修改。为什么这一规则那么重要呢？这是因为原声带需要和画面的每一帧精确同步。哪怕只是出现一到两帧的偏差，就会造成明显的声画不同步，这种现象会分散观众的注意力，不仅显得非常不专业，还可能会令观众失去兴趣。

在传统的后期制作工作流程中，对锁定后的画面进行更改会让音频后期制作发生一串连锁反应。但是如果使用DaVinci Resolve这款业内迄今唯一的整合专业数字音频工作站（DAW）的软件，不论进行怎样的修改，都可以快速更新项目。这对于独立工作的您来说，无疑是提供了广阔的创意灵活性，因为可以根据需要，随时来回修改画面，并同时进行音频制作和调色。

而对于规模较大的制作团队来说，DaVinci Resolve还能解决更新文件并将其转移到其他系统，以及在剪辑和音频后期环节之间进行项目套底等问题，因为剪辑和音频后期制作都可以在同一个项目中完成，无须更换制作软件。除此之外，音频后期制作还可以从剪辑师使用过的时间线上开始工作，绝不会造成漏帧或不同步的情况。开始音频后期制作后，剪辑师可以使用复制时间线进行新的修改。然后，音频剪辑师就可以使用DaVinci Resolve最为强大的时间线对比工具轻松合并时间线上的这些更改。

　　DaVinci Resolve拥有高品质音频后期制作所需的大量工具，不仅是小型项目的理想之选，也是大型好莱坞工作室和播出制作的首选。不论您是独立工作者还是隶属于一支后期的制作团队，都可以轻松将项目交给大型机构的专业音响设计师和工程师进行原声带的混合以及母版制作。

　　接下来，我们将会把传统音频后期制作的工作流程分成不同的阶段加以介绍。有了DaVinci Resolve，您就能以单人或专业的音频团队来完成项目制作的所有步骤。

15.3.3　对原声带进行注记

　　在音乐创作讨论会（Spotting Session）上，声音剪辑师和音响设计师（这两个职务通常由一人担任）和导演、剪辑师以及作曲这些人将会一同商讨需要在影片上添加、修改或重录的各个原声带元素。通过讨论会拟定的方案需要被整合到一个注记表中，具体明确何时进音乐，何时添加音效，如何修改对白以及其他音频相关的备注。

　　DaVinci Resolve中设有时间线标记，可以在剪辑页面和Fairlight页面中使用，从而有效简化音乐创作讨论会。Fairlight页面的标记索引相当于一个互动注记表，它不仅包含了每个标记的信息和缩略图，还能将播放头移动到时间线上的所选标记位置。

15.3.4　同期声对白剪辑

　　对白剪辑是影片幕后制作过程中一个相当冗长乏味的环节。在这一环节中，制作者需要将对白分割成单独的轨道，移除不需要的声音，替换发音吐字不清的字或词，并且平衡每个片段的音频电平以确保音量一致。为什么要如此大费周章呢？因为台词对于原声带的重要性，就相当于热门歌曲中领唱的地位。需要记住的是，对白剪辑师负责所有的语言部分，包括对白、旁白以及画外音。

　　开始制作同期声对白剪辑时，需要先为每个角色创建单独的声轨，然后将所有对白片段移动到专门的轨道上。这个步骤非常关键且必不可少，因为每个人物的声音在制作时都有不同的需求，因此需要采用不一样的处理方式，包括音量正常化、均衡处理以及声音效果等。

　　接下来，对白剪辑师会对各个声轨进行清理，移除那些不需要的人声（比如响舌声和咂嘴声等）。这一过程往往用来处理掉一些令人分心的声音。插件和特效能有助于自动去除各种不必要的咔嗒声、爆裂声和噪声；但需要注意的是，对一个片段进行的任何处理也会同时影响到人声。

　　完成对白清理后，就需要调整音量并加以平衡，让每个对白轨道保持一致。如果对白遭到损坏、含有噪声或者模糊不清而无法使用时，就必须取用来自其他镜次的音轨，或重录来加以替换。重录同期声对白的过程叫作自动对白替换（ADR）或循环录音（Looping）。对白剪辑往往非常耗时费力。幸好，DaVinci Resolve拥有简易导航、精准剪辑工具和快捷键功能，可以简化工作并加速处理流程。

15.3.5 音响设计与音效剪辑

完成对白剪辑后，就可以着手进行创意的部分了。音响设计师对原声带的创意输入，就相当于摄影指导对于影片画面的创意输入。音响设计师负责的是观众的整体听觉体验。他们还同时关注和原声带相关联的所有声音轨道和配乐轨道。这些音频轨道包括对白、环境音、硬音效以及拟音。

音响设计师不仅需要决定原声带所呈现的氛围，还需要创作、录制并加强那些想象世界中的声音元素。毕竟，许多项目都需要借助现实生活中并不存在的音效，不然那些飞龙、外星人、僵尸的声音从何而来？这类音效都必须从零开始创作或设计，结合使用真实的声音、模拟的声音以及大量的处理和音效加工才能得到理想的效果。

在音响设计师着手于音效轨道深度和细节的同时，音效剪辑师则会将每个音效放置到相应的轨道上。音效主要分为四大类：

（1）自然音效（Natural sound），也叫Nat Sound或Production Sound，是指在现场拍摄时经由麦克风记录的对白以外的所有声音。

（2）环境音（Ambience），是指一组用来识别地点的真实声音，比如此起彼伏的海浪和叽叽喳喳的海鸟可以用来提示场景设定为海边。

（3）硬音效（Hard Sound Effects），是指和画面物理上同步，并且对于故事和场景来说十分必要的声音。

（4）拟音（Foley Sound），是指片中角色和画面环境中互动所产生的音效。拟音的英文"Foley"一词是以Jack Foley（杰克·弗利）命名的，他是环球影业的声音剪辑师，舞台再表演录音技术就是他最先发明出来的。拟音可以替换任何原始同期声，包括拳击声、脚步声甚至是衣服发出的声音。

DaVinci Resolve的Fairlight页面设立了众多音频剪辑工具，它们专为剪辑音效时进行精确编辑和替换所设计。DaVinci Resolve的片段速度更改功能也是进行高级音响设计和音调变化的理想之选。

15.3.6 配乐剪辑

进行配乐剪辑时，需要将不同音乐元素添加到原声带上，从而起到烘托氛围或渲染故事的效果。所有原声带音乐无外乎这两种类型：一类是剧情声，也就是场景中发生的、可以被片中人物听到的音乐；另一类是非剧情声，也就是在后期阶段添加的用来提高感官享受的背景音乐。

剧情声需要仔细处理，以确保音量、位置、效果以及状态适合该场景的大环境。非剧情声可在后期制作时添加，以获得烘托或强调情感的作用（包括配乐、音效以及断奏等）。音效（Stinger）是指单个音符或和弦，能起到拉紧节奏和增强悬念的作用。断奏（Stab），和感叹号一样起到强调的作用，从而吸引观众的注意力。

15.3.7 强化与美化声轨

完成对白轨道剪辑并添加了音效和配乐后，就要开始对每个轨道的声音进行更细微的加工，让它们和混音中的其他轨道相互融合。改进轨道中的声音时所用的工具类似于调色师完善场景中个别镜头时所使用的工具。由于您正在学习使用DaVinci Resolve，并且调色也是后期制作过程当中不可或缺的一个环节，因此不妨了解一下调整音频和调整色彩之间的相似性。

一言以蔽之，这一过程可以叫作音频调整。可以操控四大基本工具来强化或美化音轨，让它们和终混效果靠拢。这四大基本工具分别是：音量电平（Volume Level）、动态（Dynamics）、均衡（EQ）以及声像（Pan）。DaVinci Resolve可以控制每个轨道上的这四个工具，无须使用额外的插件或补丁。

（1）音量控制（Volume Level）能以分贝刻度为单位调整轨道的响度，它和亮度（明度）控制类似，因为音量和亮度都有着十分严格的广播级标准，并且通常是每个场景中最先被观众所注意到的元素。每个片段、轨道和主输出的音量电平都可以调整，和亮度（黑白电平）调整一样，可以对片段、场景和输出进行单独调整。使用DaVinci Resolve时，可以在时间线或检查器中更改片段的音量电平。轨道音量可通过调音台的推子实现控制。还可以使用自动化功能，让音量按照一定的时间发生更改。

（2）动态控制（Dynamics）能调整动态范围，也就是轨道中最响峰值和最静峰值之间的差异。轨道的动态范围和镜头画面中的对比度十分类似。带有高动态范围的轨道能同时拥有非常响亮和非常安静的元素，例如场景中的人物时而轻声低语，时而高声尖叫。较低的动态范围则相对平坦，例如广告中的画外音，解说者的音量自始至终都起伏不大。如果接触过调色页面中的波形图或分量图，那么控制轨道的动态和调整片段的黑白电平其实是十分相似的。可以把白电平想象成最响的音量（-3db），把黑电平想象成最安静的音量。

Fairlight中的调音台将四个最为常用的动态控制设计在一个简单易用的面板之中。其中，压缩器可通过降低最高的峰值，使它们接近最低的峰值，从而窄化动态范围。而扩展器则可以延伸动态范围来加大最响峰值和最低峰值之间的差异。限制器和门控相当于声音的"砖墙"，它们分别能限制声音不超过目标电平（限制器），以及防止声音低于给定的阈值而导致无法听到（门控）。

（3）声像控制（Pan）能将轨道上的声音放置在一个全景立体空间中。这些控制可以用来比较声音的感官体验，相当于电影摄影师对某个镜头进行视觉构图。轨道可以精确地放置在从左到右的任何位置，使声源听上去好像来自屏幕外或者画面中的某个位置。DaVinci Resolve的剪辑页面和Fairlight页面都配备先进的声像控制功能，可实现2D（立体声）和3D声音放置，获得环绕声系统。

（4）均衡器（EQ）控制能通过操控特定的频率来强化整体声音效果，和调色时操控色彩、饱和度以及色相的原理类似。举例说明：人类的声音都是基于一个基本的频率，在这一共享频率的基础上添加其他频率可以为声音添加不同音质来为其"着色"，使其具有独特的辨识度。均衡器的基本功能是降低那些分散注意力的频率，并同时增强有利于突出声音的频率。Fairlight页面的调音台为每个轨道都设有六频段参量均衡器，是强化和美化音频轨道的理想工具。

15.3.8 混音与母版制作

音频后期制作的最后一道工序是混合轨道并制作母版输出。假设已完成了混合前的所有其他步骤，这一过程就非常简单直接。混合和母版制作的目的是为了平衡每个轨道的音量，让它们听起来有整体感。要做到这一点，需要对轨道电平进行细微的调整，或者将相似的轨道合并成为子混音，使它们便于通过一个推子实现控制。最终母版的音质有着很高的要求，其响度需要满足成品交付的标准。Fairlight页面拥有丰富的控制工具，能帮助您混合轨道和响度指标，确保轨道的音量电平正确无误。

现在，对音频后期制作工作流程中的一些基本技术性步骤和创意工具已经有了一定了解，请继续学习接下来的课程，通过自己的项目举一反三，灵活运用。

15.4 Fairlight软件基础

工欲善其事，必先利其器。在学习实战案例之前，先来学习一下Fairlight软件的基础知识和操作方法。不同行业的软件有着不同的设计理念和操作习惯，要学会适应。由于达芬奇软件的设计风格和操作方法都进行了标准化处理，所以Fairlight的界面对于习惯了达芬奇软件的读者来说应该不会感到太陌生。

15.4.1 Fairlight界面布局

Fairlight页面中最突出的就是时间线轨道。因为有些影片的混音音轨数量多达几十条甚至上百条，必须给音轨留出足够大的空间。如图15-10所示。

图15-10　Fairlight页面布局

Fairlight界面的左侧可以显示媒体池、特效库、索引、音箱素材库和ADR面板。界面上方显示音频表和检查器面板。音频表中还包含了响度计，可以测量音轨的响度。检查器面板显示了影片的图像，检查器面板可以弹出，自由移动位置和调整大小。工具栏上列出了常用的工具。除此之外，在右侧还可以显示调音台、元数据和检查器。调音台可以说是Fairlight的一个核心面板，在其中可以对音频进行多种多样的处理，是需要学习的重点。

15.4.2　Fairlight操作基础

　　本小节讲解了Fairlight软件的基础操作和使用技巧。您将学习到如何在Fairlight中修剪片段，修改片段属性，在时间线轨道上录音，使用音频特效以及组织轨道等知识。

★实操演示

　　请观看本小节随书视频教程。

15.4.3　Fairlight案例制作

　　本小节将通过几个案例讲解Fairlight在实战中的应用。您将学习到使用Fairlight美化人声，创建无缝过渡音乐，单声道模拟立体声，歌曲混音以及网络大电影混音等知识。本部分视频教学录像由Fairlight国际认证导师姚晓阳先生讲解。

★实操演示

　　请观看本小节随书视频教程。

15.5 本章小结

　　好画面离不开好声音。Fairlight页面是为了在电影和视频制作中实现影院级音效而设计的。由于它是内置在达芬奇软件中的，这就意味着从剪辑、合成、调色、混音一直到最后的母版输出，都可以在这款软件中一以贯之。不要怀疑自己的能力，从现在开始大胆使用Fairlight创作吧！

第16章

常见问题答疑

本章导读

达芬奇软件体大思精，其功能包含剪辑、合成、调色和混音这四大模块，如果要精通所有模块，可能需要数年的时间。仅就调色来说，由于调色涉及软件、硬件、技术和艺术等诸多方面，所以学习者会遇到方方面面的问题。本章选择了一些常见的问题为读者解答。

本章学习要点

◇ 安装、启动、运行与卸载问题
◇ 界面相关问题
◇ 监视器相关问题
◇ 调色工作相关问题

16.1 安装、启动、运行与卸载问题

　　达芬奇在启动和使用过程中遇到的问题不仅限于以下所列举的。希望读者在安装和使用过程中先尝试自行解决问题，实在解决不了再上网搜索相关资料或者向有经验的达芬奇用户咨询。

　　1. 问：Windows版达芬奇启动过程中提示"Quick Time Decoder initialization failed"，如图16-1所示。以及"Quick Time Encoder initialization failed"，如图16-2所示。这是什么原因，对达芬奇功能有影响吗？

图16-1　QuickTime解码器初始化失败

图16-2　QuickTime编码器初始化失败

　　答：如果你电脑上的QuickTime软件不是专业版，则达芬奇不能完整地使用QuickTime的编解码功能来进行操作。将QuickTime软件升级为专业版即可。

　　2. 问：Windows版达芬奇启动过程中提示"Cache Permission"，如图16-3所示。"Gallery Permission"，如图16-4所示。以及"Capture Permission"，如图16-5所示。这是什么原因，怎么解决？

图16-3　缓存许可警告

图16-4　画廊许可警告

图16-5　采集许可警告

　　答：Windows版的达芬奇在安装过程中会自动把C盘根目录添加到"暂存磁盘"中。但是达芬奇并不具备对此目录的写权限，因此会提示"缓存许可"、"画廊许可"以及"采集许可"都出现问题。你可以打开"偏好设置"面板，在"媒体存储"标签页中删除C盘根目录，并且添加具有写权限的目录，保存重启即可。如图16-6所示。

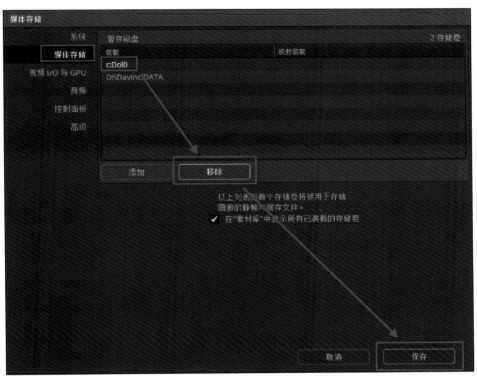

图16-6　删除C盘目录

3. 问：Windows版达芬奇启动过程中弹出对话框提示"无法启动此程序，因为计算机中丢失MSVCP100.dll。尝试重新安装程序以解决此问题"，如图16-7所示，怎么办？

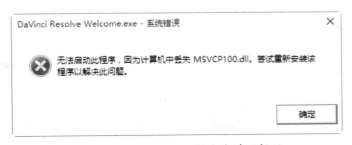

图16-7　MSVCP100.dll系统错误提示

答：此问题需要你手动下载该库文件并进行安装。请访问以下网址下载http://www.microsoft.com/zh-CN/download/details.aspx?id=30679

或者你也可以使用网络搜索引擎寻找解决方案，网络上有许多电脑管理软件可以帮你修复此问题。

4. 问：我的达芬奇软件安装完成之后为什么还是英文界面？

答：执行"Davinci Resolve"菜单中的"Preferences（偏好设置）"命令打开偏好设置面板。在"User（用户）"标签页的左侧边栏中激活"UI Settings（用户界面设置）"面板，在"Language（语言）"右侧的下拉列表中选择"简体中文"。然后点击"Save（保存）"按钮，重新启动达芬奇软件就可以看到中文界面了。如图16-8所示。

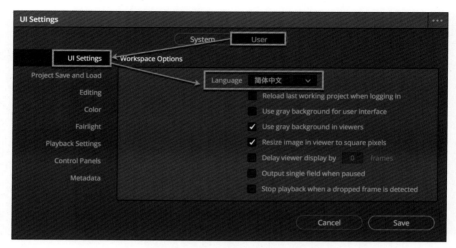

图16-8　达芬奇系统语言设置

5. 问：我的达芬奇软件一打开就闪退（秒退）？一打开素材就退出啊？

答：达芬奇闪退的原因主要是由于显卡不支持并行运算（CUDA或OpenCL）以及显卡的显存太小（例如，256MB或512MB），就很容易导致显存溢出，从而迫使达芬奇停止工作。当然，电脑的整体配置性能对达芬奇的稳定性也有影响。

6. 问：打开达芬奇过程出弹出警告面板"No CUDA Acceleration Hardware Detected！"什么原因？如图16-9所示。

图16-9　No CUDA Acceleration Hardware Detected面板

答：这个提示是说"没有检测到CUDA加速硬件"。因为达芬奇的运算非常依赖于显卡的并行运算（CUDA或OpenCL），而你的电脑有没有这样的硬件支持，因此不能够运行达芬奇。解决办法是把显卡的驱动更新到最新（前提是你的显卡支持并行运算），以上方法不能解决就需要更换显卡了。

7. 问：我是Windows系统，请问怎么关闭达芬奇啊，打开以后就自动全屏，右上角也没有关闭按钮？

答：执行菜单命令"DaVinci Resolve→Quit DaVinc Resolve"，快捷键【Ctrl+Q】。你也可以用快捷键【Alt+F4】关闭程序。

8. 问：怎么卸载达芬奇软件？

答：在苹果系统上请使用安装包中的卸载工具卸载，如图16-10所示。在Windows系统中，请在控制面板卸载软件，也可以使用电脑管理软件卸载。

Resolve 15.2 Manual

Install Resolve 15.2.1

Uninstall Resolve

Blackmagicdesign

图16-10　Mac版达芬奇卸载图标

16.2 界面相关问题

1. 问：达芬奇软件怎么最小化？难道没有最小化按钮吗？每次想回到桌面都得退出才行，怎么办？

答：对于老版本达芬奇（达芬奇12之前的版本）在Windows和Mac系统上，达芬奇软件默认情况下都是全屏幕显示运行的。在Mac平台上，请执行达芬奇的菜单命令"View（显示）→Show Window Frame（显示窗口框）"，在Windows平台上，请执行菜单命令"View（显示）→User Interface Layout（用户界面布局）→Show Window Frame（显示窗口框）"。这样，达芬奇的界面就显示为常规的窗口形式了。你可以在窗口面板上找到最小化按钮。其实即使在全屏幕模式下，要回到桌面也不用退出达芬奇。在Mac系统上可以使用快捷键、触摸板以及触发角等多种方式回到桌面。在Windows系统上，快捷键【Win+D】即可回到桌面。你也可以使用【Alt+tab】键或【Win+Tab】键在程序间进行切换。

2. 问：达芬奇调色页面的检视器视图怎么放大？能否全屏显示？

答：这个视图框本身是可以手动调节大小的。拖动边界可以左右扩大视图，竖直方向上你可以关闭"时间线"面板来稍微扩大检视器的面积。另外，按下【Alt+F】进入增强检视器（在缩略图时间线右上角有一个放大按钮可以起到同样的作用），【Shift+F】进入全屏检视器（这种情况下有个好处就是你可以在检视器上进行调整窗口轮廓线之类的操作），【Ctrl+F】进入影院检视器（这是一种观赏模式，无法进行调整窗口等操作）。最后注意，Mac上的对应快捷键分别是【Option+F】、【Shift+F】和【Command+F】。快捷键不管用？试试进入英文输入法状态。

3. 问：调色页面的检视器视图里面的画面怎么放大？怎么移动？

答：你可以使用鼠标滚轮进行缩放操作（前提是菜单里面要勾选Allow Mouse Zoom）。按住中键（滚轮）平移视图。快捷键【Command+=】放大，【Command+-】缩小。快捷键【Shift+Z】适配显示画面，快捷键【Option+Shift+Z】显示原尺寸画面。以上快捷键用Mac电脑键盘讲解，Windows用户请自行对应。

4. 问：达芬奇界面显示不全，怎么办呢？

答：对于老版本达芬奇（达芬奇12之前的版本），完美显示达芬奇界面的最低分辨率是1920×1080，小于这个分辨率虽然也可以打开达芬奇，但很难正常工作。因此，请一定准备一款分辨率足够大的显示器来工作。

5. 问：我用的是15寸视网膜苹果笔记本，装好达芬奇后，达芬奇界面的底下一栏被遮住了，显示不全，怎么回事？

答：在Mac的系统偏好设置面板中选择"显示器"，然后激活"更多空间"，重启达芬奇软件即可看到完整界面。如图16-11所示。

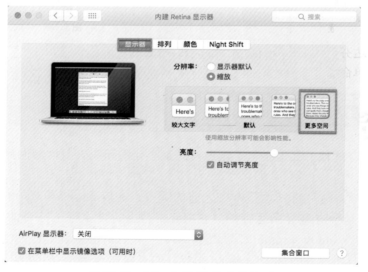

图16-11　Mac电脑的显示器设置

6. 问：怎么修改达芬奇的面板布局？

答：达芬奇的界面布局基本上是固定的，除了示波器面板可以自由浮动之外，其他很多面板都无法浮动并自由组合。因此最好接受达芬奇的界面布局和使用习惯。当然，在新版达芬奇（达芬奇14之后）中，用户也可以在已有的界面规范中对面板进行缩放和开关来打造自定义的界面布局。并且可以把界面布局进行保存。如图16-12所示。另外，达芬奇还支持双屏幕显示，为界面提供了更合理的布局方式，推荐大家尝试一下。

图16-12　布局预设面板

7. 问：为什么窗口轮廓线在检视器窗口不显示？

答：这需要检查两个地方的设置。首先查看菜单"显示→窗口边框"菜单中的三个菜单哪个是激活的。"关闭"代表在检视器和监视器画面上都不显示窗口边框。"开启"代表在检视器和监视器画面上都显示窗口边框。"仅在用户界面开启"代表在检视器画面上不显示窗口边框，但是在监视器画面上显示窗口边框。如图16-13所示。所以要想显示窗口边框，在这个菜单中一定不能勾选"关闭"。

然后再检查检视器左下角的下拉菜单中是否选择了"Power Window"。如图16-14所示。

图16-13　窗口边框的显示菜单

图16-14　检视器下拉菜单

8. 问：我的达芬奇界面被别人弄乱了，怎么恢复？

答：执行菜单命令"工作区→重置用户界面布局"。

16.3　监视器相关问题

1. 问：我注意到别人都是一台显示器用来显示达芬奇的软件界面，另一台显示器查看全屏的所调画面，是怎么做到的？

答：首先纠正一个认知错误。显示全屏所调画面的设备不是"显示器"，而是"监视器"。这不是简单的双屏幕问题，不是说有两台显示器做成双屏幕就可以解决问题的。达芬奇软件对显卡的输出做了限制，用户不能通过显卡把所调画面单独发送给第二屏幕。所以你需要使用一个专门的设备来达成目标，这种设备叫作I/O卡，而且必须是BMD公司生产的I/O卡（参见本书第1章的介绍）。把I/O卡连接到电脑上并安装驱动，然后在达芬奇的偏好设置中选择I/O卡的名字，I/O卡通过SDI或HDMI连接到监视器上。重启达芬奇之后就可以在监视器上看到全屏的所调画面了。

2. 问：如何校准监视器？

答：目前可用于达芬奇视频调色校准的软件主要有LightSpace和SpectraCal CalMAN这两款。校准软件需要安装到独立的电脑上，同时电脑上还要连接颜色信号样本发生器以及颜色信号测量探头。当然，达芬奇软件也可以作为颜色信号样本发生器，这需要在"工作区→监视器校准"菜单中进行设置。如图16-15所示。

图16-15　监视器校准菜单

★提示

监视器校准需要专业的软件和硬件以及经验丰富的校准技术人员来进行，读者在没有条件的情况下不要轻易尝试。可以找专业人员提供相应服务。

16.4 调色工作相关问题

16.4.1　问：学习达芬奇好找工作吗？

答：调色易学难精，只要学精了，不愁没工作，不愁没高薪。板凳要坐十年冷，一朝成名天下知。太多半途而废的人只能望洋兴叹了。可以说，在北京、上海和广州这些城市，想要找一份专职的调色师工作还是不难的，因为这些地方影视产业比较发达，需要大量的从业人员。而在二线或者三线城市，对专职调色师的需求就没有那么强烈。但是如果一个人不仅拥有剪辑或者合成技能，还能拥有调色技能的话，那么这样的人才是比较抢手的。

16.4.2　问：达芬奇调色业务怎么个收费标准？

答：因为调色项目分成很多种类，而且影片的分辨率、时长、播放渠道等都有区别，再加上地域经济的差别，调色师能力的差别等，所以难以有统一的标准。表16-1列出的调色报价单仅供参考。

表16-1　达芬奇调色报价单

项目类型	数量	报价（元）
院线电影DI调色	1部	50 000～350 000
数字电影DI调色（电视电影）	1部	30 000～60 000

项目类型	数量	报价（元）
网络大电影DI调色	1部	10 000～50 000
电视剧调色（标准级别）	1集	1 000～4 000
电视剧调色（高端级别）	1集	4 000～20 000
网剧调色（标准级别）	1集	1 500～4 000
网剧调色（高端级别）	1集	4 000～8 000
TVC广告（按机时）	1机时	2 000～6 000
TVC广告（包片）	1条	2 000～30 000
MV调色	1部	5 000～20 000
微电影调色	1部	5 000～15 000
电视栏目调色	1集	2 000～20 000
纪录片调色	1集	3 000～20 000
企业宣传片（按分钟）	1分钟	1 000～4 000
企业宣传片（包片）	1条	3 000～20 000

16.4.3 问：电影、电视剧和广告片调色各有什么特点？

答：在调色行业中，电影一般一部90分钟左右，调色制作周期需要7～14天。调色主要为故事服务，需要注意衔接色彩，处理质感，让影片富有调性。大部分镜头需要精细调整。调性以低调比较多见。

电视剧一般一集四五十分钟，调一集电视剧需要1～2个工作日，平均一天一集。主要工作是衔接色彩，保持整体感，部分镜头需要细调。电视调色讲究色彩丰富、自然。

在调色行业中，广告片调色是一个非常重要的类型。一般广告的长度按秒来计算，30秒、60秒或90秒等，制作周期为2～8小时。主要目的是突出产品。广告片的调色品质要求较高，每个镜头都需要细调，不同的产品需要不同的调色风格，加上调色费用按照机房机时结算，这给调色师带来严峻的挑战。没有足够的调色经验，是难以在数小时之内完成高品质的调色工作的。

16.5 本章小结

本章讲解了达芬奇调色学习中常见问题的解决方法。由于达芬奇调色的知识体系繁杂，

读者在学习和工作中可能会遇到形形色色的问题，而本章甚至本书都没有给出答案。面对这种情况，希望读者首先掌握排查问题的方法，通过互联网搜索引擎查询相关问题的解答。实在不能独立解决问题的时候再求助于别人。如果能坚持下去，相信你也会成为解决达芬奇调色问题的专家。